JN074898

Python
実践
データ加工/可視化
100本ノック

第2版

下山輝昌・伊藤淳二・武田晋和 著

◉本書サポートページ

秀和システムのウェブサイト
https://www.shuwasystem.co.jp/

本書ウェブページ
　本書のサンプルは、以下からダウンロード可能です。
　Jupyter ノートブック形式（.ipynb）のソースコード、使用するデータファイルが格納されています。
https://www.shuwasystem.co.jp/support/7980html/7199.html

動作環境
※執筆時の動作環境です。
Python：Python 3.10 (Google Colaboratory)
Webブラウザ：Google Chrome

はじめに

　AIやデータサイエンス、さらにはデジタルトランスフォーメーション（DX）も聞きなれた言葉となってきました。機械学習やディープラーニング、データ分析などのスキルが求められる機会は、益々増えてくることでしょう。これらのスキルを身に着けるための入門書は数多く出版されていますが、入門書だけでは得られないものがあります。それは、入門書から得られた知識を**ビジネスの現場でどのように活かし、対応していけばよいか**、という実践力です。

　その想いから生まれたのが、『Python実践データ分析100本ノック』でした。この本は、**実際のビジネス現場を想定した100の例題**を解きながら、現場の視点を身に付け、技術を現場に即した形で応用する力が付くように設計された問題集です。扱っている技術は、データ加工に始まり、機械学習や最適化問題、画像認識に自然言語処理と、非常に幅広いものでした。中でも、ビジネス現場では必ず直面する「**汚いデータ**」をどのように取り扱い、綺麗にしていくかという題材は、大変多くの反響をいただきました。

　多くの反響をいただいたおかげで100本ノックはシリーズ化し、継続的かつ小規模な仕組化に向き合った「機械学習システム100本ノック」、データ加工や可視化に特化した「データ加工／可視化 100本ノック」、AIモデル構築に特化した「AIモデル構築 100本ノック」、さらにはデータサイエンティストの必須スキルになりつつあるBIツールを用いた「BIツールデータ活用100本ノック」を刊行させていただきました。
　どれも重要なスキルではありますが、その中でも本書の扱う**データ加工や可視化スキル**は、まさに目の前のデータと向き合うための最も基本的で重要な技術です。

　本書では基本に立ち返り、様々なデータを扱う上で必須となるデータ加工と可視化に重点を置き、丁寧な解説を行いながらも現場で役立つノウハウを交えてお届けします。昨今の多様化したデータを広く扱うために、システムデータだけでなく、自然言語や音データ、地理情報などの少し変わったデータも扱い、加工や可視化を通じた分析の下準備を進めていきます。

本書の改訂にあたってのポイントは、**地理情報**と**ChatGPT**の取り扱いを加えた点です。特にChatGPTは耳にしない日はないほどに注目されており、私たちはプログラムコードを書かなくて良い日がくるのではないかと思わせてくれるほどです。しかし、実際にはChatGPTの特性を理解して使いこなすのが重要です。そこで、現場でChatGPTを取り入れるとどうなるかといった見本も用意しました。

　基本に立ち返りつつも、実践力をテーマにノックを作成しましたので、本書が終わるころには、どんなデータがきても怖くない実践力を身に着けられるのではないでしょうか。これからデータ分析を始める方の第一歩としてはもちろんのこと、画像認識等の専門的な業務に携わっている方やChatGPTをまだ活用できていない方も、技術の引き出しを広げることができると思います。

本書の効果的な使い方

　本書は全9章で構成されています。第1章のシステムデータを扱う20本ノックには、とても手厚い解説を載せていますので、まずは第1章から始めていただくのがよいでしょう。第1章では、単純にデータ形式に合わせた加工と可視化の方法を学べるだけでなく、Pythonでのコーディングのルールも自然と身に付くような構成にしてあります。この章はじっくり、丁寧に読み進めてください。

　第1章が終了し、基本が理解できたようであれば、残りの章は好きな順番で進めていただいて構いません。もしまだ自信がないようなら、章の順番通りに進めていくのがよいでしょう。

　様々な形式のデータを章単位で扱っていますので、皆さまがもし同じような形式のデータをお持ちであれば、該当する章の流れをよく見ながら、自分なりの考えも交えてコードを書いていくといいでしょう。

　まず、各章には、「利用シーン」が書かれています。章ごとに扱うデータ形式が異なるため、その形式のファイルが扱われる状況にはどのようなものがあるかを記載しています。それに続く「前提条件」には、ヒアリング等で得られたデータに関する情報が記されています。

　各章それぞれのノックは、一緒に働く先輩データサイエンティストからのアドバイスだと捉えると良いかもしれません。まずは何も考えず、素直にアドバイスに従ってみるのも良いでしょう。また、「自分ならこうする」などと、少し異なった視点での分析や施策の立案を行ってみるのも良いでしょう。先輩データサイエンティストは、経験豊富かもしれませんが、案外、初級者のほうが、現場に対して新鮮な視点でものを見ることができることも多いのです。本書の中には、あえて現場感を出すために、冗長なコードも少し掲載しています。自分なりの視点で改善案を考えてみるのも、本書ならではの醍醐味の一つです。最も重要なことは、分析の方法は一つではないということです。本書を片手に、エンジニア仲間と一緒に議論してみてください。

動作環境

Python　　　　　：Python 3.10 (Google Colaboratory)
Web ブラウザ　：Google Chrome

　本書では、Google Colaboratory を使用して加工と可視化を進めていきます。
　使用する前に、Colaboratory サイト上の『よくある質問』を読むことをお勧め
します。

　Colaboratory における Python のバージョンとインストールされている各ライ
ブラリのバージョンは、本書執筆時点(2024年1月)において、以下の通りです。

```
Python 3.10.12
pandas 1.5.3
matplotlib 3.7.1
japanize-matplotlib 1.1.3
seaborn 0.12.2
mecab-python3 1.0.8
wordcloud 1.9.3
nltk 3.8.1
cv2 4.8.0.76 (opencv-python)
IPython 7.34.0
librosa 0.10.1
numpy 1.23.5
soundfile 0.12.1
requests 2.31.0
moviepy 1.0.3
tqdm 4.66.1
pptx 0.6.23 (python-pptx)
docx 1.1.0 (python-docx)
pdfminer 20231228
plotly 5.15.0
yaml 6.0.1 (pyyaml)
toml 0.10.2
geocoder 1.38.1
geopandas 0.12.2
geopy 2.2.0
googlemaps 4.6.0
shapely 2.0.1
folium 0.14.0
```

サンプルソース

本書のサンプルは、以下からダウンロード可能です。

Jupyter ノートブック形式(.ipynb)のソースコード、使用するデータファイルが格納されています。

https://www.shuwasystem.co.jp/support/7980html/7199.html

サンプルソースのアップロード

ダウンロードしたサンプルソースを解凍し、Google Drive にアップロードします。

ソースファイルをColaboratoryで開く

図のようにフォルダを移動し、各章のsrc フォルダ直下にある.ipynb ファイルを選択して 右クリック > アプリで開く > Google Colaboratory を選択してください。

```
[ ]  # 下記セルを実行すると、authorization codeの入力を求められます。
     # 出力されたリンク先をクリックし、Googleアカウントにログインし、
     # authorization codeをコピーし、貼り付けをおこなってください。
     from google.colab import drive
     drive.mount('/content/drive')
```

ソースコードの実行

　ソースコードはShift + Enterを押すか、セルの左上にある実行ボタンを押すことで実行できます。

　最初だけGoogle DriveのデータをColaboratory上にマウントするにあたって、Googleからユーザー認証が求められます。以下の手順に沿って、認証を行ってください。

このノートブックに **Google ドライブのファイルへのア**
クセスを許可しますか？

このノートブックは Google ドライブ ファイルへのアクセスをリクエストしています。Google ドライブへのアクセスを許可すると、ノートブックで実行されたコードに対し、Google ドライブ内のファイルの変更を許可することになります。このアクセスを許可する前に、ノートブック コードをご確認ください。

スキップ　　Google ドライブに接続

Google ドライブに接続 をクリックします。
すると、次の画面がポップアップ表示されます。
　　　※認証手続き画面は、ユーザの皆さまが設定している言語で表示されます。

自分のアカウントを選択します。
すると、次の画面が表示されます。

画面を下にスクロールして、許可をクリックします。
　　※言語が異なる場合があります。

すると、認証が完了し、以降のセルを実行可能となります。

第1部 構造化データ

第2章　Excelデータの加工・可視化を行う20本ノック　105

第2部 非構造化データ

第1部
構造化データ

　皆さんは日々、様々な情報に触れていることと思います。それらの情報はデータとして整理されているものもあれば、使い方を考慮せずに集められたものや、集めるという意識すらなく単に置いてあるものなど、いろいろな形で存在しています。

　第1部では、データに慣れるということも意識して、最もイメージしやすい構造化データから始めていきましょう。構造化データとは何か？　とお思いの方もいらっしゃるかもしれません。構造化データとは、項目が定義され、規則正しく並べられたデータのことを指します。縦横2次元の表をイメージしていただくのがよいでしょう。

　では、規則正しく並んでいれば簡単に扱えるのかというと、そうでもありません。ここに置いてあるデータを好きに使っていいよ、と言われていざ使おうと思ったら、クセが強くてそのままでは使いづらい、という経験はありませんか？　毎月の報告書を作る基データはあっても、手作業での加工に長い時間をとられていませんか？　これらデータの特徴と扱い方を身に付けることで、作業を効率化でき、時間も大幅に短縮できます。

　まずは第1章でシステムデータを扱いながら基本を学びます。基礎的な内容ではありますが、ひとつひとつ丁寧に取り組んでいくことで、データ分析の基本的な流れを身につけましょう。本書ではPython初心者に向けて、第1章の解説を手厚くしています。逆にPythonに慣れている方には説明が多すぎるかもしれませんので、その場合は流れだけ軽く確認していただいた上で、第2章以降に取り組んでいただければと思います。第2章ではExcelデータを扱います。独特な持ち方をしたデータから必要なデータを取り出す方法や、構造を意識して持つ、ということについて考えつつ、取り組んでいきましょう。そして第3章では時系列データを扱い、時系列ならではの加工と可視化について学んでいきます。

　第1部の学習が終わる頃には、データを扱うことへの抵抗がなくなっていることでしょう。ここで学んだ考え方と技術を駆使して、もっと沢山のデータを扱いたいと思ってもらえるはずです。

第1部で取り扱うPythonライブラリ

データ加工：pandas
可視化：matplotlib, japanize-matplotlib, seaborn

第1章
システムデータの加工・可視化を
行う20本ノック

　構造化データを取り扱う上での基本を学ぶために、本章では、比較的綺麗ではあるけれども、いくつか落とし穴があるデータの加工方法を学んでいきます。具体的には、国税庁の法人番号公表サイトから取得した法人番号の情報を使用します。項目名を設定したヘッダファイルは、リソース定義書をもとに、あえて使いづらい形にしてあります。そのようなデータをうまく組み合わせ、1つにしていく過程を学びましょう。一通り加工したところで、グラフで可視化し、中身の分析も少し行ってみましょう。

　本章は他の章と比べて、コードの中身や使用する状況などを細かく解説しています。本章を進めることで、Pythonを用いた入出力と、加工処理の基本、そして初歩的な可視化技術を身に付けることができます。まずは本章でしっかりと基本を身に付け、その後は好きな章を選んでいくのがよいでしょう。

ノック1： 法人情報データを読み込んでみよう
ノック2： 読み込んだデータを確認しよう
ノック3： ヘッダ用のテキストファイルを読み込もう
ノック4： ヘッダ行を追加しよう
ノック5： 統計量や欠損値を確認しよう
ノック6： 繰り返し処理で新しいデータを追加しよう
ノック7： マスタを読み込んで項目を横に繋げよう
ノック8： テキストの連結や分割をしよう
ノック9： 日付を加工しよう
ノック10：年度を設定しよう
ノック11：加工したデータをファイルに出力しよう
ノック12：不要な項目の削除と並べ替えをしよう
ノック13：まとまった単位で集計しよう
ノック14：市区町村別の法人数を可視化しよう
ノック15：グラフの縦横と表示順を変えてみよう
ノック16：グラフのタイトルとラベルを設定しよう
ノック17：グラフの見た目をもっと変えてみよう
ノック18：90日以内に新規登録された法人数を可視化しよう
ノック19：年度別の推移を可視化しよう
ノック20：グラフとデータを出力しよう

利用シーン

　例えば店舗であれば売上データや仕入れデータ、ECサイトでは購買データ、企業であれば経理データや受発注データ、社員情報に顧客情報、システムログなど、様々なデータが身近に存在しています。また昨今ではオープンデータが増え、国や自治体などが積極的にデータを公開しています。東京都の新型コロナウイルス感染症検査陽性者の状況も、オープンデータとして公開されています。これら身近に存在するシステムデータの扱い方を学んでいきます。

前提条件

　本章では、静岡県の法人情報データを扱っていきます。データは表に示した4種類14個のデータとなります。

　「22_shizuoka_all_20210331.csv」は法人情報の全件データで、2021年3月末時点の、静岡県の全法人の情報が掲載されています。このファイルはヘッダ行を含まない、文字コードがShift-JIS形式のファイルです。

　「mst_column_name.txt」は法人情報データの項目名にあたるデータで、タブ区切りのtxtファイルで作成されています。このファイルは国税庁のサイトには存在せず、Excel形式のリソース定義書が公開されています。Excelファイルの加工は2章でじっくり取り組みますので、今回はExcelからコピーしたデータをメモ帳に貼り付け、txt形式で保存した状況をイメージしました（実際には、そのような作り方をすることはあまりありません）。

　「diff_20210401.csv」および日付が異なるその他のファイルは、法人情報の差分データです。ファイル名に設定された日付と同じ日に処理した全国の法人情報が掲載されています。全件データと異なり、文字コードはUnicode形式です。

　「mst_closeCause.csv」およびmst_で始まるその他のcsvファイルは、マスタファイルです。法人情報データのコード値に紐づく名称が設定されています。このようにシステム上で固定する情報を**マスタデータ**と呼ぶのに対して、法人情報データのように中身が一定でないものは、**トランザクションデータ**と呼んでいます。

　ファイルのデータ形式が異なると、読み込み方も異なり、注意すべき点も変わってきます。それらは、つい忘れがちなことですが、本章を進めながら、少しずつ慣れていきましょう。

▊表：データ一覧

No.	ファイル名	概要
1	22_shizuoka_all_20210331.csv	静岡県の法人情報の全件データ
2	mst_column_name.txt	法人情報データの項目名(ヘッダ)情報
3-1	diff_20210401.csv	全国の法人情報の差分データ
3-2	diff_20210405.csv	全国の法人情報の差分データ
3-3	diff_20210406.csv	全国の法人情報の差分データ
3-4	diff_20210407.csv	全国の法人情報の差分データ
3-5	diff_20210408.csv	全国の法人情報の差分データ
3-6	diff_20210409.csv	全国の法人情報の差分データ
4-1	mst_closeCause.csv	閉鎖事由区分マスタファイル
4-2	mst_corp_kind.csv	法人種別マスタファイル
4-3	mst_correct_kbn.csv	訂正区分マスタファイル
4-4	mst_hihyoji.csv	検索対象除外区分マスタファイル
4-5	mst_latest.csv	最新履歴区分マスタファイル
4-6	mst_process_kbn.csv	処理区分マスタファイル

⚾ ノック1：
法人情報データを読み込んでみよう

　まずは、静岡県の法人情報全件データを読み込んでみましょう。対象のcsvファイルをそのまま読み込んでみます。Colaboratoryのセルに以下のコードを入力し、セルの左側にある▶(セルを実行)を押下してみましょう。

```
import pandas as pd
data = pd.read_csv('data/22_shizuoka_all_20210331.csv')
```

■図1-1：ファイル読み込み後のエラー

```
[3]   import pandas as pd
      data = pd.read_csv('data/22_shizuoka_all_20210331.csv')

      -------------------------------------------------------------------
      UnicodeDecodeError                    Traceback (most recent call last)
      <ipython-input-3-c63bff9f2bf6> in <module>()
            1 import pandas as pd
      ----> 2 data = pd.read_csv('data/22_shizuoka_all_20210331.csv')

                              ⬍ 4 frames
      /usr/local/lib/python3.7/dist-packages/pandas/io/parsers.py in __init__(self, src, **kwds)
         2008        kwds["usecols"] = self.usecols
         2009
      -> 2010        self._reader = parsers.TextReader(src, **kwds)
         2011        self.unnamed_cols = self._reader.unnamed_cols
         2012

      pandas/_libs/parsers.pyx in pandas._libs.parsers.TextReader.__cinit__()

      pandas/_libs/parsers.pyx in pandas._libs.parsers.TextReader._get_header()

      UnicodeDecodeError: 'utf-8' codec can't decode byte 0x90 in position 0: invalid start byte

      SEARCH STACK OVERFLOW
```

　いきなりですが、このコードはエラーが発生します。実行結果として、1行目にUnicodeDecodeErrorの表示があり、最終行を見ると「UnicodeDecode Error: 'utf-8' codec can't decode byte 0x90 in position 0: invalid start byte」と表示されています。それではコードを順番に見ていきましょう。最初なので少し丁寧に説明します。

　まず1行目では、pandasというライブラリをインポートしています。importがインポート処理、pandasがライブラリ名、as pdが別名の付与です。pandasはPythonのデータ分析用のライブラリで、表形式のデータを扱うことができます。集計処理や並べ替えなど、表計算ソフトが行う計算処理を実行できることから、多くのケースで利用されています。別名を付けることで、後続処理で省略した書き方ができます。pandasをインポートする際はこう書くのだ、と思っていただいて構いません。

　次に2行目で、pandasのread_csv()を用いてcsvファイルの読み込みを行い、読み込んだデータを変数dataに格納しています。このとき、変数dataにはDataFrame(データフレーム)という二次元配列のような構造で格納されます。1行目でpandasにpdという別名を付けているので、pd. ～という書き方ができ

ます。別名を付けていない場合は、pandas. ～と記載しなければなりません。頻繁に使われたり名称が長いライブラリに別名を付けることで、少し記述しやすくなっています。

（ ）の中には読み込みたいファイル名を記載しますが、その際、ファイル名は半角のダブルクォーテーション（ " ）またはシングルクォーテーション（ ' ）で囲みます。ダブルクォーテーションとシングルクォーテーションはどちらを使っても構いませんが、最初がダブルクォーテーションの場合は最後もダブルクォーテーションで合わせる必要があります。これはシングルクォーテーションの場合も同様です。

読み込むファイルがソースコードと同じ場所に置いてある場合、ファイル名だけ設定すればよいのですが、ファイルが別のフォルダに格納されている場合、フォルダも含めて設定する必要があります。今回のケースでは、カレントディレクトリの1つ下のdataフォルダにファイルが格納されているため、ファイル名の前にdata/ を付けています。半角スラッシュ / はフォルダの区切り文字です。

さて今回のエラーですが、2行目で発生しています。エラーの中身であるTracebackを見ると、

```
----> 2 data = pd.read_csv('data/22_shizuoka_all_20210331.csv')
```

という表示があります。この ----> が指す位置が、エラーの発生箇所となります。実際にはその下にも矢印があり、より具体的な位置を特定できますが、pandas内部の細かい部分であるため、ここでの解説は行いません。

説明がだいぶ長くなってしまいましたが、最終行の表示を読み解くと、ファイルを読み込む際に文字コードの指定が誤っていることがわかります。今回のコードでは文字コードは指定していないため、デフォルトの文字コードであるUTF-8形式で読み込もうとします。しかし、読み込み対象のファイルはShift-JIS形式で作られているため、読み込みに失敗しているのです。

実は、法人番号公表サイトでは、Shift-JIS形式とUnicode形式それぞれのデータが置いてあり、利用者が自由に選ぶことができます。Unicode形式のファイルであれば今回のコードで読み込むことができるのですが、今回はつい起こりがちな記述漏れを経験していただくために、あえてこのような形式を選択しています。それでは、文字コードにShift-JIS形式を指定して読み込んでみましょう。

```
data = pd.read_csv('data/22_shizuoka_all_20210331.csv', encoding='shift-
jis')
```

▌図1-2：ファイルの読み込み

```
[4]  data = pd.read_csv('data/22_shizuoka_all_20210331.csv', encoding='shift-jis')
```

　前のセルの2行目のコードに、エンコードの指定をカンマ区切りで追加しています。

　ここでは前のセルに記載したインポート処理を記載していませんが、インポート自体は前のセルで実行できているのが理由です。Pythonはコンピュータ言語への翻訳（コンパイル）を行いながら随時実行するインタプリタ言語なので、セルの途中でエラーが発生しても、その直前までの処理は行われることとなります。

　それでは、読み込んだデータの中身を確認してみましょう。

```
data.head()
```

▌図1-3：読み込んだデータの先頭5件

　データを格納した変数に続けて.head()を記述することにより、先頭から5件のデータを表示することができます。このとき（ ）の中には件数を指定することができ、.head(2)と記述した場合、先頭から2件のデータが表示されます。逆にデータを末尾から表示したい場合は、.tail()と記述することで表示することができます。

　さて、表示されたデータをよく見ると、違和感を感じませんか？　実はこのデータにはもうひとつ落とし穴があり、ヘッダを持っていないのです。pandasのread_csv()は、引数でヘッダの有無を指定しない場合、先頭行をヘッダとして処理します。そのため、表示されたデータの先頭行はデータ行であるにもかかわ

らず、ヘッダ行として表示されています。

この状態で、レコード件数を確認してみましょう。

```
len(data)
```

■図1-4：読み込んだデータ数

```
[6]  len(data)

     114612
```

レコード件数が表示されました。pandasのDataFrameの場合、len()で件数を確認することができます。それでは次に、ヘッダ無しで再度データを読み込んでみましょう。

```
data = pd.read_csv('data/22_shizuoka_all_20210331.csv', encoding='shift-
jis', header=None)
```

■図1-5：ファイルの読み込み

```
[7]  data = pd.read_csv('data/22_shizuoka_all_20210331.csv', encoding='shift-jis', header=None)
```

read_csvの引数として、header=Noneを追加しました。これにより、読み込むファイルにはヘッダ行が存在しないことを明示したことになります。この状態で、先頭5件のデータを覗いてみましょう。

```
data.head()
```

■図1-6：読み込んだデータの先頭5件

先程と異なり、ヘッダにあたる部分には数字が設定されています。この数字は

列番号で、0からの連番となります。同様に、表の左端の数字は行番号で、インデックスとして扱われます。それではこの状態でデータ件数を確認しましょう。

```
len(data)
```

■図1-7：読み込んだデータ数

```
[9]  len(data)

     114613
```

先程の件数より1件多いことが確認できます。これは先程ヘッダとして扱われた行がデータとして扱われていることを意味しています。これで、データの全件を読み込むことに成功しました。

ノック2：
読み込んだデータを確認しよう

次のノックでは、読み込んだデータをもう少し詳しく確認してみましょう。件数は前のノックで確認済ですので、引き続き項目とデータ型を確認してみます。

```
data.columns
```

■図1-8：項目名の確認

```
[10]  data.columns

      Int64Index([ 0,  1,  2,  3,  4,  5,  6,  7,  8,  9, 10, 11, 12, 13, 14, 15, 16,
                  17, 18, 19, 20, 21, 22, 23, 24, 25, 26, 27, 28, 29],
                  dtype='int64')
```

DataFrameの変数に続けて.columnsを追加しています。このcolumnsはDataFrameの属性であり、関数やメソッドではないので、.columns()のように()は付けません。このルールは少しややこしい気がしますが、とりあえずそういうものだ、という認識程度でよいと思います。

今回は項目名が0からの連番なので不要なのですが、実際には項目がいくつあ

るのか見たい場合もあると思います。そのような場合は、len()で囲うことにより項目数を確認できます。

```
len(data.columns)
```

図1-9：項目数の確認

```
[11] len(data.columns)

     30
```

今回のデータは項目数が30であることが確認できました。ちなみにここまでは見たい内容をひとつひとつ確認していますが、データフレームの変数名を記述することで、一度に確認することもできます。

```
data
```

図1-10：データフレームの中身と行列数

[12] data

	0	1	2	3	4	5	6	7	8	9	10	11	12	13	14	15	16	17	18	19	20	21
0	1	1000013040008	1	1	2018-04-02	2015-10-05	静岡家庭裁判所	NaN	101	静岡県	静岡市葵区	城内町１－２０	NaN	22	101	4200854.0	NaN	NaN	NaN	NaN	NaN	NaN
1	2	1000013050072	1	1	2018-04-02	2015-10-05	清水簡易裁判所	NaN	101	静岡県	静岡市清水区	天神１丁目６－１５	NaN	22	103	4240809.0	NaN	NaN	NaN	NaN	NaN	NaN
2	3	1000013050080	1	1	2018-04-02	2015-10-05	浜松簡易裁判所	NaN	101	静岡県	浜松市中区	中央１丁目１２－５	NaN	22	131	4300929.0	NaN	NaN	NaN	NaN	NaN	NaN
3	4	1000020222119	1	1	2018-04-05	2015-10-05	磐田市	NaN	201	静岡県	磐田市	国府台３－１	NaN	22	211	4380077.0	NaN	NaN	NaN	NaN	NaN	NaN
4	5	1000020222127	1	1	2018-04-05	2015-10-05	焼津市	NaN	201	静岡県	焼津市	本町２丁目１６－３２	NaN	22	212	4250022.0	NaN	NaN	NaN	NaN	NaN	NaN
...	...	...	...	...	...	...	...	...	...	...	...	...	...	...	...	...	...	...	...	...	...	...
114608	114609	9700150095744	1	0	2019-09-27	2019-08-22	久根共有財産管理委員会	NaN	499	静岡県	裾野市	久根３３８－２	NaN	22	220	4101111.0	NaN	NaN	NaN	NaN	NaN	NaN
114609	114610	9700150097253	1	0	2020-01-24	2019-12-26	静岡小児感染症研究会	NaN	499	静岡県	静岡市葵区	追手町２－１２静岡安藤ハザマビル４階　みな司法書士法人内	NaN	22	101	4200853.0	NaN	NaN	NaN	NaN	NaN	NaN
114610	114611	9700150099530	1	0	2020-07-13	2020-06-23	北方領土返還要求静岡県民会議	NaN	499	静岡県	静岡市葵区	追手町９－１８静岡中央ビル６Ｆ	NaN	22	101	4200853.0	NaN	NaN	NaN	NaN	NaN	NaN
114611	114612	9700150099852	1	0	2020-08-20	2020-07-22	両河内児童クラブ	NaN	499	静岡県	静岡市清水区	和田島６１１	NaN	22	103	4240403.0	NaN	NaN	NaN	NaN	NaN	NaN
114612	114613	9700150101659	1	0	2021-01-26	2021-01-14	静岡市茶業振興協議会	NaN	499	静岡県	静岡市清水区	旭町６－８	NaN	22	103	4240822.0	NaN	NaN	NaN	NaN	NaN	NaN

114613 rows × 30 columns

このように、データの中身と行数、列数が表示されます。一度に確認できる点はいいのですが、画面表示が長くなりすぎる場合が多いので、状況や好みで使い分けていただくのがよいと思います。

では次に、各項目のデータ型を確認しましょう。

```
data.dtypes
```

■図1-11：データ型

```
[13] data.dtypes

     0      int64
     1      int64
     2      int64
     3      int64
     4     object
     5     object
     6     object
     7    float64
     8      int64
     9     object
    10     object
    11     object
    12    float64
    13      int64
    14      int64
    15    float64
    16    float64
    17    float64
    18     object
    19    float64
    20    float64
    21     object
    22     object
    23      int64
    24     object
    25     object
    26     object
    27    float64
    28     object
    29      int64
    dtype: object
```

　先程のcolumnsと同じく、DataFrameの属性であるdtypesを使用します。これにより、各項目のデータ型が表示されました。ここで気になる点は2つあり、1つ目は、項目名が0からの連番だと、何の項目か全くわからないということ。2つ目は、項目によって様々なデータ型が自動的に設定されているということです。

　この自動的に設定されるという点は便利な一方で、意図しないデータ型が設定されてしまうという一面もあります。実は今回のデータには、数値型で保持したい項目はなく、逆に数値にされては困るものを含んでいます。後の処理で読み込むマスタに紐づくコード値がそれに該当し、01などの0で始まる値が、1に変換されてしまいます。

　このような変換によるキーの不一致は頻繁に起こりうることですので、注意が必要です。今回のデータも意図しない変換が行われたようですので、データ型を指定して読み直してみましょう。

```
data = pd.read_csv('data/22_shizuoka_all_20210331.csv', encoding='shift-
jis', header=None, dtype=object)
```

■図1-12：ファイルの読み込み

```
[14] data = pd.read_csv('data/22_shizuoka_all_20210331.csv', encoding='shift-jis', header=None, dtype=object)
```

　これまでと同様、引数を追加します。そしてここで指定するのは、全項目をオブジェクト型にするためのdtype=objectです。今回はこの方法でよいのですが、中には項目毎の型変換が必要な場合もあります。使用するデータをよく見極めた上で扱っていきましょう。
　データを読み直したところで、再度中身を確認します。

```
data.head()
```

■図1-13：読み込んだデータの先頭5件

　列番号2のデータが01と表示されています。これで、0から始まる値も正しく取得できたことが確認できました。最後に、データ型を確認します。

```
data.dtypes
```

■図1-14：データ型

```
[16]  data.dtypes

      0      object
      1      object
      2      object
      3      object
      4      object
      5      object
      6      object
      7      object
      8      object
      9      object
      10     object
      11     object
      12     object
      13     object
      14     object
      15     object
      16     object
      17     object
      18     object
      19     object
      20     object
      21     object
      22     object
      23     object
      24     object
      25     object
      26     object
      27     object
      28     object
      29     object
      dtype: object
```

　DataFrameの全ての項目がobject型であることを確認できました。本章では、**ノック9**で日付型への変換処理も行います。項目を個別に型変換したいような状況であれば、そちらの記載が参考になります。

　さて、ここまでに何度もファイルの読み直しをしましたが、人から与えられたデータを扱う場合、このようなことは度々起こります。データの理解と、基本の確認をしっかり行っていきましょう。

ノック3：
ヘッダ用のテキストファイルを読み込もう

ここまでに読み込んだ法人番号データにはヘッダがなく、それだけではどこに何の項目があるのかわかりづらい状態でした。そこで次は、ヘッダの基データとなる項目名マスタを読み込んでみましょう。

```
mst = pd.read_csv('data/mst_column_name.txt', encoding='shift-jis')
mst.head()
```

■図1-15：テキストファイルの読み込み

```
[17]  mst = pd.read_csv('data/mst_column_name.txt', encoding='shift-jis')
      mst.head()

         column_id¥tcolumn_name_ja¥tcolumn_name_en
    0                  1¥t一連番号¥tsequenceNumber
    1                  2¥t法人番号¥tcorporateNumber
    2                    3¥t処理区分¥tprocess
    3                    4¥t訂正区分¥tcorrect
    4                  5¥t更新年月日¥tupdateDate
```

対象のtxtファイルをread_csv()で読み込んでいます。読み込みの際は、エンコードをshift-jisで指定しています。結果を見ると、¥tがところどころに含まれていますが、これはデータがタブ区切りであることを意味しています。

このままでは1行あたりのデータが1つの文字列として繋がっていますので、タブで区切った状態でもう一度読み込んでみましょう。

```
mst = pd.read_csv('data/mst_column_name.txt', encoding='shift-jis', sep='
¥t')
mst.head()
```

■図1-16：タブ区切りでのテキストファイルの読み込み

```
[18]  mst = pd.read_csv('data/mst_column_name.txt', encoding='shift-jis', sep='¥t')
      mst.head()
```

	column_id	column_name_ja	column_name_en
0	1	一連番号	sequenceNumber
1	2	法人番号	corporateNumber
2	3	処理区分	process
3	4	訂正区分	correct
4	5	更新年月日	updateDate

　sep='¥t' を加えることで、項目が綺麗に分割されました。¥t がタブを意味します。他の文字で区切られている場合は、ここを変えることで文字列を分割できます。
　では、データ件数を確認しましょう。

```
len(mst)
```

■図1-17：読み込んだデータ件数

```
[19]  len(mst)
      30
```

　ヘッダ項目のレコード数が、**ノック2**までに読み込んだデータの項目数と同じ30件であることが確認できました。件数の比較方法は次のように記載することもできます。

```
len(mst) == len(data.columns)
```

■図1-18：件数が一致することの確認

```
[20]  len(mst) == len(data.columns)
      True
```

マスタの件数とデータフレームの項目数を、==を用いて直接比較しています。件数が一致する場合はTrue、不一致の場合はFalseとなります。

これで、ヘッダ用の項目を正しく取得したことが確認できました。

> ## ⚾🏏 ノック4：
> ## ヘッダ行を追加しよう

引き続き、取得したヘッダ項目をヘッダ行に追加していきます。現状ではヘッダ項目は縦持ちした状態ですので、項目を横持ちしているデータに追加できません。そこで、ヘッダ項目の持ち方を変えてから追加する必要があります。それでは実際にやってみましょう。

```
columns = mst.column_name_en.values
```

▋図1-19：ヘッダの設定

```
[21] columns = mst.column_name_en.values
```

mstには、ヘッダ項目がデータフレームで格納されています。その中のcolumn_name_en項目の値だけを抽出し、columns変数に設定しています。このとき、columnsの中身は一次元配列のリストで設定されます。

リストの中身を覗いてみましょう。

```
columns
```

▋図1-20：ヘッダの表示

```
[22] columns

     array(['sequenceNumber', 'corporateNumber', 'process', 'correct',
            'updateDate', 'changeDate', 'name', 'nameImageId', 'kind',
            'prefectureName', 'cityName', 'streetNumber', 'addressImageId',
            'prefectureCode', 'cityCode', 'postCode', 'addressOutside',
            'addressOutsideImageId', 'closeDate', 'closeCause',
            'successorCorporateNumber', 'changeCause', 'assignmentDate',
            'latest', 'enName', 'enPrefectureName', 'enCityName',
            'enAddressOutside', 'furigana', 'hihyoji'], dtype=object)
```

　ヘッダ項目の英語表記の設定値が、一次元配列のarray()に設定されています。
[] の中にカンマ区切りで表示されている内容が、実際のリストの中身です。
　それではこのリストを、前のノックで読み込んだ法人番号データのヘッダに設
定してから、内容を確認してみましょう。

```
data.columns = columns
data.head()
```

■図1-21：データの先頭5件とヘッダ

　data.columnsにリストのcolumnsを代入することで、無事にヘッダ行が追
加されました。左側のcolumnsはPandasの属性としてのcolumns、右側の
columnsは前段で設定したヘッダのリストです。
　これでデータの中身が何の値なのか、判断しやすくなりましたね。

ノック5：
統計量や欠損値を確認しよう

　データにヘッダが追加されて見やすくなりましたので、今度は中身を具体的に
確認していきましょう。ここでは、統計量と欠損値を確認します。

```
data.describe()
```

■図1-22：統計量

```
[24] data.describe()
```

	sequenceNumber	corporateNumber	process	correct	updateDate	changeDate	name	nameImageId	kind	prefectureName	cityName	streetNumber	addressImageId	prefectureCode	cityCode
count	114613	114613	114613	114613	114613	114613	114613	1243	114613	114613	114613	114596	1195	114613	114613
unique	114613	114613	6	2	1316	1344	105857	1243	9	1	46	99704	1195	1	48
top	101148	5080002018466	01	0	2015-11-13	2015-10-05	八幡神社	00067433	301	静岡県	浜松市中区	新貝町２３９番地の１	00079885	22	131
freq	1	1	94126	80704	55969	83291	171	1	51229	114613	9978	51	1	114613	9978

pandasのdescribe()メソッドを使用することで、データフレーム内の項目に対する統計量が表示されます。ここで表示されている値は、それぞれ以下を表します。

count　：要素の個数
unique ：ユニークな値の要素の個数
top　　：最頻値(出現頻度が最大の値)
freq　 ：最頻値の出現回数

金額や数量などの数値型の項目がある場合、最大／最小値や平均値、中央値などが表示されます。今回のデータは全てオブジェクト型で定義しているため、数値の集計はなく、データの個数が数えられています。ここで見るべき観点は、以下のようなものです。

・ユニークであるべきデータが、実際にそうなっているか(重複がないか)
・除外されるべきデータが含まれていないか(静岡県以外のデータがないか)
・マスタで定義されているコード値の種類(unique)が妥当か。

sequenceNumberやcorporateNumberはcountとuniqueが同数なので、重複したデータが無いことが確認できます。prefectureNameを見ると、静岡県のデータだけであることが確認できます。マスタのコード値の種類はこの時点ではまだ確認していないので、正確な数はわかっていませんが、processやcorrectのunique数を見る限り妥当ではないかと思います。

観点はデータによって異なりますが、統計を見ることでデータの妥当性を判断したり、数値の範囲などを確認できますので、データを加工する前に確認しておくのがよいでしょう。

次に欠損値を確認しましょう。

```
data.isna()
```

■図1-23：欠損値

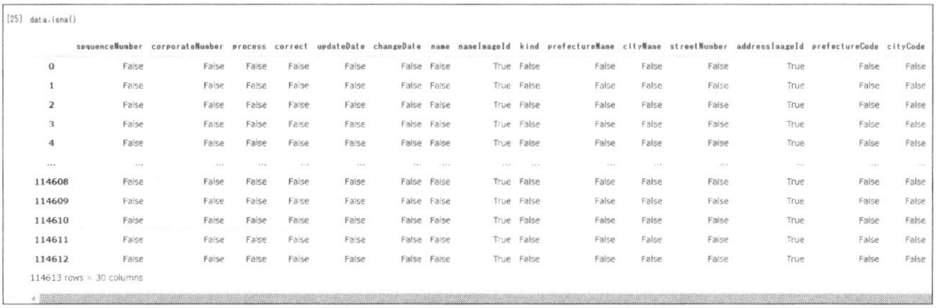

[25] data.isna()

	sequenceNumber	corporateNumber	process	correct	updateDate	changeDate	name	nameImageId	kind	prefectureName	cityName	streetNumber	addressImageId	prefectureCode	cityCode
0	False	False	False	False	False	False	False	True	False	False	False	False	True	False	False
1	False	False	False	False	False	False	False	True	False	False	False	False	True	False	False
2	False	False	False	False	False	False	False	True	False	False	False	False	True	False	False
3	False	False	False	False	False	False	False	True	False	False	False	False	True	False	False
4	False	False	False	False	False	False	False	True	False	False	False	False	True	False	False
...	...	...	...	...	...	...	...	...	...	...	...	...	...	...	...
114608	False	False	False	False	False	False	False	True	False	False	False	False	True	False	False
114609	False	False	False	False	False	False	False	True	False	False	False	False	True	False	False
114610	False	False	False	False	False	False	False	True	False	False	False	False	True	False	False
114611	False	False	False	False	False	False	False	True	False	False	False	False	True	False	False
114612	False	False	False	False	False	False	False	True	False	False	False	False	True	False	False

114613 rows × 30 columns

pandasは読み込んだデータに欠損値がある場合、**NaN**を表示します。isna()メソッドを使用することで、全項目に対して値がNaNかどうかを判定し、True/Falseで結果を返します。Trueと表示されている箇所が欠損値NaNであり、元々のデータに値が設定されていなかったことを意味します。

データ量が多い場合、個々に表示されても扱いに困ってしまいますので、欠損値の数を項目ごとに集計してみましょう。

```
data.isna().sum()
```

■図1-24：欠損値の集計

```
[26]  data.isna().sum()

      sequenceNumber                 0
      corporateNumber                0
      process                        0
      correct                        0
      updateDate                     0
      changeDate                     0
      name                           0
      nameImageId               113370
      kind                           0
      prefectureName                 0
      cityName                       0
      streetNumber                  17
      addressImageId            113418
      prefectureCode                 0
      cityCode                       0
      postCode                     173
      addressOutside            114613
      addressOutsideImageId     114613
      closeDate                 104536
      closeCause                104536
      successorCorporateNumber  113947
      changeCause               113502
      assignmentDate                 0
      latest                         0
      enName                    114381
      enPrefectureName          114383
      enCityName                114383
      enAddressOutside          114613
      furigana                   67993
      hihyoji                        0
      dtype: int64
```

　先程のコードにsum()関数を追加することで、欠損値NaNの数が項目単位で集計されました。郵便番号であるpostCodeに欠損値が存在しますので、例えば今回のデータから住所録を作成する場合、注意する必要があります。

　また、本書では実施しませんが、機械学習を行う場合も欠損値に注意する必要があります。欠損値があると適切な学習ができず、結果に大きく影響するということだけ頭の片隅に入れておきましょう。

⚾ ノック6：繰り返し処理で新しいデータを追加しよう

　基本的なデータの形ができたところで、差分データも読み込んでいきましょう。最初に読み込んだ法人番号データは、1ヶ月単位で更新されるデータです。これに対して、1日単位で公開されるのが差分データとなります。
　常に最新の情報を確認したいようなケースでは、差分データの取り込みが必要

になってきます。大量のデータを効率よく処理する方法を知ると、データを扱うことに戸惑いがなくなってきますので、ここで慣れておきましょう。

　まずはデータが置いてあるフォルダの状態を確認し、対象データを絞って読み込みつつ、複数データを結合していきます。読み込みと結合は繰り返し処理で行います。

```
import os
os.listdir('data')
```

■図1-25：フォルダの確認

```
[27] import os
     os.listdir('data')

     ['22_shizuoka_all_20210331.csv',
      'diff_20210408.csv',
      'diff_20210405.csv',
      'diff_20210401.csv',
      'diff_20210409.csv',
      'diff_20210406.csv',
      'diff_20210407.csv',
      'mst_hihyoji.csv',
      'mst_corp_kind.csv',
      'mst_closeCause.csv',
      'mst_correct_kbn.csv',
      'mst_process_kbn.csv',
      'mst_latest.csv',
      'mst_column_name.txt',
      'output',
      'processed_shizuoka.csv',
      'processed_shizuoka.xlsx']
```

　まずはライブラリのosをインポートし、osのlistdir()でdataフォルダの中身を確認しています。osはフォルダやファイルを操作するためのライブラリです。osはそのままで十分書きやすいので、pandasのときのように別名はつけません。

　listdir()を使うと、引数で渡されたフォルダの中にあるファイルとフォルダの一覧が表示されます。今回追加したい差分データはdiffで始まるファイルですが、それ以外のファイルも存在することがわかります。ここで表示された一覧をもとに繰り返し処理する手段もあるのですが、今回は別のやり方で対象を絞りましょう。

```
from glob import glob
diff_files = glob('data/diff*.csv')
diff_files
```

■図1-26：指定したファイルの存在確認

```
[28]  from glob import glob
      diff_files = glob('data/diff*.csv')
      diff_files

      ['data/diff_20210408.csv',
       'data/diff_20210405.csv',
       'data/diff_20210401.csv',
       'data/diff_20210409.csv',
       'data/diff_20210406.csv',
       'data/diff_20210407.csv']
```

　まずはライブラリのglobを読み込み、dataフォルダ配下のdiffで始まるcsvファイル一覧を取得しています。最後に、一覧の内容を画面表示しています。

　globは、あるパターンにマッチするかたまりを取得するライブラリです。具体的には、dataフォルダ配下で、diffで始まり.csvで終わるパターンにマッチするファイルパスの一覧を取得しています。2行目のdiffの後ろにある＊はワイルドカードで、その部分は曖昧でよいという指定です。この部分を曖昧にすることで、日付の異なる全てのデータが抽出される仕組みです。

　1行目のインポートの仕方がこれまでと異なりますが、これは、単純にglobというライブラリをインポートするのではなく、globライブラリがもつglob()関数を使います、という記述方法です。import globという書き方もできるのですが、その場合は2行目をglob.glob()と書かなければなりません。from ライブラリ import 関数とすることで、特定の関数を直接呼び出すことが可能となります。

　最後に表示した一覧から、diffで始まるファイルだけを取得できたことがわかります。取得したファイルの日付部分を見ると、順番はバラバラのようです。ファイル名の昇順でソート（並べ替え）した上で、1つ目のファイルを読み込んでみましょう。

　ここで大事なのは、いきなり繰り返しの処理を書かないということです。その中でやることが色々とありますので、まずはファイルを1つ扱ってみて、やりたいことが確実にできることを確認してから、繰り返し処理を実装していきます。

```
diff_files.sort()
diff = pd.read_csv(diff_files[0], encoding='shift-jis', header=None, dtyp
e=object)
print(len(diff))
diff.head(3)
```

■図1-27：1つ目のファイルの読み込み

```
[29] diff_files.sort()
     diff = pd.read_csv(diff_files[0], encoding='shift-jis', header=None, dtype=object)
     print(len(diff))
     diff.head(3)
```

	0	1	2	3	4	5	6	7	8	9	10	11	12	13	14	15	16	17	18	19	20
0	1	1010001016019	71	0	2021-04-01	2021-03-01	株式会社国際度方研究所	NaN	301	東京都	千代田区	内幸町3丁目6番1号 NaN	NaN	13	101	1010047	NaN	NaN	NaN	NaN	NaN
1	2	1010001092869	01	1	2021-04-01	2020-06-22	あさひ銀リテールファイナンス株式会社	NaN	301	東京都	千代田区	大手町1丁目1番2号りそな銀行内	NaN	13	101	1000004	NaN	NaN	NaN	NaN	NaN
2	3	1010001092869	21	0	2021-04-01	2021-03-22	あさひ銀リテールファイナンス株式会社	NaN	301	東京都	千代田区	大手町1丁目1番2号りそな銀行内	NaN	13	101	1000004	NaN	NaN	2021-03-22	01	NaN

　まずはsort()関数で、diff_filesリストの中身をソートしています。デフォルトは昇順で、()の中にreverse=Trueを記述すると降順となります。

　次にdiff_filesの1つ目のファイルを指定して読み込んでいますが、リストの番号を指定する際は0から始まる点に注意してください。また、リストの番号は[]で囲みます。引数の指定はこれまでのノックと同じものです。

　その後データ件数と中身を確認していますが、len(diff)がprint()の中に記述されています。これは、画面出力をするコードを、同一セル内に複数記述しているのが理由です。セルを実行した際の画面出力は実行結果の表示ですので、最後の画面出力だけが表示されます。そこで、処理途中の状態を画面出力したい場合はprint()を使います。

　冒頭の前提条件で差分データは全国のデータである旨を記載していますが、実際に9列目の値を見ると東京都と表示されていますので、静岡県のデータに絞り込んでみましょう。

```
diff.columns = columns
diff = diff.loc[diff['prefectureName'] == '静岡県']
print(len(diff))
diff.head(3)
```

■図1-28：絞り込み後のデータ

```
[30] diff.columns = columns
     diff = diff.loc[diff['prefectureName'] == '静岡県']
     print(len(diff))
     diff.head(3)
```
```
43
```

	sequenceNumber	corporateNumber	process	correct	updateDate	changeDate	name	nameImageId	kind	prefectureName	cityName	streetNumber	addressImageId	prefectureCode	cityCode	postCode
107	108	1080001015906	01	1	2021-04-01	2015-10-05	株式会社エムケイテック	NaN	301	静岡県	焼津市	策平9 5番地の2	NaN	22	212	4250007
108	109	1080001015906	12	1	2021-04-01	2021-03-30	株式会社エムケイテック	NaN	301	静岡県	藤枝市	岡部町桂島9 8 5番地の5	NaN	22	214	4260000
109	110	1080002015434	01	1	2021-04-01	2015-10-05	有限会社バイオDC	NaN	302	静岡県	牧之原市	大沢1 4 4番地9	NaN	22	226	4210526

まずは読み込んだデータにヘッダを設定します。次に対象を静岡県に絞り、データ件数と中身を確認しています。

データを絞り込む際は.loc[]を使うのですが、関数ではなくpandasの属性ですので、()は付けません。diff['prefectureName'] == '静岡県'で都道府県を絞り込んでいますが、この行をdiff = diff.loc['prefectureName' == '静岡県']と記述するとエラーになりますので注意してください。

対象の絞り込みまでうまくいきましたので、次にデータの結合を試してみましょう。

```
data_test = data                              # テスト用の変数にdataの中身をコピー
print(len(data_test))                         # 既存の件数を確認
print(len(data_test) == len(data))            # 既存の件数が正しいことを確認
print(len(diff))                              # 差分の件数を確認
data_test = data_test.append(diff)            # テスト用の変数に差分データを追加
print(len(data_test))                         # 追加後の件数を確認
data_test.tail(3)                             # 追加後のデータの末尾3件を確認
```

■図1-29：データ結合結果

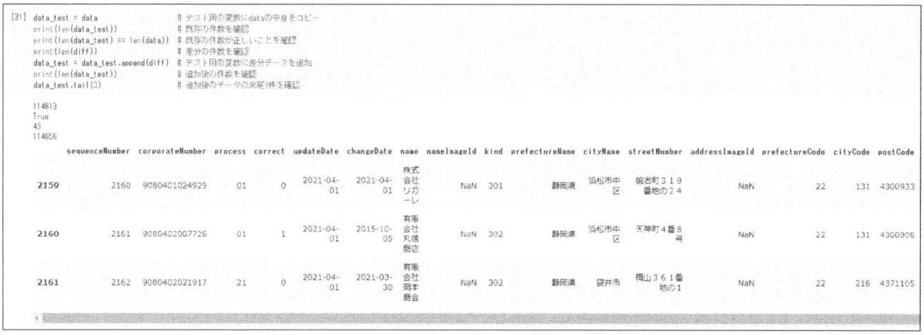

print()が多くなりましたので、それぞれどのような意図で記述しているのか、コメントで記載しました。#を付けると、その後ろはコメントとして扱われます。実際の開発では1行1行にコメントを付けることはありませんが、注意点や条件の記載などは必要に応じて記述しておくのがよいでしょう。

時間が経つと何を書いていたのか忘れてしまいますので、設計書が無い開発の場面などでは、コメントが特に重要になってきます。

ここでは、既存のデータに差分データを追加していくのですが、あくまでお試しなので、dataは更新したくありません。そこで、最初にdataの中身を別の変

数にコピーしています。その上で、既存データに差分データを.append()したものを、既存データに代入しています。データを結合する方法は他にもあるのですが、appendは比較的シンプルな結合方法です。

結合前後の件数表示は、正しさを検証するために行っています。件数の証明はどこにいっても求められますので、確認する癖をつけておきましょう。

差分データリストからの読み込みとデータの絞り込み、データ結合までうまくいきましたので、この処理を繰り返してもよさそうです。それでは実装してみましょう。

```
for f in diff_files:
  diff = pd.read_csv(f, encoding='shift-jis', header=None, dtype=object)
  diff.columns = columns
  diff = diff.loc[diff['prefectureName'] == '静岡県']
  data = data.append(diff)
data
```

図1-30：差分データ読み込み結果

```
[32] for f in diff_files:
       diff = pd.read_csv(f, encoding='shift-jis', header=None, dtype=object)
       diff.columns = columns
       diff = diff.loc[diff['prefectureName'] == '静岡県']
       data = data.append(diff)
     data
```

	sequenceNumber	corporateNumber	process	correct	updateDate	changeDate	name	nameImageId	kind	prefectureName	cityName	streetNumber	addressImageId	prefectureCode	cityCode	postCode
0	1	1000013040008	01	1	2018-04-02	2015-10-05	静岡家庭裁判所	NaN	101	静岡県	静岡市葵区	城内町１－２０	NaN	22	101	4200854
1	2	1000013050072	01	1	2018-04-02	2015-10-05	清水簡易裁判所	NaN	101	静岡県	静岡市清水区	天神１丁目６－１５	NaN	22	103	4240809
2	3	1000013050080	01	1	2018-04-02	2015-10-05	浜松簡易裁判所	NaN	101	静岡県	浜松市中区	中央１丁目１２－５	NaN	22	131	4300929
3	4	1000020222119	01	1	2018-04-05	2015-10-05	磐田市	NaN	201	静岡県	磐田市	国府台３－１	NaN	22	211	4380077
4	5	1000020222127	01	1	2018-04-05	2015-10-05	焼津市	NaN	201	静岡県	焼津市	本町２丁目１６－３２	NaN	22	212	4250022
...	...	...	...	...	...	...	...	...	...	...	...	...	...	...	...	...
3194	3195	9080001021673	01	1	2021-04-09	2017-07-07	株式会社ＡＣＴ	NaN	301	静岡県	静岡市葵区	太田町１４番地の４	NaN	22	101	4200845
3195	3196	9080101022431	01	0	2021-04-09	2021-04-09	株式会社ＬＥＳＱＵＡ	NaN	301	静岡県	沼津市	大岡２５５番地の１５	NaN	22	203	4100022
3196	3197	9080102008933	01	1	2021-04-09	2015-10-05	有限会社サクラ急送	NaN	302	静岡県	伊豆の国市	奈古谷６６３番地の２	NaN	22	225	4102132
3197	3198	9080402002859	21	0	2021-04-09	2021-04-01	有限会社弘法	NaN	302	静岡県	浜松市南区	下江町４５６番地の１	NaN	22	134	4300825
3198	3199	9080402015836	12	0	2021-04-09	2021-04-01	有限会社エコワークス	NaN	302	静岡県	浜松市西区	大人見町３３７４番地の１	NaN	22	133	4311112

115020 rows × 30 columns

　繰り返し処理はfor文で行います。今回はfor 変数 in リスト：での繰り返しを行っていますが、これはリストdiff_filesの中身を1つずつ変数fに渡して、diff_filesの要素の終わりまで処理を繰り返す、という制御となります。for文の繰り返しは、これ以外にも様々な条件で制御できます。

　for文の記載ルールとして、末尾にはコロン ： を付け、繰り返し処理したい部分はインデントを下げて記述します。本ノックでは半角スペースを2つ入れる形でインデントを下げています。インデントを下げる場合は半角スペースを4つ入れたり、タブを1個分入れることが多いですが、Pythonのルールとして、インデントの数が統一されている必要があります。

　今回のケースでは半角スペース2つ分ですので、処理の途中でタブ1個分のインデントが設定されたものがあれば、エラーとなります。for文の中に別のfor文を書く場合などは、インデントにも注意してください。例として、以下の記述をすると3行目がインデント違いでエラーになります。

```
for f in diff_files:
  diff = pd.read_csv(f, encoding='shift-jis', header=None, dtype=object)
    diff.columns = columns
```

　今回のケースでは、半角スペース2つずらした部分がfor文内での処理となり、インデントを戻した最終行のdataは、全ての繰り返し処理が終わった後、最後に実行されます。

　既存データに差分データを追加する処理が全て完了しましたので、改めて統計量と欠損値を確認しましょう。

```
data.describe()
```

■図1-31：統計量

	sequenceNumber	corporateNumber	process	correct	updateDate	changeDate	name	nameImageId	kind	prefectureName	cityName	streetNumber	addressImageId	prefectureCode	cityCode
count	115020	115020	115020	115020	115020	115020	115020	1246	115020	115020	115020	115003	1198	115020	115020
unique	114613	114758	6	2	1322	1351	106019	1245	9	1	46	99862	1195	1	48
top	3032	7080402010509	01	0	2015-11-13	2015-10-05	八幡神社	00067824	301	静岡県	浜松市中区	新super町２３９番地の１	00067512	22	131
freq	4	5	94398	80949	55969	83411	171	2	51474	115020	10020	51	2	115020	10020

　気になる点が見つかりました。先程は一致していたseqenceNumberと
corporateNumberのcountとuniqueの数が一致しなくなりました。
　seqenceNumberは0からの連番がファイル単位に振られるようですので、
問題ありません。しかしcorporateNumberは法人番号であり、ここが重複して
いるということは、既存の法人に何かしらの変更が加わり、差分データとして情
報が追加されたということになります。もう少し掘り下げてみるために、重複し
たデータを具体的に確認しましょう。

```
print(data[data["corporateNumber"].duplicated()])
```

■図1-32：重複データ

```
[34]  print(data[data["corporateNumber"].duplicated()])

        sequenceNumber corporateNumber  ...      furigana hihyoji
107              108   1080001015906  ...     エムケイテック        0
108              109   1080001015906  ...     エムケイテック        0
109              110   1080002015434  ...    ハイナンディーシー       0
110              111   1080105005588  ...     レアーレワールド        0
113              114   1080403003401  ...  ポップスターインポート       0
...              ...             ...  ...            ...    ...
3193            3194   9080001004208  ...         ハギリ        0
3194            3195   9080001021673  ...         アクト        0
3196            3197   9080102008933  ...     サクラキュウソウ       0
3197            3198   9080402002859  ...        コウボウ        0
3198            3199   9080402015836  ...      エコワークス        0

[262 rows x 30 columns]
```

　dataのcorporateNumberが重複するデータを、duplicated()関数で表示
しています。表示された行数を見ると、countとuniqueの数の差と一致してい
ます。
　重複データの存在がはっきりしたところで、今度は重複データを削除しましょ
う。今回は差分データの方が新しいため、既存データを削除して差分データを残
します。

```
data.drop_duplicates(subset='corporateNumber', keep='last', inplace=True)
```

■図1-33：重複データの削除

```
[35]  data.drop_duplicates(subset='corporateNumber', keep='last', inplace=True)
```

drop_duplicates()関数で重複を削除しました。引数のsubsetは重複確認対象の項目名、keep='last' で重複した場合に最終行を残し、inplace=Trueでdataの中身を直接書き換えています。

それでは再度統計量を確認しましょう。

```
data.describe()
```

■図1-34：統計量

[36] data.describe()

	sequenceNumber	corporateNumber	process	correct	updateDate	changeDate	name	nameImageId	kind	prefectureName	cityName	streetNumber	addressImageId	prefectureCode	cityCode
count	114758	114758	114758	114758	114758	114758	114758	1245	114758	114758	114758	114741	1195	114758	114758
unique	114388	114758	6	2	1322	1351	105992	1245	9	1	46	99623	1195	1	48
top	3032	5080002018466	01	0	2015-11-13	2015-10-05	八幡神社	00067433	301	静岡県	浜松市中区	新貝町２３９番地の１	00079885	22	131
freq	4	1	94176	80781	55849	83217	171	1	51331	114758	9994	51	1	114758	9994

corporateNumberのcountとuniqueの数が一致し、重複がなくなったことが確認できました。

引き続き欠損値を確認しましょう。

```
data.isna().sum()
```

■図1-35：欠損値の集計

```
[37]  data.isna().sum()

      sequenceNumber                0
      corporateNumber               0
      process                       0
      correct                       0
      updateDate                    0
      changeDate                    0
      name                          0
      nameImageId              113513
      kind                          0
      prefectureName                0
      cityName                      0
      streetNumber                 17
      addressImageId           113563
      prefectureCode                0
      cityCode                      0
      postCode                    173
      addressOutside           114758
      addressOutsideImageId    114758
      closeDate                104650
      closeCause               104650
      successorCorporateNumber 114080
      changeCause              113629
      assignmentDate                0
      latest                        0
      enName                   114525
      enPrefectureName         114527
      enCityName               114527
      enAddressOutside         114758
      furigana                  67858
      hihyoji                       0
      dtype: int64
```

欠損値の項目はあるものの、今回のデータは特に問題ないでしょう。

ノック7：
マスタを読み込んで項目を横に繋げよう

これまでに読み込んだデータには、処理区分(process)などのコード値が設定されていますが、値を見ても01などの数字で、それが何の区分を意味するのか判断がつきません。そこで、コード値に紐づく名称をマスタから読み込み、データに持たせていきましょう。

ノック6ではデータを結合(縦に繋げる)しましたが、本ノックではデータをマージする(横に繋げる)という違いがあります。

まずは、dataフォルダの中にあるマスタファイルを確認しましょう。

```
os.listdir('data')
```

■図1-36：フォルダ情報

```
[38] os.listdir('data')

    ['22_shizuoka_all_20210331.csv',
     'diff_20210408.csv',
     'diff_20210405.csv',
     'diff_20210401.csv',
     'diff_20210409.csv',
     'diff_20210406.csv',
     'diff_20210407.csv',
     'mst_hihyoji.csv',
     'mst_corp_kind.csv',
     'mst_closeCause.csv',
     'mst_correct_kbn.csv',
     'mst_process_kbn.csv',
     'mst_latest.csv',
     'mst_column_name.txt',
     'output',
     'processed_shizuoka.csv',
     'processed_shizuoka.xlsx']
```

　mst_で始まり、.csvで終わるファイルがマスタファイルで、全部で6つあります。まずはmst_process_kbn.csv(処理区分マスタファイル)を読み込んで、中身を確認してみましょう。尚、**ノック1**でdataを読み込む過程で、コードに0から始まる値をもつマスタが存在することがわかっていますので、dtypeにobjectを指定して読み込みます。

```
mst_process_kbn = pd.read_csv('data/mst_process_kbn.csv', dtype=object)
mst_process_kbn
```

■図1-37：処理区分マスタ

```
[39]  mst_process_kbn = pd.read_csv('data/mst_process_kbn.csv', dtype=object)
      mst_process_kbn
```

	process	process_kbn_name
0	01	新規
1	11	商号又は名称の変更
2	12	国内所在地の変更
3	13	国外所在地の変更
4	21	登記記録の閉鎖等
5	22	登記記録の復活等
6	71	吸収合併
7	72	吸収合併無効
8	81	商号の登記の抹消
9	99	削除

コードと名称を保持していることが確認できます。そして"新規"のコードが"01"で取得できていることも確認できました。作成済のdataにもprocess項目が存在しますので、これをキーとして紐づける形で名称を追加してみましょう。

```
data = data.merge(mst_process_kbn, on='process', how='left')
```

■図1-38：処理区分マスタデータのマージ

```
[40]  data = data.merge(mst_process_kbn, on='process', how='left')
```

pandasのmerge()関数を使ってmst_process_kbnをdataにマージしています。引数のon='process'は、dataとmst_process_kbnに共通するprocess項目をキーとするための記述です。キーとする項目名が異なる場合は、「left_on='aaa', right_on='bbb'」というように記述して、両方のキーを明確にします(aaaとbbbにはそれぞれの項目名が入ります)。

引数how='left'は結合方法で、データをマージする際に、左側(data)と右側(mst_process_kbn)のどちらを基準とするか、という指定です。dataに存在するコードに名称を設定したいので、ここではleftを指定します。

left以外ではrightやinnerを使う場合が多いので、それらの動きの違いを記載しておきます。

■how='left' の場合
・dataにあってマスタにもある ：名称が設定される
・dataにあってマスタに無い　 ：欠損値NaNが設定される
・dataに無くてマスタにある　 ：何も起こらない
・dataに無くてマスタにも無い：何も起こらない

■how='right'の場合
・dataにあってマスタにもある ：名称が設定される
・dataにあってマスタに無い　 ：何も起こらない
・dataに無くてマスタにある　 ：当該コードのレコードが作成される
　　　　　　　　　　　　　　　※コードと名称以外の項目にはNaNが設定される
・dataに無くてマスタにも無い：何も起こらない

■how='inner'の場合
・dataにあってマスタにもある ：名称が設定される
・dataにあってマスタに無い　 ：何も起こらない
・dataに無くてマスタにある　 ：何も起こらない
・dataに無くてマスタにも無い：何も起こらない

それでは実際に中身を確認してみましょう。

```
print(len(data.columns))
data.head(3)
```

■図1-39：項目追加後のデータ

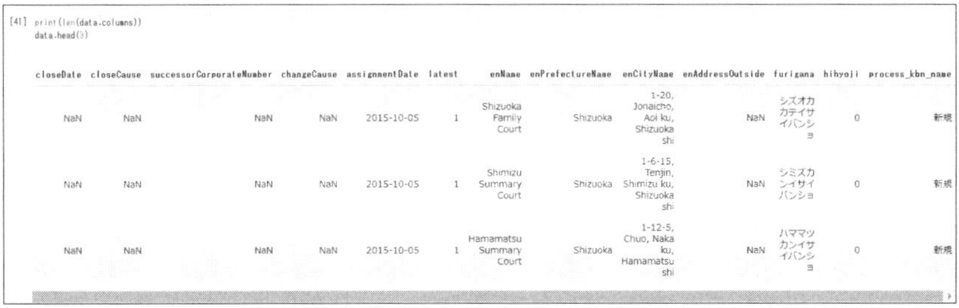

　項目数が1つ増え、dataの右端にprocess_kbn_nameが追加されています。表示されたデータを見る限り、processの"01"に対して"新規"という名称が設定されており、正しくマージできているようです。

　余談ですが、dataとmst_process_kbnのファイル読み込みの際、どちらか一方にdtypeの指定漏れがあった場合、"新規"のコード"01"は"1"で読み込まれますので、キーの不一致により名称が紐づかない、ということが起こります。同じ値に見えるのにマージできないというケースがもしあれば、データの型も疑ってみましょう。

　では続けて、他のマスタも処理していきましょう。差分データを処理したときのように繰り返し処理も可能ではあるのですが、マスタの項目をマージするようなケースでは、面倒でもひとつひとつ確認しながら処理していくのがよいでしょう。同じフォーマットかと思ったら微妙に違う作りのものが紛れていた、ということが起こりがちです。

　では次に、mst_correct_kbn.csv(訂正区分マスタファイル)を同様に処理します。

```
mst_correct_kbn = pd.read_csv('data/mst_correct_kbn.csv',
encoding='shift-jis', dtype=object)
mst_correct_kbn
```

■図1-40：訂正区分マスタ

```
[42]  mst_correct_kbn = pd.read_csv('data/mst_correct_kbn.csv', encoding='shift-jis', dtype=object)
      mst_correct_kbn
```

	correct	correct_kbn_name
0	0	訂正以外
1	1	訂正

　特に気にする項目はありませんので、dataにマージして、結果を確認します。

```
data = data.merge(mst_correct_kbn, on='correct', how='left')
print(len(data.columns))
data.head(3)
```

■図1-41：訂正区分マスタデータのマージ

```
[43] data = data.merge(mst_correct_kbn, on='correct', how='left')
     print(len(data.columns))
     data.head(3)
```

closeCause	successorCorporateNumber	changeCause	assignmentDate	latest	enName	enPrefectureName	enCityName	enAddressOutside	furigana	hihyoji	process_kbn_name	correct_kbn_name
NaN	NaN	NaN	2015-10-05	1	Shizuoka Family Court	Shizuoka	1-20, Jonaicho, Aoi ku, Shizuoka shi	NaN	シズオカカテイサイバンショ	0	新規	訂正
NaN	NaN	NaN	2015-10-05	1	Shimizu Summary Court	Shizuoka	1-6-15, Tenjin, Shimizu ku, Shizuoka shi	NaN	シミズカンイサイバンショ	0	新規	訂正
NaN	NaN	NaN	2015-10-05	1	Hamamatsu Summary Court	Shizuoka	1-12-5, Chuo, Naka ku, Hamamatsu shi	NaN	ハママツカンイサイバンショ	0	新規	訂正

問題なくマージされました。続いて、mst_corp_kind.csv(法人種別マスタファイル)を同様に処理します。

```
mst_corp_kind = pd.read_csv('data/mst_corp_kind.csv', dtype=object)
mst_corp_kind
```

■図1-42：法人種別マスタ

```
[44] mst_corp_kind = pd.read_csv('data/mst_corp_kind.csv', dtype=object)
     mst_corp_kind
```

	kind	corp_kind_name
0	101	国の機関
1	201	地方公共団体
2	301	株式会社
3	302	有限会社
4	303	合名会社
5	304	合資会社
6	305	合同会社
7	399	その他の設立登記法人
8	401	外国会社等
9	499	その他

特に気にする項目はありませんので、dataにマージして、結果を確認します。

```
data = data.merge(mst_corp_kind, on='kind', how='left')
print(len(data.columns))
data.head(3)
```

図1-43：法人種別マスタデータのマージ

```
[45] data = data.merge(mst_corp_kind, on='kind', how='left')
     print(len(data.columns))
     data.head(3)
```

successorCorporateNumber	changeCause	assignmentDate	latest	enName	enPrefectureName	enCityName	enAddressOutside	furigana	hihyoji	process_kbn_name	correct_kbn_name	corp_kind_name
NaN	NaN	2015-10-05	1	Shizuoka Family Court	Shizuoka	1-20, Jonaicho, Aoi ku, Shizuoka shi	NaN	シズオカカテイサイバンショ	0	新規	訂正	国の機関
NaN	NaN	2015-10-05	1	Shimizu Summary Court	Shizuoka	1-6-15, Tenjin, Shimizu ku, Shizuoka shi	NaN	シミズカンイサイバンショ	0	新規	訂正	国の機関
NaN	NaN	2015-10-05	1	Hamamatsu Summary Court	Shizuoka	1-12-5, Chuo, Naka ku, Hamamatsu shi	NaN	ハママツカンイサイバンショ	0	新規	訂正	国の機関

問題なくマージされました。続いて、mst_closeCause.csv(閉鎖事由区分マスタファイル)を同様に処理します。

```
mst_close_cause = pd.read_csv('data/mst_closeCause.csv', dtype=object)
mst_close_cause
```

図1-44：閉鎖事由区分マスタ

```
[46] mst_close_cause = pd.read_csv('data/mst_closeCause.csv', dtype=object)
     mst_close_cause
```

	closeCause	closeCause_name
0	01	清算の結了等
1	11	合併による解散等
2	21	登記官による閉鎖
3	31	その他の清算の結了等

特に気にする項目はありませんので、dataにマージして、結果を確認します。

```
data = data.merge(mst_close_cause, on='closeCause', how='left')
print(len(data.columns))
data.head(3)
```

■図1-45：閉鎖事由区分マスタデータのマージ

問題なくマージされました。閉鎖していない法人はcloseCauseが欠損値の NaNであることから、名称にもNaNが設定されています。

続いて、mst_latest.csv（最新履歴区分マスタファイル）を同様に処理します。

```
mst_latest = pd.read_csv('data/mst_latest.csv', dtype=object)
mst_latest
```

■図1-46：最新履歴区分マスタ

特に気にする項目はありませんので、dataにマージして、結果を確認します。

```
data = data.merge(mst_latest, on='latest', how='left')
print(len(data.columns))
data.head(3)
```

■図1-47：最新履歴区分マスタデータのマージ

　問題なくマージされました。最後に、mst_hihyoji.csv(検索対象除外区分マスタファイル)を同様に処理します。

```
mst_hihyoji = pd.read_csv('data/mst_hihyoji.csv', dtype=object)
mst_hihyoji
```

■図1-48：検索対象除外区分マスタ

```
[50]  mst_hihyoji = pd.read_csv('data/mst_hihyoji.csv', dtype=object)
      mst_hihyoji
```

	hihyoji	hihyoji_name
0	0	検索対象
1	1	検索対象除外

　特に気にする項目はありませんので、dataにマージして、結果を確認します。

```
data = data.merge(mst_hihyoji, on='hihyoji', how='left')
print(len(data.columns))
data.head(3)
```

■図1-49：検索対象除外区分マスタのマージ

```
[51] data = data.merge(mst_hihyoji, on="hihyoji", how="left")
     print(len(data.columns))
     data.head(3)
```

latest	enName	enPrefectureName	enCityName	enAddressOutside	furigana	hihyoji	process_kbn_name	correct_kbn_name	corp_kind_name	closeCause_name	latest_name	hihyoji_name
1	Shizuoka Family Court	Shizuoka	1-20, Jonaicho, Aoi ku, Shizuoka shi	NaN	シズオカ カテイサ イバンシ ョ	0	新規	訂正	国の機関	NaN	最新情報	検索対象
1	Shimizu Summary Court	Shizuoka	1-6-15, Tenjin, Shimizu ku, Shizuoka shi	NaN	シミズカ ンイサイ バンショ	0	新規	訂正	国の機関	NaN	最新情報	検索対象
1	Hamamatsu Summary Court	Shizuoka	1-12-5, Chuo, Naka ku, Hamamatsu shi	NaN	ハママツ カンイサ イバンシ ョ	0	新規	訂正	国の機関	NaN	最新情報	検索対象

　以上で全てのマスタがマージされ、コードに紐づく名称を保持できました。名称を持つことで、より理解しやすく、扱いやすい状態になりましたね。このようにしておくと、データを人に説明するのも、少し楽になると思います。

ノック8：テキストの連結や分割をしよう

　データを扱っていると、複数のテキストを連結して1つにしたり、1つの項目を複数に分割したい状況がでてきます。データの持ち方や処理する内容により様々な手法がありますが、ここではデータフレームを対象に、項目の連結と分割を行いましょう。

　都道府県(prefectureName)、市区町村(cityName)、丁目番地等(streetNumber)を1つに連結して、住所(address)として追加します。まずは、それぞれの項目に欠損値がないか確認しましょう。

```python
data[['prefectureName', 'cityName', 'streetNumber']].isna().sum()
```

■図1-50：欠損値の集計

```
[52]  data[['prefectureName', 'cityName', 'streetNumber']].isna().sum()

      prefectureName    0
      cityName          0
      streetNumber     17
      dtype: int64
```

　丁目番地等に欠損値が存在しています。なぜこの確認を行うかというと、連結する項目に欠損値がある場合、連結結果も欠損値になるためです。そのようなケースでは、欠損値を考慮した処理を行う必要があります。

　最初に欠損値を考慮しない方法で項目を連結し、その結果を確認した上で、欠損値のデータに対する補完をしていきましょう。

```
data['address'] = data['prefectureName'] + data['cityName'] + data['streetNumber']
print(len(data.columns))
data.head(3)
```

■図1-51：住所の追加

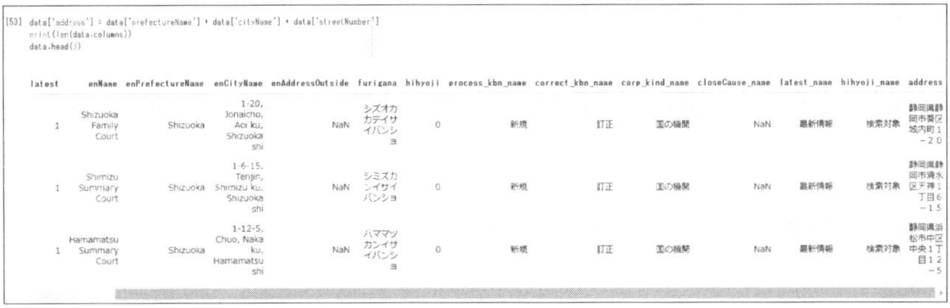

　連結方法に様々な手法があることは冒頭で述べましたが、今回はシンプルに＋で連結し、dataのaddress項目に代入しました。address項目の表示内容から、3つの項目が正しく連結できていることが確認できます。もし間に区切り文字を入れたい場合は、「＋」の部分を「＋'￥￥'＋」と記述すれば区切り文字を入れられます（この場合、￥￥ が区切り文字です）。

　では、欠損値の項目がどうなったか確認しましょう。

```
data.loc[data['streetNumber'].isna()].head(3)
```

■図1-52：郵便番号の欠損値データ

丁目番地等が欠損値のデータを.locで抽出し、そこから先頭3件を表示しています。表示内容から、addressに欠損値のNaNが設定されていることがわかります。

それでは、この欠損値のデータに対する補完処理を行いましょう。具体的には、丁目番地等が欠損値のデータを抽出し、そのデータには都道府県と市区町村だけ連結するという処理を行います。

```
data['address'].loc[data['streetNumber'].isna()] = data['prefectureName']
+ data['cityName']
```

■図1-53：欠損値データへの住所の設定

.locで抽出する条件は前のセルと同じですが、代入先を指定する必要がありますので、最初の記載はdata['address'] となります。そして連結する項目は2つだけ指定しています。

結果がどうなったか確認してみましょう。

```
print(data['address'].isna().sum())
data.loc[data['streetNumber'].isna()].head(3)
```

■図1-54：欠損値データへの住所の設定確認

```
[56] print(data['address'].isna().sum())
     data.loc[data['streetNumber'].isna()].head(3)
```

	latest	enName	enPrefectureName	enCityName	enAddressOutside	furigana	hihyoji	process_kbn_name	correct_kbn_name	corp_kind_name	closeCause_name	latest_name	hihyoji_name	address
	1	NaN	NaN	NaN	NaN	NaN	1	新規	訂正以外	その他の設立登記 法人	NaN	最新情報	検索対象除外	静岡県静 岡市清水 区
	1	NaN	NaN	NaN	NaN	NaN	1	新規	訂正以外	その他の設立登記 法人	NaN	最新情報	検索対象除外	静岡県静 岡市清水 区
	1	NaN	NaN	NaN	ホショウ セキニン タジマム ラブサイ セイリク ミアイ	1	新規	訂正	その他の設立登記 法人	NaN	最新情報	検索対象除外	静岡県伊 東市

住所が欠損値のデータは0件となり、住所欄には都道府県と市区町村を連結した値が設定されました。ではこの処理が、欠損値でなかったデータに影響していないか確認しましょう。

```
data.head(3)
```

■図1-55：先頭データの確認

```
[57] data.head(3)
```

	latest	enName	enPrefectureName	enCityName	enAddressOutside	furigana	hihyoji	process_kbn_name	correct_kbn_name	corp_kind_name	closeCause_name	latest_name	hihyoji_name	address
1	Shizuoka Family Court	Shizuoka	1-20, Jonacho, Aoi ku, Shizuoka shi	NaN	シズオカ カテイサ イバンシ ョ	0	新規	訂正	国の機関	NaN	最新情報	検索対象	静岡県静 岡市葵区 城内町1 - 2 0
1	Shimizu Summary Court	Shizuoka	1-6-15, Tenjin, Shimizu ku, Shizuoka shi	NaN	シミズカ ンイサイ バンショ	0	新規	訂正	国の機関	NaN	最新情報	検索対象	静岡県静 岡市清水 区天神1 丁目6 - 1 5
1	Hamamatsu Summary Court	Shizuoka	1-12-5, Chuo, Naka ku, Hamamatsu shi	NaN	ハママツ カンイサ イバンシ ョ	0	新規	訂正	国の機関	NaN	最新情報	検索対象	静岡県浜 松市中区 中央1丁 目1 2 - 5

丁目番地等が設定されている項目は、前に処理したままの値であることが確認できました。一部のデータだけを対象とした値の更新処理は、頻繁に行われます。徐々に慣れていきながら、その他のやり方も覚えていきましょう。

次に、テキストを分割する処理を行います。郵便番号7桁(postCode)を前3桁と後4桁に分割してみましょう。分割にも様々な手法があり、区切り文字で分割するsplit()が良く使われます。このデータの郵便番号には区切り文字がないので、今回はスライスを使って文字数で分割してみます。

```
data['postCode_head'] = data['postCode'].str[:3]
print(len(data.columns))
data.head(3)
```

■図1-56：郵便番号前3桁

［:3］の部分がスライスの記述で、テキストの先頭から3文字を意味します。分割の対象はデータフレームのpostCode項目で、.strを付けて一括処理を行いました。行毎に処理を繰り返す方法もありますが、処理内容とデータ量によっては処理時間が増大するかもしれません。pandasの一括処理はとても役に立ちますので、積極的に活用して効率化を図りましょう。

次に、郵便番号の後半4桁を、スライスの一括処理で取得します。

```
data['postCode_tail'] = data['postCode'].str[-4:]
print(len(data.columns))
data.head(3)
```

■図1-57：郵便番号後4桁

　前半との違いは、［-4：］の部分です。テキストの末尾から4文字を取得する、という記述方で、この場合は：の前の数字をマイナス値にします。

　これで、テキストの分割処理が完了しました。

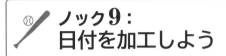

ノック9：
日付を加工しよう

　システムデータには、必ずと言っていいほど日時の情報が設定されています。この日時をもとに日数の経過を見たり、時間を計算するなどの処理が行われています。では、見た目が日付や時刻のデータは、そのままで処理できるのでしょうか？答えは否で、型を正しく設定しなければ、計算自体ができません。

　実際にやってみましょう。

```
data['closeDate'] - data['assignmentDate']
```

■図1-58：日付計算のエラー

```
[60] data['closeDate'] - data['assignmentDate']
    --------------------------------------------------------------------------
    TypeError                                 Traceback (most recent call last)
    /usr/local/lib/python3.7/dist-packages/pandas/core/ops/array_ops.py in na_arithmetic_op(left, right, op, is_cmp)
        142     try:
    --> 143         result = expressions.evaluate(op, left, right)
        144     except TypeError:

    ---------------------------- ◆ 8 frames ----------------------------
    TypeError: unsupported operand type(s) for -: 'float' and 'str'

    During handling of the above exception, another exception occurred:

    TypeError                                 Traceback (most recent call last)
    /usr/local/lib/python3.7/dist-packages/pandas/core/ops/array_ops.py in masked_arith_op(x, y, op)
         90         if mask.any():
         91             with np.errstate(all="ignore"):
    --->  92                 result[mask] = op(xrav[mask], yrav[mask])
         93
         94     else:

    TypeError: unsupported operand type(s) for -: 'str' and 'str'

    SEARCH STACK OVERFLOW
```

　閉鎖日から法人番号指定年月日を引いてみましたが、エラーとなりました。「TypeError: unsupported operand type(s) for -: 'str' and 'str'」と記載されており、文字列同士の減算はできないというメッセージが表示されています。現状のデータ項目は全てobject型にしていますので、日付に見える項目も、た

だの文字の並びと判断されます。

それでは、試しに1項目だけ日時型に変換してみましょう。

```
tmp = pd.to_datetime(data['closeDate'])
tmp.dtypes
```

■図1-59：日付の型変換

```
[61] tmp = pd.to_datetime(data['closeDate'])
     tmp.dtypes

     dtype('<M8[ns]')
```

pandasのto_datetime()関数を用いて、closeDateの型変換を行い、テスト用の変数であるtmpに格納しました。object型だったcloseDateの型が変わっていることが確認できます。

今回のデータには4つの日付項目が存在しますので、繰り返し処理で型変換を行っていきましょう。

```
dt_columns = ['updateDate', 'changeDate', 'closeDate', 'assignmentDate']
for col in dt_columns:
  data[col] = pd.to_datetime(data[col])
```

■図1-60：型変換の繰り返し

```
[62] dt_columns = ['updateDate', 'changeDate', 'closeDate', 'assignmentDate']
     for col in dt_columns:
       data[col] = pd.to_datetime(data[col])
```

まず、dt_columnsに4つの日付項目を設定し、日付項目リストを作成します。for文でdt_columnsの中身を1つずつcol変数に設定し、先ほどのto_datetime()を行っています。

それでは各項目の型を見てみましょう。

```
data.dtypes
```

■図1-61：データ型の確認

```
[63]  data.dtypes

      sequenceNumber                  object
      corporateNumber                 object
      process                         object
      correct                         object
      updateDate                      datetime64[ns]
      changeDate                      datetime64[ns]
      name                            object
      nameImageId                     object
      kind                            object
      prefectureName                  object
      cityName                        object
      streetNumber                    object
      addressImageId                  object
      prefectureCode                  object
      cityCode                        object
      postCode                        object
      addressOutside                  object
      addressOutsideImageId           object
      closeDate                       datetime64[ns]
      closeCause                      object
      successorCorporateNumber        object
      changeCause                     object
      assignmentDate                  datetime64[ns]
      latest                          object
      enName                          object
      enPrefectureName                object
      enCityName                      object
      enAddressOutside                object
      furigana                        object
      hihyoji                         object
      process_kbn_name                object
      correct_kbn_name                object
      corp_kind_name                  object
      closeCause_name                 object
      latest_name                     object
      hihyoji_name                    object
      address                         object
      postCode_head                   object
      postCode_tail                   object
      dtype: object
```

　4つの日付項目が全て日時型であるdatetime64[ns]に型変換されています。
これで日時の計算ができるようになりました。

　では、冒頭でエラーとなった計算を再び行ってみましょう。

```
data['corporate_life'] = data['closeDate'] - data['assignmentDate']
print(len(data.columns))
data.head(3)
```

■図1-62：日付計算

今度はエラーが発生せずに処理されましたが、ここで表示したデータは corporate_lifeにNaTが設定されています。これは、計算に使用した日付項目のどちらかが欠損値であったことを意味しています。閉鎖していない法人は閉鎖日が設定されていないため、欠損値として表示されています。

では、閉鎖日が欠損値でないデータに絞って表示してみましょう。

```
tmp = data.loc[data['closeDate'].notna()]
print(len(tmp))
tmp.head(3)
```

■図1-63：閉鎖日が欠損値でないデータ

notna()関数を使用することで、欠損値でないデータ、という条件指定ができます。閉鎖日から法人番号指定年月日を引いた、法人継続日数の計算が行われていることが確認できました。このような日付の計算を行う際は、法人指定当日中

に閉鎖したものを0日とするのか、それとも1日とするのかを予め考えておく必要があります。1日としたい場合は、単純に減算処理のコードに+1を記述すれば計算されます。

　余談ですが、このようにデータを確認する場合、関連性のある項目同士があるべき状態となっているか、という観点でのチェックを頻繁に行います。例えば、閉鎖コードが設定されている行には、閉鎖日が漏れなく設定されているか、というチェックです。

```
len(data.loc[data['closeCause'].notna()]) == len(data.loc[data['closeDate'].notna()])
```

■図1-64：閉鎖日の設定確認

```
[66]  len(data.loc[data['closeCause'].notna()]) == len(data.loc[data['closeDate'].notna()])

      True
```

　閉鎖コードの項目と閉鎖日の項目の欠損値でないデータ件数を比較しました。件数が一致していますので、閉鎖の扱いとなった法人には、漏れなく閉鎖日が設定されていると判断してよいでしょう。

　信頼できるシステムから連携された信頼できるデータであれば問題ないのですが、そうでない場合は、データを作る過程で誤りが発生していないか、という点は気にするようにしましょう。

　では次に、日付項目の値を利用して年月項目を追加します。年月項目を用意しておくことで、集計やグラフ作成に活用することができます。まずは1項目だけ試してみます。

```
data['update_YM'] = data['updateDate'].dt.to_period('M')
print(len(data.columns))
data.head()
```

▌図1-65：年月の設定

```
[67] data['update_YM'] = data['updateDate'].dt.to_period('M')
     print(len(data.columns))
     data.head()
```

furigana	hikyoji	process_kbn_name	correct_kbn_name	corp_kind_name	closeCause_name	latest_name	hihyoji_name	address	postCode_head	postCode_tail	corporate_life	update_YM
シズオカ カテイサ イバンシ ョ	0	新規	訂正	国の機関	NaN	最新情報	検索対象	静岡県静 岡市葵区 城内1 - 20	420	0854	NaT	2018-04
シミズカ ンイサイ バンショ	0	新規	訂正	国の機関	NaN	最新情報	検索対象	静岡県静 岡市清水 区天神1 丁目6 - 15	424	0809	NaT	2018-04
ハママツ カンイサ イバンシ ョ	0	新規	訂正	国の機関	NaN	最新情報	検索対象	静岡県浜 松市中区 中央1丁 目12 - 5	430	0929	NaT	2018-04
イワタシ	0	新規	訂正	地方公共団体	NaN	最新情報	検索対象	静岡県磐 田市国府 台3 - 1	438	0077	NaT	2018-04
ヤイジシ	0	新規	訂正	地方公共団体	NaN	最新情報	検索対象	静岡県焼 津市本町 2丁目1 6 - 32	425	0022	NaT	2018-04

pandasの.dt.to_period('M') を用いて、datetime型のupdateDateを年月形式に変換しています。処理に問題がないようですので、残りの日付項目も同様に、年月項目を作成しておきます。

```
dt_prefixes = ['assignment', 'change', 'update', 'close']
for pre in dt_prefixes:
    data[f'{pre}_YM'] = data[f'{pre}Date'].dt.to_period('M')
```

▌図1-66：年月設定の繰り返し

```
[68] dt_prefixes = ['assignment', 'change', 'update', 'close']
     for pre in dt_prefixes:
         data[f'{pre}_YM'] = data[f'{pre}Date'].dt.to_period('M')
```

dt_prefixesに日付項目をリストで設定します。リストの要素を順番にpreに設定し、for文で処理を繰り返します。data[f'{pre}_YM'] とdata[f'{pre}Date'] はフォーマット済み文字列リテラルで、Python3.6以降で使えるようになった表現です。

文字列の前にfを付け、代入したい変数を {} で囲むと、文字列に変数が埋め込まれます。

例えば、変数preの中身がcloseという値の場合、data[f'{pre}_YM'] は、data['close_YM'] と記載したのと同じ文字列として扱われます。日付項目は全てxxDateという項目名なので、xxの部分を変数で渡すと、項目名をもとにした

繰り返し処理を行うことができます。

では、データを確認してみましょう。

```
data.head()
```

■図1-67：全ての年月設定後

```
[88]  print(len(data.columns))
      data.head(3)
```

correct_kbn_name	corp_kind_name	closeCause_name	latest_name	hihyoji_name	address	postCode_head	postCode_tail	corporate_life	update_YM	assignment_YM	change_YM	close_YM
訂正	国の機関	NaN	最新情報	検索対象	静岡県静岡市葵区城内町1-20	420	0854	NaT	2018-04	2015-10	2015-10	NaT
訂正	国の機関	NaN	最新情報	検索対象	静岡県静岡市清水区天神1丁目6-15	424	0809	NaT	2018-04	2015-10	2015-10	NaT
訂正	国の機関	NaN	最新情報	検索対象	静岡県浜松市中区中央1丁目12-5	430	0929	NaT	2018-04	2015-10	2015-10	NaT

4つの日付項目をもとに、年月項目が作成されました。では最後に、データ型を確認しましょう。

```
data.dtypes
```

■図1-68：変換後のデータ型

```
[70]  data.dtypes

      sequenceNumber               object
      corporateNumber              object
      process                      object
      correct                      object
      updateDate                   datetime64[ns]
      changeDate                   datetime64[ns]
      name                         object
      nameImageId                  object
      kind                         object
      prefectureName               object
      cityName                     object
      streetNumber                 object
      addressImageId               object
      prefectureCode               object
      cityCode                     object
      postCode                     object
      addressOutside               object
      addressOutsideImageId        object
      closeDate                    datetime64[ns]
      closeCause                   object
      successorCorporateNumber     object
      changeCause                  object
      assignmentDate               datetime64[ns]
      latest                       object
      enName                       object
      enPrefectureName             object
      enCityName                   object
      enAddressOutside             object
      furigana                     object
      hihyoji                      object
      process_kbn_name             object
      correct_kbn_name             object
      corp_kind_name               object
      closeCause_name              object
      latest_name                  object
      hihyoji_name                 object
      address                      object
      postCode_head                object
      postCode_tail                object
      corporate_life               timedelta64[ns]
      update_YM                    period[M]
      assignment_YM                period[M]
      change_YM                    period[M]
      close_YM                     period[M]
      dtype: object
```

　作成した4項目が、年月を表すperiod[M]であることが確認できました。日時や数値の計算をする場合は適切な型に変換する必要がある点について、理解が深まってきたのではないでしょうか。

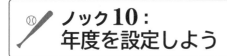

ノック10：
年度を設定しよう

　年別や月別のデータを扱う場合、日本では年度の考え方が必要になる場合があります。そこで、対象を更新日付に絞り、更新年度を設定してみましょう。

```
data['update_year'] = pd.DatetimeIndex(data['updateDate']).year              #
更新日付から年を取得
data['update_month'] = pd.DatetimeIndex(data['updateDate']).month            #
更新日付から月を取得
data['update_fiscal_year'] = pd.DatetimeIndex(data['updateDate']).year      #
更新年度に取得した年を設定
data.loc[data['update_month'] < 4, 'update_fiscal_year'] -= 1               #
更新月が3月までは更新年度-1
```

◼️図1-69：年度の設定

```
[71]  data['update_year'] = pd.DatetimeIndex(data['updateDate']).year         # 更新日付から年を取得
      data['update_month'] = pd.DatetimeIndex(data['updateDate']).month       # 更新日付から月を取得
      data['update_fiscal_year'] = pd.DatetimeIndex(data['updateDate']).year  # 更新年度に取得した年を設定
      data.loc[data['update_month'] < 4, 'update_fiscal_year'] -= 1           # 更新月が3月までは更新年度-1
```

　データフレームの日付項目から年、月を単体で取得する場合、pandasの.DatetimeIndex()関数を使用します。まずは年度項目に更新日付の年を設定し、1月から3月のデータを抽出して年度項目の値を1減算します。

```
'update_fiscal_year' -= 1
```

　は、

```
'update_fiscal_year' = 'update_fiscal_year' - 1
```

　の省略形です。
　では、内容を確認してみましょう。

```
print(len(data.columns))
data.head(3)
```

■図1-70：年度の設定確認

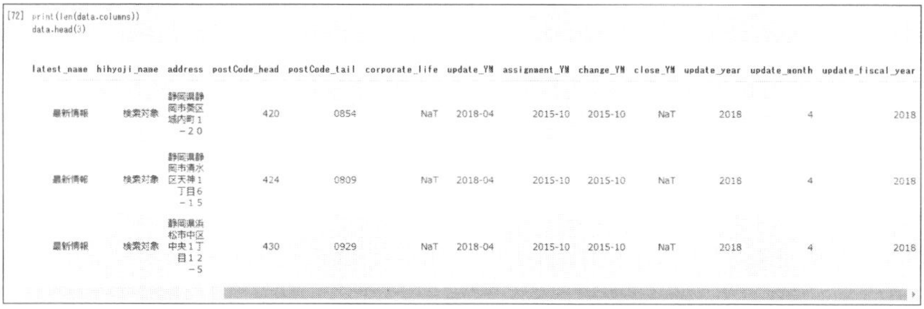

```
[72] print(len(data.columns))
     data.head(3)
```

latest_name	hihyoji_name	address	postCode_head	postCode_tail	corporate_life	update_YM	assignment_YM	change_YM	close_YM	update_year	update_month	update_fiscal_year
最新情報	検索対象	静岡県静岡市葵区城内町1－20	420	0854	NaT	2018-04	2015-10	2015-10	NaT	2018	4	2018
最新情報	検索対象	静岡県静岡市清水区天神1丁目6－15	424	0809	NaT	2018-04	2015-10	2015-10	NaT	2018	4	2018
最新情報	検索対象	静岡県浜松市中区中央1丁目12－5	430	0929	NaT	2018-04	2015-10	2015-10	NaT	2018	4	2018

更新年、更新月、更新年度が追加されました。ここで表示した内容では年度の計算が合っているか確認できませんので、別の方法で確認しましょう。

```
for i in range(12):
  display(data[['update_YM', 'update_fiscal_year']].loc[data['update_mont
h'] == i+1 ][:1])
```

■図1-71：年度設定の正当性確認

```
[73] for i in range(12):
         display(data[['update_YM', 'update_fiscal_year']].loc[data['update_month'] == i+1 ][:1])
```

	update_YM	update_fiscal_year
45	2019-01	2018

	update_YM	update_fiscal_year
32	2021-02	2020

	update_YM	update_fiscal_year
30	2021-03	2020

	update_YM	update_fiscal_year
0	2018-04	2018

	update_YM	update_fiscal_year
47	2017-05	2017

	update_YM	update_fiscal_year
34	2018-06	2018

	update_YM	update_fiscal_year
57	2018-07	2018

	update_YM	update_fiscal_year
29	2018-08	2018

	update_YM	update_fiscal_year
5	2020-09	2020

	update_YM	update_fiscal_year
42	2019-10	2019

	update_YM	update_fiscal_year
27	2015-11	2015

	update_YM	update_fiscal_year
28	2017-12	2017

　更新月が1月から12月のデータを1件ずつ表示する処理です。for文はこれまでも使用していますが、繰り返しの方法が異なります。range(12)は、繰り返しの回数を指定する記述方法です。この場合は処理を12回繰り返すのですが、iに入る値が0〜11となる点に注意してください。今回は1から12の値を使いたいので、update_monthを抽出する条件にi+1と記述しています。

　display()は、処理の途中で画面出力する際の記述方法です。これまではprint()を使ってきましたが、print()の場合、表形式の画面出力を綺麗に見るこ

とができません。今回は表形式のものを出力したいので、display() で囲っています。

［：1］は**ノック8**でも使用したスライス表記です。この場合は先頭の1行を表示します。［：1］の代わりに.head(1) と記述しても構いません。

出力結果を見ると、1月から3月は年度が年−1、4月から12月は年度＝年であることが確認できました。これで年度単位の集計を行うことができますね。

ここまで様々なデータ加工を行ってきましたが、加工の作業はこれで終了です。この先のノックでは、加工されたデータを使用して、ファイルの出力や集計、可視化を行っていきます。細かく言えば集計も加工に含まれますが、項目の追加やデータを編集する、という作業はこれで終了です。

⚾🏏 ノック11： 加工したデータをファイルに出力しよう

一通りの加工が完了したところで、データをファイルに出力しておきましょう。現状のデータは、要・不要にかかわらず全ての項目を保持しています。実際の集計や可視化では、この中の一部の項目しか使わないため、不要なものを削除したくなります。せっかく用意したものを削除されると、後で必要になった場合に面倒ですので、データが全て残っている状態を保存しておきます。

システム開発に従事している人であれば、冗長的なデータは保持しない、という考えをお持ちかと思います。しかし、AI開発やデータ分析を行う場合には、冗長的なデータも必要になってくることがあります。

どのタイミングでどのようなデータを出力し、どのように利用するか、という設計ができている場合は、それに合わせるのがよいと思います。活用する未来までは見えていないようであれば、一旦全量を出力しておきましょう。

細かいことを言えば、**ノック6**で重複データを削除していますので、本当の意味での全量データではありません。処理の流れの途中でどうしてもお見せしたかった作業ということでご容赦ください。

本章では、出力用のフォルダを作成した上で、システム連携を意識したcsv形式の出力と、手作業での利用を想定したExcel形式での出力を行います。

```
output_dir = 'data/output'
os.makedirs(output_dir, exist_ok=True)
```

■図1-72：フォルダの作成

```
[74]  output_dir = 'data/output'
      os.makedirs(output_dir, exist_ok=True)
```

　出力フォルダとして、dataフォルダ配下にoutputフォルダを作成しました。dataフォルダには雑多なファイルが置いてあるため、これ以上ファイルを増やしたくないというのが理由です。本来はdataフォルダが雑多な状態、というのもよろしくありません。気が付いたら種類の違うファイルが大量に置いてある、ということがないよう気を付けましょう。

　コードの解説ですが、フォルダのパスを変数に定義し、osのmakedirs()関数を用いてフォルダを作成しています。2つ目の引数のexist_ok=Trueを記述すると、対象フォルダが既に存在する場合でも、エラーになることを防いでくれます。

　続けて、csvファイルを出力しましょう。

```
output_file = 'processed_shizuoka.csv'
data.to_csv(os.path.join(output_dir, output_file), index=False)
```

■図1-73：csvファイル出力

```
[75]  output_file = 'processed_shizuoka.csv'
      data.to_csv(os.path.join(output_dir, output_file), index=False)
```

　出力するファイル名を変数に定義した上で、これまでに加工したdataの中身を、.to_csv()関数を用いてファイル出力しています。ここでの引数は2つで、1つ目は出力ファイルパスとしてos.path.join(output_dir, output_file)を、2つ目はindex=Falseを渡しています。

　1つ目の出力ファイルパスですが、osライブラリの.path.join()関数で、フォルダとファイル名を連結しています。これは「data.to_csv('data/output/processed_shizuoka.csv', index=False)」と記述した場合と同じ動きをします。フォルダを変数で定義しているのは、出力先を変更したい場合に、変数の中

身を1箇所修正すればよいからです。

　index=Falseは、インデックスを出力するかどうかの指定で、Falseを指定すると出力されません。そもそもindexとは何かを説明しておりませんでしたが、これまでのノックで度々data.head()を見てきましたね。その際、表の左端に0から始まる連番が表示されているのですが、その値がindexとなります。ファイルを読み込んだ単位やデータを作成した単位でindexが割り振られます。今回はそのindexの番号は不要ですので、Falseを指定しています。indexを出力する場合、基本的にはデータの先頭に1項目追加されます。

　続いて、Excelファイルを出力しましょう。

```
output_file = output_file.replace('.csv', '.xlsx')
data.to_excel(os.path.join(output_dir, output_file), index=False)
```

■図1-74：Excelファイル出力

```
[76]  output_file = output_file.replace('.csv', '.xlsx')
      data.to_excel(os.path.join(output_dir, output_file), index=False)
```

　最初に、出力ファイル名の拡張子を.replace()関数を用いて置換しています。1つ目が置換前の文字列、2つ目が置換後の文字列です。このように文字列置換でインプットファイル名を少し変えて出力する方法を覚えておくと、アウトプットファイル名を固定入力する必要がなくなりますので、様々なケースに応用できます。

　今回のデータをExcel形式で出力する場合、.to_excel()関数に変えるだけです。実際にはExcelにはシートやセル、書式など様々な設定がありますが、ここでは省略します。ファイルを出力できたら、Excelファイルを開いて確認してみてください。実際のものを見ることで、イメージがより固まることと思います。

　今回はcsvとExcelの2種類で出力しました。その他にも様々な出力に対応していますが、今回の出力を覚えておけば基本的には十分かと思います。どちらかというと出力よりも、様々な入力ファイルのバリエーションに対応できる方が強みになると思います。必要に迫られたら、もう少し掘り下げて調べて見るのがよいでしょう。

ノック12：
不要な項目の削除と並べ替えをしよう

　ここからは可視化に向けた作業を行っていきますが、実はこの先では全ての項目を使う訳ではありません。そこで、必要なデータだけを残し、不要なものを削除しましょう。併せて、項目の並び順も見やすいように変更します。

　まずは、現状のデータを再度確認しましょう。

```
print(len(data.columns))
```
```
print(data.columns)
```
```
data.head(3)
```

■図1-75：現在のデータ状態

　項目数、項目名、先頭データの順番で表示しています。こうして見ると項目が多すぎて、少し扱いづらく感じます。そこで、項目の削除と並べ替えを同時に行っていきましょう。

```
data = data[['cityName', 'corporateNumber', 'name', 'corp_kind_name', 'pr
ocess', 'process_kbn_name', 'assignmentDate', 'updateDate', 'update_fisca
l_year', 'update_YM']]
```

■■図1-76：項目の削除と並べ替え

[78] data = data[['cityName', 'corporateNumber', 'name', 'corp_kind_name', 'process', 'process_kbn_name', 'assignmentDate', 'updateDate', 'update_fiscal_year', 'update_YM']]

残したいヘッダ項目を、dataのリストに記述しています。残す項目が複数ある場合は、[[]] のようにリストを2重で記載します。また、ここで記載する順番が、並べ替え後の項目の順番となります。

では、データの中身を確認してみましょう。

```
print(len(data.columns))
print(data.columns)
data.head(3)
```

■■図1-77：削除と並べ替え実行後のデータ状態

```
[79] print(len(data.columns))
     print(data.columns)
     data.head(3)

     10
     Index(['cityName', 'corporateNumber', 'name', 'corp_kind_name', 'process',
            'process_kbn_name', 'assignmentDate', 'updateDate',
            'update_fiscal_year', 'update_YM'],
           dtype='object')
```

	cityName	corporateNumber	name	corp_kind_name	process	process_kbn_name	assignmentDate	updateDate	update_fiscal_year	update_YM
0	静岡市葵区	1000013040008	静岡家庭裁判所	国の機関	01	新規	2015-10-05	2018-04-02	2018	2018-04
1	静岡市清水区	1000013050072	清水簡易裁判所	国の機関	01	新規	2015-10-05	2018-04-02	2018	2018-04
2	浜松市中区	1000013050080	浜松簡易裁判所	国の機関	01	新規	2015-10-05	2018-04-02	2018	2018-04

不要な項目が無くなり、非常にすっきりしました。次の処理はこのタイミングでやる必要はないのですが、データを加工していると、1項目だけ削除したいケースもあるかと思います。参考として、そのやり方も記載しておきます。

```
data = data.drop(columns = 'process')
print(data.columns)
data.head(3)
```

■図1-78：1項目削除後のデータ状態

```
[80] data = data.drop(columns = 'process')
     print(data.columns)
     data.head(3)

     Index(['cityName', 'corporateNumber', 'name', 'corp_kind_name',
            'process_kbn_name', 'assignmentDate', 'updateDate',
            'update_fiscal_year', 'update_YM'],
           dtype='object')
        cityName corporateNumber    name corp_kind_name process_kbn_name assignmentDate updateDate update_fiscal_year update_YM
     0   静岡市葵区  1000013040008  静岡家庭裁判所      国の機関           新規      2015-10-05  2018-04-02          2018    2018-04
     1  静岡市清水区  1000013050072  清水簡易裁判所      国の機関           新規      2015-10-05  2018-04-02          2018    2018-04
     2   浜松市中区  1000013050080  浜松簡易裁判所      国の機関           新規      2015-10-05  2018-04-02          2018    2018-04
```

.drop()関数で、項目名を指定して削除しています。この方法のメリットは、削除したい項目名をcolumns＝で直接指定できる点です。先程の方法だと残したい項目を全て記述する必要があり、ちょっと動かすには手間がかかります。

状況に合わせて、それぞれのやり方をうまく使い分けていくのがよいでしょう。

ノック13：まとまった単位で集計しよう

表がすっきりしたところで、項目ごとに集計してみましょう。ここまでの処理でデータ全体の件数は確認できていますが、市区町村ごとの件数や、月別の件数などはわかっていません。可視化や分析をする上では、個々のデータをひとつひとつ見ていくことはあまりなく、集計した後のデータを扱います。

そこで、グループ化の処理を扱いながら、データがどのように集計されていくのか見ていきましょう。まずは、法人種別ごとの件数を確認します。

```
tmp = data.groupby('corp_kind_name').size()
tmp
```

■図1-79：法人種別でグループ化した状態

```
[81]  tmp = data.groupby('corp_kind_name').size()
      tmp

      corp_kind_name
      その他                498
      その他の設立登記法人     14346
      合同会社              3589
      合名会社               244
      合資会社              1668
      国の機関                16
      地方公共団体            192
      有限会社             42874
      株式会社             51331
      dtype: int64
```

　dataに対してgroupby()関数を用いて、法人種別であるcorp_kind_nameを指定してグループ化を行っています。そしてsize()関数でデータの件数を数えています。集計結果を格納したtmpを表示すると、法人種別ごとのデータ件数が確認できました。

　tmpに格納されたデータの並び順ですが、corp_kind_nameの昇順となっています。これをデータ量の多い方から順に表示するために、並べ替えを行ってみましょう。

```
tmp.sort_values(inplace=True, ascending=False)
tmp
```

■図1-80：グループ化したデータの並べ替え

```
[82]  tmp.sort_values(inplace=True, ascending=False)
      tmp

      corp_kind_name
      株式会社             51331
      有限会社             42874
      その他の設立登記法人     14346
      合同会社              3589
      合資会社              1668
      その他                498
      合名会社               244
      地方公共団体            192
      国の機関                16
      dtype: int64
```

　pandasのsort_values()メソッドを用いて並べ替えをしています。ascending=Falseで降順を指定、inplace=Trueを指定することでtmpの中

身を直接書き換えています。tmpの中身を表示してみると、データ量の多い方から並んでいることが確認できます。

では次に、更新年度ごとの件数を確認してみましょう。

```
tmp = data.groupby('update_fiscal_year').size()
tmp
```

▪️図1-81：更新年度でグループ化した状態

```
[83]  tmp = data.groupby('update_fiscal_year').size()
      tmp

      update_fiscal_year
      2015    57710
      2016     4370
      2017     4038
      2018    20927
      2019    14973
      2020    12370
      2021      370
      dtype: int64
```

年度ごとのデータ件数が表示されました。これを見ると、最も古いデータでも2015年度であることが確認できます。つまり今回のデータから見ることができるのは、あくまでも法人番号がデータとして登録、更新された年月であり、創業日を表すものではないということを理解しておきましょう。

では次に、複数の項目でグループ化を行ってみましょう。

```
tmp = data.groupby(['update_fiscal_year', 'corp_kind_name']).size()
tmp
```

■図1-82：複数項目でグループ化した状態

```
[84]  tmp = data.groupby(['update_fiscal_year', 'corp_kind_name']).size()
      tmp

      update_fiscal_year  corp_kind_name
      2015                その他の設立登記法人          6602
                          合同会社             889
                          合名会社             199
                          合資会社            1481
                          有限会社           30642
                          株式会社           17897
      2016                その他               3
                          その他の設立登記法人           274
                          合同会社             310
                          合名会社               5
                          合資会社              27
                          有限会社            1416
                          株式会社            2335
      2017                その他の設立登記法人           246
                          合同会社             351
                          合名会社               3
                          合資会社              21
                          有限会社            1249
                          株式会社            2168
      2018                その他             428
                          その他の設立登記法人          4256
                          合同会社             615
                          合名会社              19
                          合資会社              58
                          国の機関              16
                          地方公共団体            64
                          有限会社            3468
                          株式会社           12003
      2019                その他              28
                          その他の設立登記法人          1754
                          合同会社             635
                          合名会社               9
                          合資会社              47
                          有限会社            3059
                          株式会社            9441
      2020                その他              38
                          その他の設立登記法人          1185
                          合同会社             747
                          合名会社               7
                          合資会社              34
                          地方公共団体           128
                          有限会社            2965
                          株式会社            7266
      2021                その他               1
                          その他の設立登記法人            29
                          合同会社              42
                          合名会社               2
                          有限会社              75
                          株式会社             221
      dtype: int64
```

　集計対象を更新年月と法人種別の2つ指定しています。このとき、項目名をリストとして利用するために［］で括ります。

　更新年度ごとに、どの種類の法人が登録されたのか確認できました。指定する

　項目の順番を変えると集計結果の表示も変わりますので、是非試してみてください。報告資料やレポートを纏める際、このような表を利用することは多々あると思います。グループ化を扱えるようになると、大量のデータも簡単に集計できることがおわかりいただけたのではないでしょうか。

　では最後に、ピボットテーブルを使った集計も行ってみましょう。ピボットテーブルを使うと、グループ化とは異なる方法で簡単に集計することができます。

```
pt_data = pd.pivot_table(data, index='corp_kind_name', columns='update_fi
scal_year', aggfunc='size')
pt_data
```

■図1-83：ピボットテーブル

```
[85] pt_data = pd.pivot_table(data, index='corp_kind_name', columns='update_fiscal_year', aggfunc='size')
     pt_data
```

update_fiscal_year corp_kind_name	2015	2016	2017	2018	2019	2020	2021
その他	NaN	3.0	NaN	428.0	28.0	38.0	1.0
その他の設立登記法人	6602.0	274.0	246.0	4256.0	1754.0	1185.0	29.0
合同会社	889.0	310.0	351.0	615.0	635.0	747.0	42.0
合名会社	199.0	5.0	3.0	19.0	9.0	7.0	2.0
合資会社	1481.0	27.0	21.0	58.0	47.0	34.0	NaN
国の機関	NaN	NaN	NaN	16.0	NaN	NaN	NaN
地方公共団体	NaN	NaN	NaN	64.0	NaN	128.0	NaN
有限会社	30642.0	1416.0	1249.0	3468.0	3059.0	2965.0	75.0
株式会社	17897.0	2335.0	2168.0	12003.0	9441.0	7266.0	221.0

　pandasのpivit_table()関数を使用して、ピボットテーブルの表を作成しました。最初の引数にはデータフレームのdataを指定します。縦の項目（index）を'corp_kind_name'、横の項目（columns）を'update_fiscal_year'、集計方法（aggfunc）を'size'とすることで、法人種別毎の月別の件数が集計されました。NaNと表示されている箇所は対象データが0件であることを意味しています。

　Excelで少し複雑な表を作っている方であれば、ピボットテーブルで作られる表に馴染みがあるかもしれませんね。

ノック14：
市区町村別の法人数を可視化しよう

　グループ化の知識も身に付きましたので、今度はグラフで可視化してみましょう。先程までの表もクロス集計表として綺麗に整えれば、可視化のひとつではあります。しかしデータを分析して人に説明する場合、クロス集計表だけを用いることはお勧めしません。

　表が細かくなればなるほど、また場合によっては簡単な表でも、その中の順序性や値の高低を読み取るのにとてもストレスがかかるためです。それでもクロス集計表の方が漏れなく数字を読み取れるから良い、というケースもあるにはあるのですが、なるべく一目で読み取れるような簡易的なグラフで表現することを意識していきましょう。

　まずは必要なライブラリをインストールします。

```
%%bash
pip install -q japanize-matplotlib
```

■図1-84：ライブラリのインストール

```
[86] %%bash
     pip install -q japanize-matplotlib
```

　japanize-matplotlibはグラフ描画ライブラリのmatplotlibで日本語を扱うためのライブラリです。例えば"shizuoka"というデータであれば問題ないのですが、"静岡"というデータであれば、日本語の漢字を用いることになるため、matplotlib で表示できません。今回は市区町村名に日本語が使われているため、japanize-matplotlibで表示できるようにしておきます。

　但しColaboratoryにはプリインストールされていないため、pipコマンドでインストールします。1行目の %%bash はマジックコマンドといい、これが先頭に記述されたセルはPythonではなく、bashコマンドが記述できるようになります。Colaboratoryでpip install する際はこのような書き方をする必要がある、と認識しておく程度でよいかと思います。

　では、**ノック13**のグループ化の要領で、市区町村別に集計しましょう。

```
tmp = data.groupby('cityName').size()
tmp.head()
```

■図1-85：市区町村名でグループ化した状態

```
[87]  tmp = data.groupby('cityName').size()
      tmp.head()

      cityName
      三島市      3596
      下田市       931
      伊東市      3257
      伊豆の国市   1444
      伊豆市      1163
      dtype: int64
```

　市区町村別にデータ件数が集計されましたので、棒グラフで表示してみましょう。

```
import matplotlib.pyplot as plt
import japanize_matplotlib


x = tmp.index
y = tmp.values
plt.bar(x, y)
```

■図1-86：市区町村別データ件数の棒グラフ

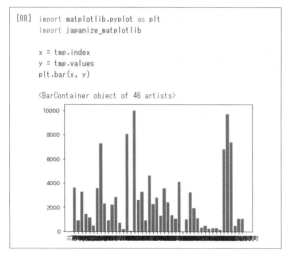

82

　今回はmatplotlibのpyplotを使用します。pyplotは図形や軸を作成するモジュールで、相当細かいことを求めない限りはこのモジュールの利用で十分でしょう。毎回長々と記述しなくていいようにpltという別名を付けています。この点は**ノック1**のpandasと同様です。先程インストールしたjapanize_matplotlibもここでインポートしますが、内部的に利用されるだけでこの後の記述はありませんので、別名は付けていません。

　xとyはそれぞれグラフのx軸とy軸で、変数名は任意で構いません。今回はx軸を市区町村名としたいので、データが格納されているtmpのindexをそのまま設定します。y軸はtmp.valuesとして、データ件数を設定しましょう。

　x軸とy軸を定義したら棒グラフを表示します。plt.bar()にxとyを引数で渡すと、シンプルな棒グラフが表示されました。如何でしょう。小さすぎて見えないのではないでしょうか。このようにグラフで可視化すること自体はあまり難しくないのですが、色々考えて作っていかないと、とても見づらいものが出来上がります。細かい調整は次のノックで行うとして、ここでは大きさだけ変えてみましょう。

```
plt.figure(figsize=(20, 10))
plt.bar(x, y)
```

■図1-87：表示サイズを変更した棒グラフ

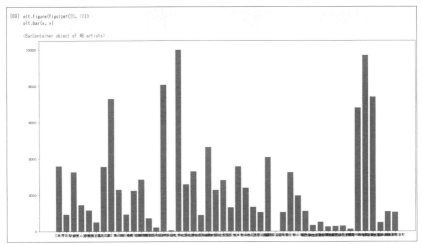

　1行目でfigure()のfigsizeを指定しています。Figureはグラフを描くための
ウィンドウで、その大きさをここで設定できます。どんなグラフをどのような状
況で誰が見るのか、を意識して値を設定しましょう。この部分は本書の値に合わ
せる必要はありません。ご利用の環境に合わせて任意の値を設定してください。

　さて、グラフそのものは大きくなったものの、市区町村名が重なり合って認識
できません。**ノック15**から**17**にかけて、見た目を変えていきましょう。

ノック15 : グラフの縦横と表示順を変えてみよう

　それでは設定を少しずつ調整して、もっと見やすいものに変えていきましょう。
このノックでやりたいことは、市区町村名の重なりがなくなるように縦と横の表
示を変えること。そして、件数の多い方から順に表示することの2つです。

　値の降順または昇順で表示する場合、予め並べ替えたデータを用意しておきます。

```
tmp.sort_values(inplace=True, ascending=True)
tmp
```

■図1-88：昇順で並べ替えたデータ

```
[90]  tmp.sort_values(inplace=True, ascending=True)
      tmp

      cityName
      磐田郡豊田町        3
      浜松市           47
      静岡市          121
      榛原郡川根本町       200
      賀茂郡松崎町        253
      賀茂郡河津町        264
      賀茂郡西伊豆町       295
      賀茂郡南伊豆町       322
      駿東郡小山町        470
      周智郡森町         498
      賀茂郡東伊豆町       498
      榛原郡吉田町        708
      浜松市天竜区        887
      御前崎市          914
      下田市          931
      菊川市          1030
      駿東郡長泉町       1041
      田方郡函南町       1049
      駿東郡清水町       1074
      裾野市          1094
      伊豆市          1163
      湖西市          1311
      牧之原市         1323
      伊豆の国市        1444
      袋井市          1942
      御殿場市         2228
      浜松市浜北区       2266
      島田市          2292
      熱海市          2394
      浜松市北区        2586
      浜松市西区        2815
      掛川市          2849
      藤枝市          3237
      伊東市          3257
      浜松市南区        3298
      富士宮市         3555
      焼津市          3568
      三島市          3596
      磐田市          4078
      浜松市東区        4626
      静岡市清水区       6796
      富士市          7300
      静岡市駿河区       7384
      沼津市          8060
      静岡市葵区        9697
      浜松市中区        9994
      dtype: int64
```

　ノック13で行ったのと同様の処理です。ここではascendingをTrueとして昇順を指定していますが、横向きの棒グラフで件数の多い方から表示する場合、昇順で保持する必要があります。これが縦向きの棒グラフの場合、降順で保持する必要があるのですが、正直ややこしいので、イメージと違っていたら変えればいい、という認識でよいと思います。

　tmpの中身を見ると、沢山の市区町村があることがわかります。これだけの数を横に並べて表示しようとしていたあたり、とても無理がありました。では、縦横を変えて表示してみましょう。

```
plt.figure(figsize=(10, 15))
x = tmp.index
y = tmp.values
plt.barh(x, y)
```

■図1-89：横向きの棒グラフ

```
[91] plt.figure(figsize=(10, 15))
     x = tmp.index
     y = tmp.values
     plt.barh(x, y)

     <BarContainer object of 46 artists>
```

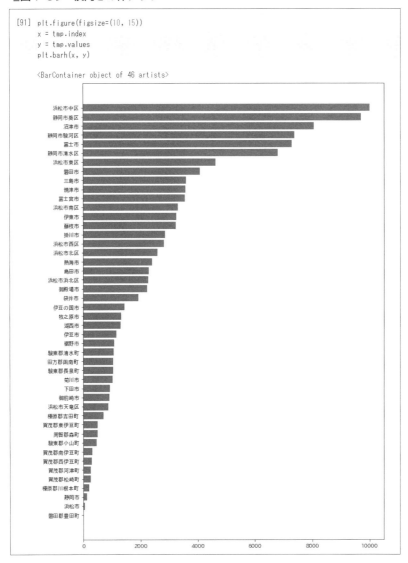

　文字が重ならないようにウィンドウのサイズを変更しています。xとyの値は縦向きの棒グラフと同じです。そして横向きの棒グラフはbarh()で描画します。

　表示されたグラフを見ると、文字の重なりも無くなり、内容を認識できる状態になりました。並べ替えをすることで、法人登録が多い市区町村はどこか、磐田市は全体のどのあたりに位置するのか、といったことなどが読み取りやすくなります。

　ここでは、データ量に応じて見せ方を工夫するのがよい、というのが伝わったのではないかと思います。次のノックでは、人に見せることを意識した調整を行っていきましょう。

⚾🏏 ノック16：
グラフのタイトルとラベルを設定しよう

　それでは、グラフにタイトルとラベルを設定しましょう。現状のグラフは、市区町村別の何かの数だろうというのはわかっても、法人数であることは読み取れません。タイトルや軸のラベルを設定することで、人が見たときに内容がすぐに理解できるようになります。このグラフで伝えたいメッセージをタイトルに込めてもいいかもしれません。

　これまでに作成したグラフは対象の都道府県が多いため、対象を上位10件に絞り込み、縦の棒グラフにしてみましょう。

```
tmp.sort_values(inplace=True, ascending=False)
plt.figure(figsize=(20, 10))
x = tmp[:10].index
y = tmp[:10].values
plt.bar(x, y)
```

■図1-90：上位10件の棒グラフ

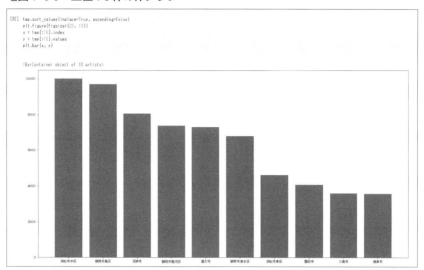

　最初にtmpで保持しているデータを降順に並べ替えています。**ノック15**にも記載しましたが、縦の棒グラフの場合はデータを降順で保持しておきます。次にfigureでウィンドウのサイズを変更し、x軸とy軸を設定します。**ノック8**で使用したスライス表記で、先頭の10件を設定しています。最後にbar()で、縦の棒グラフを描画しています。

　このくらいの項目数であれば、文字が被らずに表示できています。全体を見せるべきか、ある程度絞った方がよいかは状況により判断していきましょう。

　次に、タイトルとx軸、y軸のラベルを設定します。

```
plt.figure(figsize=(20, 10))
plt.bar(x, y)
plt.title('市区町村別の法人数', fontsize=20)
plt.xlabel('市区町村名', fontsize=15)
plt.ylabel('法人数')
```

■図1-91：タイトルと軸ラベルを追加後の棒グラフ

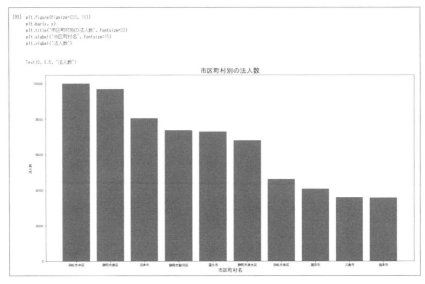

今回は人に見せることを意識して、それぞれ日本語で設定しました。pltに付けるのがtitle、xlabel、ylabelと分かりやすいですね。文字の大きさを変えたい場合は、fontsizeで指定します。実際の大きさを見ながら、サイズを調整するのがいいでしょう。

今回はあえてそのままの文言を入れてみましたが、タイトルを見ればx軸、y軸が何を示すのか容易に想像できます。単にくどくなるだけの情報であれば、加えないことも大事です。

では次のノックで、もう少しだけ見た目を変えていきましょう。

⚾ ノック17：
グラフの見た目をもっと変えてみよう

これまでのグラフを資料に貼り付けることを意識して、見た目を調整してみましょう。シチュエーションは、「富士市の職員が法人誘致に力を入れるため、現状を周囲に伝えたい」という設定にしましょう。このようにやや無理があるシチュエーションを設定する場合がありますが、是非読者の皆さんの状況に置き換えてイメージしてみてください。

これまでの設定にプラスして、グラフへの色付けとコメントの追加を行います。

```
tmp.sort_values(inplace=True, ascending=False)
tmp = tmp[:10]
x = tmp.index
y = tmp.values
fig, ax = plt.subplots(figsize=(20, 10))
bar_list = ax.bar(x, y, color='lightgray')
bar_list[4].set_color('blue')
ax.set_title('自治体別法人数における富士市の位置づけ', fontsize=20);
ax.set_ylabel('法人数', fontsize=15)
ax.text(7.5, 9000, '上位10の自治体を抜粋して表示', fontsize=15)
```

▶図1-92：見た目を加工した棒グラフ

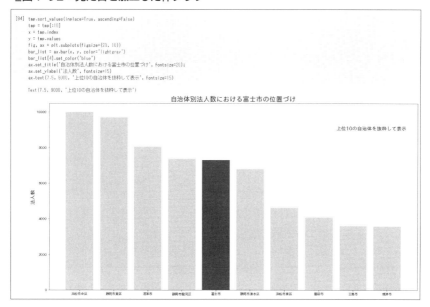

4行目まではこれまでと同じことをしていますが、2行目で先にデータを10項目に絞っています。このように書き方を変えた意図は、コードの書き方は様々であり、効率化するやり方もそれぞれであるということを知っていただくためです。

なるべくシンプルな書き方で統一していきたいと思っていますが、少し変えているようなところがあれば、なるほどこのような書き方もあるのだ、と捉えてい

ただければ幸いです

　さて、5行目はこれまでと違う書き方をしています。pltのsubplots()の中でfigsizeを指定し、結果をfigとaxの2つに返しています。ここでのfigは**ノック14**でも記載したFigureを指し、axはAxesというオブジェクトを指します。ではAxesとは何かというと、Figureというウィンドウの中で実際にグラフが描画される領域を指します。これまではAxesを省略したシンプルな書き方をしてきましたが、今回はグラフに細かい加工を行うので、Axesの中身をaxに保持しておく必要があります。そしてaxにAxesを渡してくれるのがsubplots()というわけです。Axesを使う場合、オブジェクト指向の書き方となります。

　説明が長くなりましたが、少し込み入ったことをする場合は、Axesをきちんと定義して書く必要があり、こちらが本来の書き方とも言えるかと思います。1つのFigureに複数のAxesを入れることもできますが、本書では取り扱いません。

　6行目でx軸とy軸の値をbar()で棒グラフとして設定し、同時にcolor='lightgray'で棒の色をライトグレーにしています。そしてひとつひとつの棒をbar_listにリストとして設定しています。

　7行目では、bar_listの5番目の棒にset_color('blue')で青い色を付けています。ここで気を付けたいのは、リストは0から始まるため、5番目を設定する場合は［4］とする点です。

　8行目と9行目でタイトルとy軸のラベルを設定していますが、**ノック16**との違いは、set_title()、set_ylabel()と"set_"が付いている点です。この点もとても紛らわしいと感じますが、Axesに対してタイトルやラベルを設定する場合、"set_"を付ける必要があります。タイトルを見直して、この順位をこれから変えていきたいんだ！というメッセージを少しだけ載せています。x軸のラベルは削りましたが、y軸のラベルは残しています。タイトルを見直したことでy軸が若干伝わりづらくなったことが理由です。

　最後の行はコメントを追加しています。Axesに対してtext()でコメントを付けることができ、引数は左からx軸の位置、y軸の位置、コメントの内容、フォントサイズとなっています。x軸とy軸の値ですが、x軸はリストの番号となり、0であれば1番目の棒の位置、7.5であれば8番目と9番目の棒の間からテキストが始まります。y軸は法人数の値と連動し、9000の場合、法人数9000件の位置に配置されます。コメントがグラフを邪魔しないように位置を調節してみてください。

　ここまででグラフの見た目の調整は完了し、着目してほしいポイントを強調で

きました。このグラフを見せて、2年後には3番手くらいを目指したい、という目標を設定すると、協力者が現れてくれるかもしれません。また、このようなグラフを人に見せると、もっとこうした方がいいというアドバイスが貰えます。自分が作ったグラフが一番いいということはあまりないので、人からの意見を参考にしながら、より良い可視化を行えるようになりましょう。

⚾ ノック18：
90日以内に新規登録された法人数を可視化しよう

　日付をもつデータを扱う場合、「直近○日以内のデータ」という絞り込みを行うケースが多々あります。ここでは、現在日時を取得して計算する方法と、それを利用した可視化を行っていきましょう。直近○日とするケースと、基準日から数えて○日とする2つの方法を見ていきます。

　まずは、現在日時を取得しましょう。

```
base_time = pd.Timestamp.now(tz='Asia/Tokyo')
base_time
```

■図1-93：現在日時

```
[95] base_time = pd.Timestamp.now(tz='Asia/Tokyo')
     base_time

     Timestamp('2021-06-09 09:44:57.035144+0900', tz='Asia/Tokyo')
```

　pandasのTimestamp.now()の引数にtz='Asia/Tokyo'を指定しています。これは現在日時を取得する際、タイムゾーンを東京で指定するということを意味します。細かいルールになりますが、Timestamp、Asia、Tokyoの1文字目は全て大文字で記述しなければなりません。

　base_timeを表示すると、読者の皆さんが実際に操作されている日時が表示されたのではないでしょうか。では次に、処理対象データの中身を確認します。扱うデータは**ノック12**で作成したものです。

```
print(len(data))
data.head()
```

■図1-94：処理対象データの状態

```
[96]  print(len(data))
      data.head()

114758
       cityName  corporateNumber      name corp_kind_name process_kbn_name  assignmentDate  updateDate  update_fiscal_year  update_YM
    0  静岡市葵区   1000013040008  静岡家庭裁判所        国の機関            新規     2015-10-05   2018-04-02              2018    2018-04
    1  静岡市清水区  1000013050072  清水簡易裁判所        国の機関            新規     2015-10-05   2018-04-02              2018    2018-04
    2  浜松市中区   1000013050080  浜松簡易裁判所        国の機関            新規     2015-10-05   2018-04-02              2018    2018-04
    3  磐田市      1000020222119       磐田市      地方公共団体            新規     2015-10-05   2018-04-05              2018    2018-04
    4  焼津市      1000020222127       焼津市      地方公共団体            新規     2015-10-05   2018-04-05              2018    2018-04
```

　ここでの日数計算は法人番号指定年月日であるassignmentDateを使用します。先頭のデータを見てみると、日付だけが表示されています。次に日数の計算を行いたいのですが、このままだとbase_timeと型が合わないため、計算でエラーになってしまいます。そこで、assignmentDateをbase_timeと同じ型に変換しましょう。

```
data['assignmentDate'] = data['assignmentDate'].dt.tz_localize('Asia/Tokyo')
data.head()
```

■図1-95：型変換後の状態

```
[97]  data['assignmentDate'] = data['assignmentDate'].dt.tz_localize('Asia/Tokyo')
      data.head()

       cityName  corporateNumber      name corp_kind_name process_kbn_name              assignmentDate  updateDate  update_fiscal_year  update_YM
    0  静岡市葵区   1000013040008  静岡家庭裁判所        国の機関            新規  2015-10-05 00:00:00+09:00   2018-04-02              2018    2018-04
    1  静岡市清水区  1000013050072  清水簡易裁判所        国の機関            新規  2015-10-05 00:00:00+09:00   2018-04-02              2018    2018-04
    2  浜松市中区   1000013050080  浜松簡易裁判所        国の機関            新規  2015-10-05 00:00:00+09:00   2018-04-02              2018    2018-04
    3  磐田市      1000020222119       磐田市      地方公共団体            新規  2015-10-05 00:00:00+09:00   2018-04-05              2018    2018-04
    4  焼津市      1000020222127       焼津市      地方公共団体            新規  2015-10-05 00:00:00+09:00   2018-04-05              2018    2018-04
```

　dataのassignmentDateを直接指定して、dt.tz_localize('Asia/Tokyo')で同じタイムゾーンに変換しました。変換結果をそのままdataのassignmentDateに格納し直していますので、このセルを連続して実行しようとするとエラーになる点に注意してください。

　では、対象データを絞り込みましょう。

```
delta = pd.Timedelta(90, 'days')
tmp = data.loc[(data['process_kbn_name'] == '新規') & (base_time - data['a
ssignmentDate'] <= delta)]
print(len(tmp))
tmp.head()
```

■図1-96：絞り込み後のデータ状態

```
[90] delta = pd.Timedelta(90, 'days')
     tmp = data.loc[(data['process_kbn_name'] == '新規') & (base_time - data['assignmentDate'] <= delta)]
     print(len(tmp))
     tmp.head()

227
      cityName  corporateNumber              name        corp_kind_name process_kbn_name  assignmentDate           updateDate  update_fiscal_year  update_YM
1951  静岡市葵区  1080001024056      株式会社ＸＨａｂｉｌｉｓ        株式会社          新規  2021-03-19 00:00:00+09:00  2021-03-19              2020     2021-03
1952  静岡市葵区  1080001024064    株ウイルスネット株式会社        株式会社          新規  2021-03-31 00:00:00+09:00  2021-03-31              2020     2021-03
3964  静岡市葵区  1080005007346  一般社団法人しずおか建築事務所センター  その他の設立登記法人  新規  2021-03-16 00:00:00+09:00  2021-03-16              2020     2021-03
5759  沼津市      1080101022380      株式会社やまざいいろあーむ        株式会社          新規  2021-03-15 00:00:00+09:00  2021-03-15              2020     2021-03
5760  沼津市      1080101022389        株式会社ＨＡＲＵＡ        株式会社          新規  2021-03-22 00:00:00+09:00  2021-03-22              2020     2021-03
```

　1行目でフィルタ適用基準の90日を設定しています。この90という値は任意に変更して構いません。2行目でdataをloc[]して対象の絞り込みをしていますが、ここでは複数の条件を設定しています。この複数条件を設定するルールに、個々の条件を（）で括るというものがあります。そして（）で括った条件を＆で繋げることで、AND条件として認識されます。細かいルールですが、andやANDと記載するとエラーになります。また、OR条件とする場合は｜を記述します。｜はパイプと読みます。

　1つ目の条件で処理区分を新規のみとし、2つ目で現在日時から法人番号指定年月日を引いた日数が90日以内という条件を設定しています。

　抽出した件数と先頭データから、対象が絞り込まれていることがわかります。もし90日以内のデータが全くない状況であれば、1行目の90という値をもっと大きなものに変更してみてください。

　では続いて、抽出した結果をグラフで表示してみましょう。**ノック14から16**で作成したようなシンプルな棒グラフで可視化します。

```
tmp = tmp.groupby('cityName').size()
tmp.sort_values(inplace=True, ascending=False)
tmp = tmp[:10]
x = tmp.index
y = tmp.values
plt.figure(figsize=(20, 10))
plt.bar(x, y)
```

■図1-97：90日以内に新規登録された法人数の棒グラフ

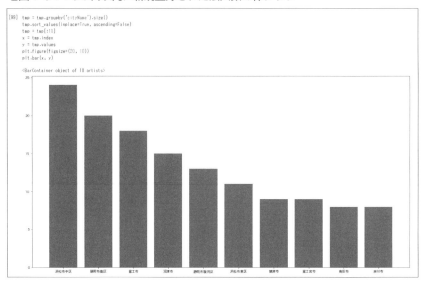

　まずは市区町村の単位で集計し、データの降順で並べ替えた上で先頭10件を保持しています。そしてxyとウィンドウサイズを設定し、棒グラフで表示しています。グラフの見た目の調整はここでは省略しますが、余裕がある方は**ノック15**から**17**を参考に調整してみてください。

　ここまでは現在日時をもとにデータを抽出しましたが、基準となる日付を手入力で設定したいケースもあるのではないでしょうか。そこで、日付を手入力する方法も試しておきましょう。

```
base_time = pd.Timestamp('2020-04-16', tz='Asia/Tokyo')
tmp = data.loc[(data['process_kbn_name'] == '新規') & (base_time - data['a
ssignmentDate'] <= delta)]
print(len(tmp))
tmp.head()
```

▌図1-98：指定した日付をもとにした絞り込み結果

```
[100] base_time = pd.Timestamp('2020-04-16', tz='Asia/Tokyo')
      tmp = data.loc[(data['process_kbn_name'] == '新規') & (base_time - data['assignmentDate'] <= delta)]
      print(len(tmp))
      tmp.head()

      2760
              cityName  corporateNumber                      name corp_kind_name process_kbn_name      assignmentDate updateDate update_fiscal_year update_YM
      1891   静岡市葵区  1080001023347        株式会社サンテアムール       株式会社          新規  2020-01-23 00:00:00+09:00 2020-01-23               2019    2020-01
      1892   牧之原市    1080001023355             株式会社ＳＵＳＣＨＯ       株式会社          新規  2020-01-28 00:00:00+09:00 2020-01-28               2019    2020-01
      1893   静岡市駿河区 1080001023363  ＳＴ ＡＲＴ ＤＥＳＩＧＮ株式会社     株式会社          新規  2020-02-04 00:00:00+09:00 2020-02-04               2019    2020-02
      1894   藤枝市    1080001023371   株式会社グランツ・インベストメント    株式会社          新規  2020-02-04 00:00:00+09:00 2020-02-04               2019    2020-02
      1895   藤枝市    1080001023388        株式会社ＴＭＫ ＰＲＩＭＥ      株式会社          新規  2020-02-14 00:00:00+09:00 2020-02-14               2019    2020-02
```

　1行目以外は現在時刻を基準とした場合と同じです。1行目のpd.Timestamp()の中に、最初の引数として日付を'2020-04-16'という書き方で設定します。

　では、棒グラフで可視化しましょう。書き方は2つ前のセルと同じです。

```
tmp = tmp.groupby(by='cityName').size()
tmp.sort_values(inplace=True, ascending=False)
tmp = tmp[:10]
x = tmp.index
y = tmp.values
plt.figure(figsize=(20, 10))
plt.bar(x, y)
```

▌図1-99：絞り込んだ結果の棒グラフ

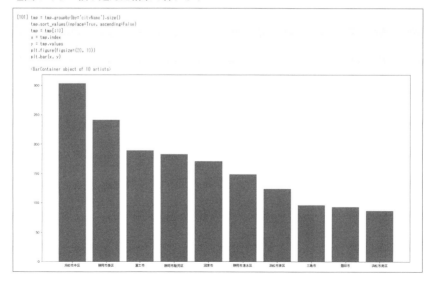

　先程の富士市で見てみると、全体では5番手であるのに対し、僅差ではありますが3番手に位置していることがわかります。目標を設定して施策を打った後、このように条件を付けて効果を見ることで、施策の振り返りや評価ができます。これらを実行するコードを用意しておくと、定期的なレポーティングもやり易くなりますね。

⚾ ✏ ノック19： 年度別の推移を可視化しよう

　日付をもつデータの活用で必ずやることになるのが、年度や月別の推移の確認です。日付の加工は**ノック9**で実施していますので、必要なデータを取り出して、折れ線グラフで可視化してみましょう。

　今回は対象データを政令指定都市に絞ってみます。静岡県では静岡市と浜松市が該当します。これまでのノックで行ってきた抽出方法であれば「市区町村が静岡市か浜松市」と指定するのですが、ここでは「市区町村が区で終わるデータ」という抽出をしてみましょう。

```
tmp = data.dropna(subset=['cityName'])
tmp = tmp.loc[tmp['cityName'].str.match('^.*区$')]
print(len(tmp))
tmp.head()
```

■図1-100：市区町村が区で終わるデータ

```
[102] tmp = data.dropna(subset=['cityName'])
      tmp = tmp.loc[tmp['cityName'].str.match('^.*区$')]
      print(len(tmp))
      tmp.head()

      50349
```

	cityName	corporateNumber	name	corp_kind_name	process_kbn_name	assignmentDate	updateDate	update_fiscal_year	update_YM
0	静岡市葵区	1000013040008	静岡家庭裁判所	国の機関	新規	2015-10-05 00:00:00+09:00	2018-04-02	2018	2018-04
1	静岡市清水区	1000013050072	清水簡易裁判所	国の機関	新規	2015-10-05 00:00:00+09:00	2018-04-02	2018	2018-04
2	浜松市中区	1000013050080	浜松簡易裁判所	国の機関	新規	2015-10-05 00:00:00+09:00	2018-04-02	2018	2018-04
15	浜松市中区	1000030220005	赤佐財産区	地方公共団体	新規	2015-10-05 00:00:00+09:00	2020-09-29	2020	2020-09
29	浜松市中区	1010001050158	中質開発株式会社	株式会社	新規	2015-10-05 00:00:00+09:00	2018-08-02	2018	2018-08

　ここで扱っているdataは、**ノック12**で作成したものです。**ノック13**以降でも使い続けてきましたが、処理するデータをtmpという別の入れ物に入れて使っているため、基データであるdataには影響が出ないようにしてあります。

　1行目で、dataの市区町村名が欠損値の行を除外したデータをtmpに入れて

います。データフレームで列を指定して欠損値を削除する場合、subset=[]で項目名を指定します。

　2行目で、市区町村名が区で終わるデータを抽出し、tmpに入れ直しています。loc[]はこれまでと同じデータ抽出ですが、特定の文字列を含む行を抽出する方法として、str.match()を使用しています。このstr.match()は、正規表現のパターンに一致する行を抽出できます。

　正規表現という言葉に戸惑う方もいるかもしれませんが、'^.*区$' と書かれた部分がそれにあたります。急に記号が並んだように感じられると思いますが、これが文字列をパターン化した状態となり、「区で終わる」を表しています。

　正規表現について詳しい解説は控えますが、興味のある方はご自身でも調べてみてください。正規表現を使わないで処理することは可能ですし、方法はいろいろあります。もし使いこなせるようになれば、より効率的な処理を行えるようになるかもしれません。

　では次に、対象年月を2016年から2020年に絞り込みます。2015年は一括登録された年なので件数が多すぎ、2021年はデータが途中までなので少なすぎるためです。

```
tmp = tmp.loc[(tmp['update_fiscal_year'] >= 2016) & (tmp['update_fiscal_y
ear'] < 2021)]
print(len(tmp))
tmp.head()
```

■図1-101：対象年月で絞り込んだデータ

```
[103] tmp = tmp.loc[(tmp['update_fiscal_year'] >= 2016) & (tmp['update_fiscal_year'] < 2021)]
      print(len(tmp))
      tmp.head()
```
26353

	cityName	corporateNumber	name	corp_kind_name	process_kbn_name	assignmentDate	updateDate	update_fiscal_year	update_YM
0	静岡市葵区	1000013040008	静岡家庭裁判所	国の機関	新規	2015-10-05 00:00:00+09:00	2018-04-02	2018	2018-04
1	静岡市清水区	1000013050072	清水簡易裁判所	国の機関	新規	2015-10-05 00:00:00+09:00	2018-04-02	2018	2018-04
2	浜松市中区	1000013050080	浜松簡易裁判所	国の機関	新規	2015-10-05 00:00:00+09:00	2018-04-02	2018	2018-04
15	浜松市中区	1000030220005	赤佐財産区	地方公共団体	新規	2015-10-05 00:00:00+09:00	2020-09-29	2020	2020-09
29	浜松市中区	1010001050158	中賀開発株式会社	株式会社	新規	2015-10-05 00:00:00+09:00	2018-08-02	2018	2018-08

　loc[]に複数の条件を記述しています。この記述の仕方は何度もしていますね。()の中で対象年度を指定していますが、2016年度以上2021年度未満となります。

　続いて、グラフで利用できるようにデータを集計しましょう。市区町村名と年度でグループ化を行います。

```
tmp = tmp.groupby(['cityName', 'update_fiscal_year']).size()
tmp.name = 'count'
tmp = tmp.reset_index()
print(len(tmp))
tmp.head(6)
```

■図1-102：グループ化後のデータ

```
[104] tmp = tmp.groupby(['cityName', 'update_fiscal_year']).size()
      tmp.name = 'count'
      tmp = tmp.reset_index()
      print(len(tmp))
      tmp.head(6)

      50

           cityName  update_fiscal_year  count
       0   浜松市中区              2016        742
       1   浜松市中区              2017        365
       2   浜松市中区              2018       1887
       3   浜松市中区              2019       1302
       4   浜松市中区              2020       1134
       5   浜松市北区              2016         96
```

　2つの項目でグループ化を行い、2行目で集計した件数にcountという項目名を付与しています。3行目のreset_index()でインデックスを設定しています。グループ化をした直後はインデックスが整っていないので、そのままでは扱えない場合もあります。そこでインデックスを設定して綺麗な状態に整形します。表示されたデータを見ると、一番左に0から始まる値が表示されていますが、これがインデックスです。**ノック13**でグループ化した直後のデータとは違っていることがわかると思います。

　head(6)としているのは、対象データがうまく抽出されていることを確認するためです。今回の抽出条件では5年分のデータが集計されますので、6行目に浜松市北区が表示されていることで、正しく処理されたことがわかります。

　では、折れ線グラフを作成しましょう。ここでは、seabornというライブラリを使用します。Seabornはmatplotlibをベースとして作られたライブラリで、コードはシンプルなのに美しいグラフを描画できると言われています。

```
import seaborn as sns
from matplotlib.ticker import MaxNLocator

plt.figure(figsize=(20, 10))
plt.gca().xaxis.set_major_locator(MaxNLocator(integer=True))
img = sns.lineplot(x=tmp['update_fiscal_year'], y=tmp['count'], hue=tmp['cityName'])
```

■図1-103：年度別推移の折れ線グラフ

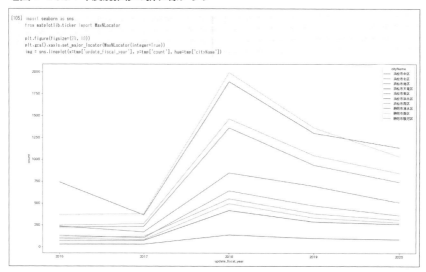

　まずはseabornをインポートしてsnsという別名を付けています。2行目でmatplotlib.tickerのMaxNLocatorをインポートしていますが、これは軸の目盛を設定するためのものです。今回はx軸に年度を設定していますが、年度の型がint型なので、そのまま描画すると、2016.0や2016.5というように、余計な少数点が入ってしまいます。この少数点を除外するために、plt.gca().xaxis.set_major_locator(MaxNLocator(integer=True))を記述しています。y軸も同じようにする場合、xaxisをyaxisにすることで設定できます。ここは細かい部分になりますので、そう書けばいいんだ、という程度の認識でよいと思います。

　最後の行でseabornのlineplot()を用いて、折れ線グラフを作成しています。引数としてx軸に更新年度、y軸にデータ件数、hue＝は凡例で、市区町村名を設

定しています。このように1行で折れ線グラフを作成しましたが、これをmatplotlibで作成しようとすると、色を付けるだけでももう少しコードを追加する必要があります。グラフを描画するライブラリも様々ありますので、自分が使いやすいと感じるものを使っていくのがよいでしょう。

作成したグラフをimgに格納していますが、これは**ノック20**でファイル出力するためです。これまでのノックではグラフの保持はしていませんが、ファイル出力する場合は同様に記述すれば保持できます。

さて、表示されたグラフを見ると、浜松市中区と静岡市葵区に入れ替わりが見られるものの、全体的には順位の変動は少ないようです。2018年に件数が大きく伸びていますが、何かしらの更新作業が全体的に行われたのかもしれません。それらの背景を見ていくと、違う項目を使うほうがよいか？　月別で見るとどうなのか？　などの疑問が生まれます。それを掘り下げていくことが、データ分析へと繋がっていきます。

⚾🏏 ノック20： グラフとデータを出力しよう

最後に、**ノック19**で作成したデータとグラフをファイル出力しましょう。ファイルに出力しておくことで、その瞬間の記録として残すことができます。状況にもよりますが、その時点の状態を再現できない、ということはよくありますので、必要に応じてデータやグラフを残しておくのがよいでしょう。

```
data_file = 'knock20_graphdata.csv'
data.to_csv(os.path.join(output_dir, data_file), index=False)
```

■図1-104：csvファイル出力

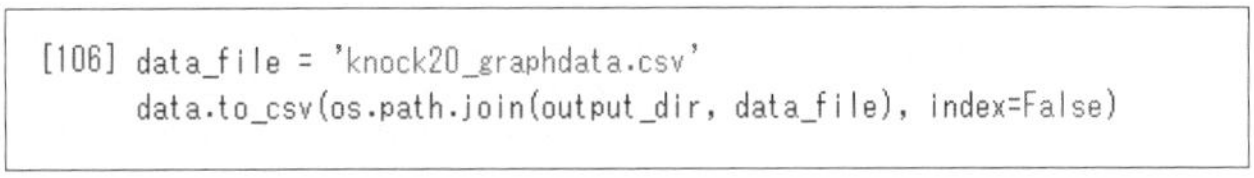

```
[106] data_file = 'knock20_graphdata.csv'
      data.to_csv(os.path.join(output_dir, data_file), index=False)
```

1行目でファイル名を設定し、2行目でフォルダを連結してファイル出力しています。書き方は**ノック11**と同様で、output_dirも**ノック11**で指定したフォルダです。

次に、グラフをpng形式の画像ファイルで出力しましょう。

```
graph_file = 'knock20_graph.png'
fig = img.get_figure()
fig.savefig(os.path.join(output_dir, graph_file))
```

■図1-105：グラフを画像ファイルで出力

```
[107] graph_file = 'knock20_graph.png'
      fig = img.get_figure()
      fig.savefig(os.path.join(output_dir, graph_file))
```

　1行目はファイル名の設定です。2行目は**ノック19**で保持したimgから、Figureの情報を取得してfigに格納しています。Figureは**ノック14**でも記載していますが、グラフのウィンドウ部分です。3行目のsavefig()でfigを画像ファイルとして出力しています。出力されたファイルをダウンロードして表示すると、そのままのグラフが出力されたことが確認できます。

　ノック18までに作成したグラフのファイル出力はしていませんが、必要に応じて、グラフを描画したすぐ後に出力処理を入れていくのがよいでしょう。

　システムデータの加工・可視化を行う20本ノックはこれで終了です。如何でしたか？　いきなりエラーから始めることには迷いがありましたが、実際の開発は多発するエラーとの闘いでもあります。これらのエラーをひとつずつ解消して動くものが出来上がると、嬉しくなりませんか？　本章を進めることで、Pythonで扱う基本的な処理のルールが理解できてきたのではないかと思います。

　本章では、Python初心者に向けて、文章で手厚く記述したつもりです。Pythonを使い始めた頃の著者が感じていた疑問を、文章でひとつひとつ補足しています。もしかしたら読みづらさを感じたかもしれませんが、その点はご容赦いただければ幸いです。

　2章以降はコードの解説が少し薄くなりますが、基本が身に付いた状態であれば、やり方やそれを活かす状況を知るだけでも、なるほどと思えるようになります。

　これ以降は好きな章を進めていただいて構いません。興味があるところや、できそうなところから始めてください。他の章を進めると、Pythonがどんどん面白くなっていきますよ。

第2章
Excelデータの加工・可視化を行う20本ノック

　第1章では、システムデータの加工を通じて、表形式データの加工や可視化の基本的な操作を学びました。システムデータは、私たちが扱うデータの中では比較的綺麗なデータです。その理由の大きな要因は、システムデータは人がデータを変更することが少ないからでしょう。

　さて、皆さんが最もイメージしやすい表形式データは、Excelで作られたデータではないでしょうか。誰でも使いやすいのがExcelですが、自由度が高いことから、人によって形式が異なることがほとんどです。皆さんも、普段から1行目に簡単なメモを記載したり、独自の表を作成されているのではないでしょうか。そのため、データ加工に工夫が必要なケースがほとんどです。一方で、Excelの利用者が多いことから、データとして多く蓄積されており、「なんとかデータ分析をしたい。」という依頼に必ずと言っていいほど直面します。その際に、Excelデータを難なく扱えるように、第2章ではExcelデータ加工と可視化に取り組んでいきましょう。

　前半ではExcelデータ特有の、人間が見やすいように作られたデータ形式を、プログラムで扱いやすい形式(二次元表形式)に変換していきます。かなり泥臭い作業になりますが、ほとんどのケースで読み込み作業に工夫が必要ですので、確実に押さえていきましょう。また、後半では、可視化を扱います。ただ、二次元表形式に変換さえしてしまえば、可視化の処理自体は第1章のものと大きくは変わりません。第1章では、可視化のテクニカルな部分を扱いましたが、第2章ではどんな時にどういった可視化を選択するのかに重きを置いて説明します。

　Excelデータですが、読み込んで整形してしまえば、システムデータと大差はありません。第1章で学んだことを思い出しながら、進めていきましょう。

利用シーン

　部署内で独自に作成した営業情報や顧客情報、個人の店舗でコツコツと入力してきた仕入れや売上データ、独自のフォーマットで作成した見積書や受注データ、親会社や下請け会社が用意した作業計画や日報など、Excelで作成された様々なファイルからのデータ抽出や管理の一元化、分析などに利用できます。

前提条件

　本章のノックでは、資源エネルギー庁のサイトから取得したデータを扱っていきます。データは表に示した2種類のデータとなります。

　「1-2-2020.xlsx」は都道府県別の発電所数と最大出力のExcelデータです。csvとは違い、Excel特有のものとして、シートがあります。今回のデータでは、日付（年月）ごとにシートが分かれており、2020年4月から2021年1月までの10カ月のデータとなっています。

　「2-2-2020.xlsx」は都道府県別の発電実績（電力量）のExcelデータです。「1-2-2020.xlsx」とほぼ同じ形式ですが、情報が電力量のみになっています。

　これらのデータは、人間が見やすい形の表形式で作られており、構造化データではありますが、備考があるなど、単純な二次元の表形式データとは異なります。そのため、プログラムで利用しやすい二次元表形式データへの加工が最初の作業になってきます。

　実際には、取得元のサイトには、システム用に加工されたデータも用意されています。近年ではオープンデータも、使いやすい形に整形してくれていることが多いです。ただしここでは、あえて皆さんの身近にある、人間にわかりやすい形のExcelデータを扱っていきます。

■表：データ一覧

No.	ファイル名	概要
1	1-2-2020.xlsx	都道府県別の発電所数と最大出力データ
2	2-2-2020.xlsx	都道府県別の発電実績（電力量）データ

ノック21：Excelデータを読み込んでみよう

まずは、都道府県別データである「1-2-2020.xlsx」を読み込んでみましょう。拡張子の.xlsxからわかるようにExcelファイルです。第1章**ノック1**でやったのと同様に、まずは難しく考えずに読み込んでみましょう。また、読み込んだ後に先頭5行を表示してみましょう。

```
import pandas as pd
data = pd.read_excel('data/1-2-2020.xlsx')
data.head()
```

図2-1：ファイル読み込み結果

```
[9] import pandas as pd
    data = pd.read_excel('data/1-2-2020.xlsx')
    data.head()
```

	1－（2）．都道府県別発電所数，出力数　（2020年4月）	Unnamed: 1	Unnamed: 2	Unnamed: 3	Unnamed: 4	Unnamed: 5	Unnamed: 6	Unnamed: 7	Unnamed: 8	Unnamed: 9	Unnamed: 10	Unnamed: 11	Unnamed: 12	Unnamed: 13	U
0	都道府県	水力発電所	NaN	火力発電所	NaN	原子力発電所	NaN	新エネルギー等発電所	NaN	NaN	NaN	NaN	NaN	NaN	
1	NaN	NaN	NaN	NaN	NaN	NaN	NaN	風力	NaN	太陽光	NaN	地熱	NaN	（バイオマス）	
2	NaN	発電所数	最大出力計	発電所数	最大出力計	発電所数	最大出力計	発電所数	最大出力計	発電所数	最大出力計	発電所数	最大出力計	発電所数	
3	北海道	98	2.03208e+06	32	6176880	1	2070000	56	428134	127	675751	1	25000	3	
4	青森県	19	128750	10	655750	1	1100000	24	593870	35	399997	0	0	4	

Excelファイルは、pandasのread_excelで読み込み可能です。**ノック1**の時とは違い、読み込み自体はできますが、先頭5行の出力結果を見ると、Unnamedのような列や上部のレコードにNaNが多く散見されます。このデータを見ると、実際には、0から2行までのデータ（都道府県等）が列名を表すもので、3行目からが実際のデータとなっているようです。また、pandasでカラム名として入ってしまっている部分は、このファイルのタイトルが記載されていることが分かります。

では次に、読み込んだデータの末尾を見てみましょう。

```
data.tail()
```

■図2-2：データの末尾5行の表示

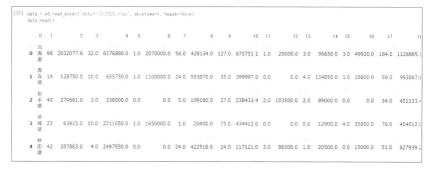

沖縄県までは問題ないのですが、合計行や備考行が含まれてしまっています。合計は必要に応じて残すこともありますが、沖縄県までのデータがあれば合計値は計算可能なので、今回は削除するのが良いでしょう。

先頭は、実際にデータが始まるindex番号3(4行目)からデータを取得し、カラム名はないものとして読み込みましょう。末尾は、合計から下のデータを削除してしまいましょう。

```python
data = pd.read_excel('data/1-2-2020.xlsx', skiprows=4, header=None)
data.head()
```

■図2-3：必要データのみ読み込み

まずは、読み込み時に4行目までのスキップとカラムがないことを指定して読

み込みます。これで、北海道からのデータを読み込めているのが確認できます。
　続いて、末尾の削除処理をしていきましょう。

```
data.drop(data.tail(4).index, inplace=True)
data.tail()
```

図2-4：末尾の不要データ除去

```
[21] data.drop(data.tail(4).index, inplace=True)
     data.tail()
```

	0	1	2	3	4	5	6	7	8	9	10	11	12	13	14	15	16	17	18
42	熊本県	49	803395.0	5.0	1562280.0	0.0	0.0	2.0	26000.0	81.0	232540.0	0.0	0.0	1.0	76780.0	2.0	10500.0	83.0	258540.
43	大分県	38	300520.0	9.0	4111600.0	0.0	0.0	1.0	11000.0	53.0	392595.0	6.0	155099.6	4.0	118200.0	0.0	0.0	60.0	558694.
44	宮崎県	48	2158730.0	4.0	204940.0	0.0	0.0	1.0	16000.0	35.0	248774.5	0.0	0.0	3.0	76700.0	0.0	0.0	36.0	264774.
45	鹿児島県	35	195808.0	30.0	1307600.0	1.0	1780000.0	18.0	225470.0	143.0	591693.0	3.0	60790.0	2.0	72700.0	0.0	0.0	164.0	877953.
46	沖縄県	0	0.0	26.0	2470080.0	0.0	0.0	13.0	18130.0	1.0	12000.0	0.0	0.0	0.0	0.0	0.0	0.0	14.0	30130.

　data.tail(4).indexで、末尾4行のindexを取得し、dropで該当行の削除をしています。これによって、合計や備考が削除され、沖縄県までのデータが表示されていることが分かります。
　これで、利用したいデータの部分だけ読み込みが完了しました。今回はデータを確認せずに読み込みを実施しましたが、実際には大容量ファイルでない限りは、一度中身を確認してから加工を行います。今回、実践しておわかりのように、pandasはあくまでも表形式のデータを前提に読み込みを行います。そのため、表形式までの加工が必要となり、今回のような工夫が必要になってきます。
　このままだとカラム名が不明で使いにくので、カラムを抽出して付与していきましょう。

ノック22：カラムを抽出して付与してみよう

　ここでは、データを使いやすくするために、カラム名の抽出・整形を行い、データに付与していきます。まずは、col_dataとして読み込みを実施し、カラムに該当する行のみを抽出してみましょう。今回もheaderはなしとして読み込みましょ

う。また、データの表示も忘れずに実行しましょう。

```
col_data = pd.read_excel('data/1-2-2020.xlsx', skiprows=1, header=None)
col_data = col_data.head(3)
col_data
```

▮図2-5：カラムデータの読み込み

1行目はファイルタイトルなのでスキップしています。その後、上部3行のみがカラムのデータとなりますので、先頭3行のみを取得しています。

　この表示を見ると、NaN(欠損値)の部分は、セル結合の影響だということがわかります。方向としては2つあり、行方向の結合による影響と、列方向による影響です。行方向でいえば、例えば、新エネルギー等発電所は、詳細の発電種類として風力や太陽光などがあるのに対して、水力、火力発電所等は結合されています。逆に列方向だと、例えば水力発電所に対して、発電所数、最大出力計が本来であれば2つありますが、セル結合によって、最大出力計の部分が欠損しています。

　まずは、行方向の処理を行います。行方向の加工指針としては、1行目の欠損値に0行目の値を入れることです。また、入れた後に、1行目に関しては発電所という文字列を除外しておきましょう。

```
col_data.iloc[1, 1:].fillna(col_data.iloc[0, 1:], inplace=True)
col_data.iloc[1, 1:] = col_data.iloc[1, 1:].str.replace('発電所','')
col_data
```

図2-6：行方向の欠損値処理

```
[109] col_data.iloc[1,1:].fillna(col_data.iloc[0,1:], inplace=True)
      col_data.iloc[1, 1:] = col_data.iloc[1, 1:].str.replace('発電所','')
      col_data
```

	0	1	2	3	4	5	6	7	8	9	10	11	12	13	14	15	16	17	18	19	20	21	22
0	都道府県	水力発電所	NaN	火力発電所	NaN	原子力発電所	NaN	新エネルギー等発電所	NaN	NaN	NaN	NaN	NaN	NaN	NaN	NaN	NaN	NaN	NaN	その他	NaN	合計	NaN
1	NaN	水力	NaN	火力	NaN	原子力	NaN	風力	NaN	太陽光	NaN	地熱	NaN	〔バイオマス〕	NaN	〔廃棄物〕	NaN	計	NaN	その他	NaN	合計	NaN
2	NaN	発電所数	最大出力計	発電所数	最大出力計	発電所数	最大出力計	発電所数	最大出力計	発電所数	最大出力計	発電所数	最大出力計	発電所数	最大出力計	発電所数	最大出力計	発電所数	最大出力計	発電所数	最大出力計	発電所数	最大出力計

少し複雑な処理に見えますが、やっていることは非常にシンプルです。ilocを用いて、1行目の1列以降のデータに対して、欠損値への代入を行っています。その際に、0行目の1列以降のデータが埋められます。1列以降にしている理由ですが、都道府県は値を埋める必要がないからです。その次に、1行目の1列以降のデータで、発電所という文字列を除去しています。

次に、列方向の処理を行っていきます。ここでは、欠損している値には左側の列の値を埋める必要があります。

```
for i in col_data.columns:
  if i < col_data.columns.max():
    col_data[i + 1].fillna(col_data[i], inplace=True)
col_data
```

図2-7：列方向の欠損値処理

```
[110] for i in col_data.columns:
        if i < col_data.columns.max():
          col_data[i + 1].fillna(col_data[i], inplace=True)
      col_data
```

	0	1	2	3	4	5	6	7	8	9	10	11	12	13	14	15	16	17	18	19	20	21	22
0	都道府県	水力発電所	水力発電所	火力発電所	火力発電所	原子力発電所	原子力発電所	新エネルギー等発電所	新エネルギー等発電所	新エネルギー等発電所	新エネルギー等発電所	新エネルギー等発電所	新エネルギー等発電所	新エネルギー等発電所	新エネルギー等発電所	新エネルギー等発電所	新エネルギー等発電所	新エネルギー等発電所	新エネルギー等発電所	その他	その他	合計	合計
1	NaN	水力	水力	火力	火力	原子力	原子力	風力	風力	太陽光	太陽光	地熱	地熱	〔バイオマス〕	〔バイオマス〕	〔廃棄物〕	〔廃棄物〕	計	計	その他	その他	合計	合計
2	NaN	発電所数	最大出力計	発電所数	最大出力計	発電所数	最大出力計	発電所数	最大出力計	発電所数	最大出力計	発電所数	最大出力計	発電所数	最大出力計	発電所数	最大出力計	発電所数	最大出力計	発電所数	最大出力計	発電所数	最大出力計

左の列から順にfor文でループを実行しています。自分自身の列(i)に対して、自分の右隣の列(i+1)が欠損していたら、自分自身の列(i)を埋めています。このとき、対象は全列なのですが、最終列である22に対して22+1の23は存在しないため、エラーとなります。その対策として、対象列(i)が、列数を超えない条件下で計算できるようにif文を入れてあります。

処理が複雑だと感じた方は、for文を分解してみたり、コメントアウトして動作を確認してみてください。

次に、バイオマス、廃棄物の部分に〔〕が含まれていますので、消してしまいましょう。消し方は、正規表現等もありますが、バイオマス、廃棄物の2つだけなのでreplaceを使って消してしまいましょう。

```
col_data.replace('〔バイオマス〕','バイオマス', inplace=True)
col_data.replace('〔廃棄物〕','廃棄物', inplace=True)
col_data
```

■図2-8：カラム名の修正

```
[111] col_data.replace('〔バイオマス〕','バイオマス', inplace=True)
      col_data.replace('〔廃棄物〕','廃棄物', inplace=True)
      col_data
```

	0	1	2	3	4	5	6	7	8	9	10	11
0	都道府県	水力発電所	水力発電所	火力発電所	火力発電所	原子力発電所	原子力発電所	新エネルギー等発電所	新エネルギー等発電所	新エネルギー等発電所	新エネルギー等発電所	新エネルギー等発電所
1	NaN	水力	水力	火力	火力	原子力	原子力	風力	風力	太陽光	太陽光	地熱
2	NaN	発電所数	最大出力計	発電所数	最大出力計	発電所数	最大出力計	発電所数	最大出力計	発電所数	最大出力計	発電所数

	12	13	14	15	16	17	18	19	20	21	22
0	新エネルギー等発電所	新エネルギー等発電所	新エネルギー等発電所	新エネルギー等発電所	新エネルギー等発電所	新エネルギー等発電所	新エネルギー等発電所	その他	その他	合計	合計
1	地熱	バイオマス	バイオマス	廃棄物	廃棄物	計	計	その他	その他	合計	合計
2	最大出力計	発電所数	最大出力計	発電所数	最大出力計	発電所数	最大出力計	発電所数	最大出力計	発電所数	最大出力計

これで、カラム名を作成する準備が整いました。カラム名としては、各列に対して、0行目、1行目、2行目をアンダーバー等の文字列で結合することでカラム名が作成できます。例えば、7列目で考えると、「新エネルギー等発電所_風力_発電所数」となれば良いです。ただし、1列目であれば「都道府県」となるようにしたいので、欠損値を無視する処理も必要です。まずは動作の確認も兼ねて0列目（都道府県）、1列名（水力発電）だけをやってみましょう。

```
tg_col = '_'.join(list(col_data[0].dropna()))
print(tg_col)
tg_col = '_'.join(list(col_data[1].dropna()))
print(tg_col)
```

■図2-9：カラム名の整形

```
[114] tg_col = '_'.join(list(col_data[0].dropna()))
      print(tg_col)
      tg_col = '_'.join(list(col_data[1].dropna()))
      print(tg_col)

      都道府県
      水力発電所_水力_発電所数
```

該当の列を指定してデータを取得し、欠損値を除去した上でリスト型に変換します。それを、アンダーバーで結合しています。これで、欠損値を除去しつつ、アンダーバーでの結合を行えました。それでは、全列に対してやっていきましょう。

```
cols = []
for i in col_data.columns:
  tg_col = '_'.join(list(col_data[i].dropna()))
```

```
    cols.append(tg_col)
cols
```

図2-10：全列に対してのカラム名整形

```
[115] cols = []
      for i in col_data.columns:
        tg_col = '_'.join(list(col_data[i].dropna()))
        cols.append(tg_col)
      cols

      ['都道府県',
       '水力発電所_水力_発電所数',
       '水力発電所_水力_最大出力計',
       '火力発電所_火力_発電所数',
       '火力発電所_火力_最大出力計',
       '原子力発電所_原子力_発電所数',
       '原子力発電所_原子力_最大出力計',
       '新エネルギー等発電所_風力_発電所数',
       '新エネルギー等発電所_風力_最大出力計',
       '新エネルギー等発電所_太陽光_発電所数',
       '新エネルギー等発電所_太陽光_最大出力計',
       '新エネルギー等発電所_地熱_発電所数',
       '新エネルギー等発電所_地熱_最大出力計',
       '新エネルギー等発電所_バイオマス_発電所数',
       '新エネルギー等発電所_バイオマス_最大出力計',
       '新エネルギー等発電所_廃棄物_発電所数',
       '新エネルギー等発電所_廃棄物_最大出力計',
       '新エネルギー等発電所_計_発電所数',
       '新エネルギー等発電所_計_最大出力計',
       'その他_その他_発電所数',
       'その他_その他_最大出力計',
       '合計_合計_発電所数',
       '合計_合計_最大出力計']
```

前のセルで実施したコードをベースに、for文を使って、全列に対して処理を実施しています。これによって、想定していたカラム名が取得できました。

この作成したカラムを**ノック21**で作成したデータに代入しましょう。

```
data.columns = cols
data.head()
```

図2-11：全列に対してのカラム名整形

```
[127] data.columns = cols
      data.head()
```

	都道府県	水力発電所_水力_発電所数	水力発電所_水力_最大出力計	火力発電所_火力_発電所数	火力発電所_火力_最大出力計	原子力発電所_原子力_発電所数	原子力発電所_原子力_最大出力計	新エネルギー等発電所_風力_発電所数	新エネルギー等発電所_風力_最大出力計	新エネルギー等発電所_太陽光_発電所数	新エネルギー等発電所_太陽光_最大出力計	新エネルギー等発電所_地熱_発電所数	新エネルギー等発電所_地熱_最大出力計	新エネルギー等発電所_バイオマス_発電所数	新エネルギー等発電所_バイオマス_最大出力計	新エネルギー等発電所_廃棄物_発電所数	新エネルギー等発電所_廃棄物_最大出力計	新エネルギー等発電所_計_発電所数	新エネルギー等発電所_計_最大出力計	その他_その他_発電所数	その他_その他_最大出力計	合計_合計_発電所数	合計_合計_最大出力計
0	北海道	98	2032077.6	32.0	6176880.0	1.0	2070000.0	56.0	428134.0	127.0	675751.1	1.0	25000.0	3.0	96650.0	3.0	49920.0	184.0	1128865.1	0.0	0.0	315.0	11407842.7
1	青森県	19	128750.0	10.0	655750.0	1.0	1100000.0	24.0	593870.0	35.0	399997.0	0.0	0.0	4.0	134850.0	1.0	18800.0	59.0	993867.0	0.0	0.0	89.0	2878367.0
2	岩手県	40	274661.0	3.0	238000.0	0.0	0.0	5.0	109180.0	27.0	238433.4	2.0	103500.0	2.0	89000.0	0.0	0.0	34.0	451113.4	0.0	0.0	77.0	963774.4
3	宮城県	22	63915.0	10.0	2211050.0	1.0	1650000.0	1.0	20400.0	75.0	434412.0	0.0	0.0	0.0	12900.0	4.0	35850.0	76.0	454812.0	0.0	0.0	109.0	4379777.0
4	秋田県	42	287863.0	4.0	2497550.0	0.0	0.0	24.0	422518.6	24.0	117121.0	3.0	88300.0	1.0	20500.0	0.0	15000.0	51.0	627939.2	0.0	0.0	97.0	3413352.2

　これで、一旦、カラム名の代入までができました。

　さて、ここまでは、Excelの一番左のシートである4月のデータだけを対象に加工してきました。pandasは、特にシート名を指定しない場合、一番左のシートを読み込む仕様になっています。一般的には、シートをいろいろ作成して利用するのがExcelの利点でもありますので、シートが1つしかない場合は少なく、今回のデータのように、月別にシートが分かれているデータに遭遇する場面は多々あります。次のノックでは、他のシートもすべて読み込んで結合していきましょう。

⚾ ノック23：
全シートのデータを読み込んでみよう

　ここでは、別シートのデータも読み込んだ上で、データを1つに結合していきます。今回は、どのシートも共通のカラム名になりますので、縦に結合をしていきます。

　まずは、シート名を取得してみましょう。

```
xl = pd.ExcelFile('data/1-2-2020.xlsx')
sheets = xl.sheet_names
sheets
```

■図2-12：シート名の取得

```
[128] xl = pd.ExcelFile('data/1-2-2020.xlsx')
      sheets = xl.sheet_names
      sheets

      ['2020.4',
       '2020.5',
       '2020.6',
       '2020.7',
       '2020.8',
       '2020.9',
       '2020.10',
       '2020.11',
       '2020.12',
       '2021.1']
```

　pandasのExcelFileを利用すると、Excel内のすべての情報が取得できます。その後、sheet_namesでシート名をリスト形式で取得しています。今回のデータでは、2020年4月から2021年1月までの10シートであることが分かります。リストで得られているので、for文で回していくことになりますが、まずは、1シー

トのみ読み込んでみましょう。その際には、**ノック21**の知見を活かして、4行をスキップし、header=Noneを指定し、カラム名がないものとして読み込みましょう。さらに、**ノック21、22**でやったように、末尾4行の除去、カラム名の代入も合わせて行います。また、先頭5行の表示も合わせて実施します。

```
data = xl.parse(sheets[0],  skiprows=4, header=None)
data.drop(data.tail(4).index, inplace=True)
data.columns = cols
data.head()
```

■図2-13：1シートの読み込みと整形

parseで、Excelデータの取得が可能です。シートは、sheets[0]で最初のシートを読み込んでいます。**ノック21、22**を参考にすれば簡単ですね。また、最初のシートは**ノック21、22**でも扱った2020年4月のデータなので、この出力は、**ノック22**の最後の出力と一致しているはずですので確認してみましょう。

次に、いよいよfor文を用いて、全シートのデータ読み込みを行いますが、1つ問題があります。このデータは、シート名にしか日付（2020.4等）が入っておらず、全部結合してしまうと、いつの年月データなのかを識別できません。for文と合わせて、「年月」列を追加していきましょう。

```
datas = []
for sheet in sheets:
    data = xl.parse(sheet,  skiprows=4, header=None)
    data.drop(data.tail(4).index, inplace=True)
    data.columns = cols
    data['年月'] = sheet
    datas.append(data)
datas
```

■図2-14：全データの抽出

```
[16] datas = []
    for sheet in sheets:
        data = xl.parse(sheet, skiprows=4, header=None)
        data.drop(data.tail(4).index, inplace=True)
        data.columns = cols
        data['年月'] = sheet
        datas.append(data)
    datas

[    都道府県  水力発電所_水力_発電所数   水力発電所_水力_最大出力計  ...  合計_合計_発電所数  合計_合計_最大出力計
 0    北海道           98      2032077.6  ...    315.0  11407842.70  2020.4
 1    青森県           19       128750.0  ...     89.0   2878367.00  2020.4
 2    岩手県           40       274661.0  ...     77.0    963774.40  2020.4
 3    宮城県           22        63915.0  ...    109.0   4379777.00  2020.4
 4    秋田県           42       287863.0  ...     97.0   3413352.20  2020.4
 5    山形県           42       401814.0  ...     61.0   1254853.00  2020.4
 6    福島県           94      3973025.0  ...    218.0  16560014.50  2020.4
 7    茨城県            6        13450.0  ...    248.0  11953983.10  2020.4
 8    栃木県           33      2942130.0  ...    128.0   4662307.70  2020.4
 9    群馬県           74      3126512.0  ...    144.0   3421893.80  2020.4
 10   埼玉県           13        68580.0  ...     52.0    262181.00  2020.4
 11   千葉県            1          132.0  ...    201.0  20586622.00  2020.4
 12   東京都            5        44750.0  ...     48.0   2655567.50  2020.4
 13   神奈川県          27       407751.0  ...     91.0  16539682.00  2020.4
 14   新潟県           85      3305351.0  ...    122.0  19755115.00  2020.4
 15   富山県          126      2947430.0  ...    142.0   4906209.00  2020.4
 16   石川県           30       569440.0  ...     60.0   3757250.00  2020.4
 17   福井県           30       537190.0  ...     56.0   9852279.00  2020.4
 18   山梨県           65      1685795.0  ...     90.0   1729223.00  2020.4
 19   長野県          171      3785514.0  ...    213.0   3906837.00  2020.4
 20   岐阜県           98      4477646.0  ...    126.0   4580563.90  2020.4
 21   静岡県           59      1331400.0  ...    171.0   5890192.00  2020.4
 22   愛知県           24      2319610.0  ...    110.0  20149303.00  2020.4
 23   三重県           20       197970.0  ...    165.0   6553486.00  2020.4
 24   滋賀県           14        25950.0  ...     37.0     89548.56  2020.4
 25   京都府           22       641590.0  ...     41.0   3360280.70  2020.4
 26   大阪府            1          120.0  ...     73.0   5704879.00  2020.4
 27   兵庫県           19      3253480.0  ...    161.0  14153703.91  2020.4
 28   奈良県           15      1741370.0  ...     37.0   1819922.00  2020.4
 29   和歌山県          15       211409.0  ...     53.0   2678640.00  2020.4
 30   鳥取県           31      1314157.0  ...     58.0   1596407.00  2020.4
 31   島根県           26       163530.0  ...     54.0   2227750.00  2020.4
 32   岡山県           36       492203.0  ...    119.0   3248414.00  2020.4
 33   広島県           37      1015709.0  ...     95.0   2781958.00  2020.4
 34   山口県           22       104587.0  ...    138.0   6702216.00  2020.4
```

　まずは、datasという空のリストを定義した後、for文を用いて年月単位でデータ読み込み、整形、年月列の挿入を行い、リスト型のdatasに追加しています。そのため、出力結果はリスト型になっています。少し複雑ですが、pandasのデータフレームをリストに追加しています。このままではデータフレームとして使えないので、concatを使って結合していきます。

```
datas = pd.concat(datas, ignore_index=True)
datas.head()
```

■ 図2-15：全データの結合

　pandasのconcatは、縦にも横にも結合できるので覚えておきましょう。datasがデータフレームのリストになっているのでおわかりのように、concatは、結合したいデータをリスト型で渡す必要があります。また、ignore_indexにTrueを指定することで、縦に結合した際のindexを振りなおしてくれます。これで、Excel内のすべてのデータを抽出し、結合できました。第1章でやったように、データ型、カラム数、データ件数などの基本的な確認は自分なりにしてみましょう。例えば、今回はデータ件数が470件になっています。47都道府県に対して、10カ月分のデータであることから、470件になるという計算と一致しており、結合が正しくできていることが確認できるでしょう。

⚾ ノック24：
データの値を計算で修正しよう

　ここまでで、全データを取得できました。ここで1つ問題があります。新エネルギー等発電所のバイオマス、廃棄物は、火力発電所の欄に記載されている電力量のうち、バイオマス、廃棄物に係る量を再掲していると備考に書かれています。つまり、火力発電所の値には、バイオマス、廃棄物の値が含まれているようです。そのため、火力発電所の値から、バイオマス、廃棄物の値を引いておく必要があります。pandasは、列ごとに四則演算が可能です。発電所数、最大出力計の2つに対して処理を行いましょう。

```
datas['火力発電所_火力_発電所数'] = datas['火力発電所_火力_発電所数'] - datas['新エ
ネルギー等発電所_バイオマス_発電所数'] - datas['新エネルギー等発電所_廃棄物_発電所数']
```

```
datas['火力発電所_火力_最大出力計'] = datas['火力発電所_火力_最大出力計'] - datas['
新エネルギー等発電所_バイオマス_最大出力計'] - datas['新エネルギー等発電所_廃棄物_最大出
力計']
datas.head()
```

■図2-16：データ値の修正

　これで、各列に対して引き算ができました。実際に**ノック23**の出力結果を比較すると、0行目の北海道のデータにおいて、火力発電所の発電所数が32でしたが、バイオマスが3、廃棄物が3、の合計6を引いて、補正した火力発電所は、26になっています。これで、二重で計上してしまっているデータを補正できました。このように、pandasでは、四則演算を列単位で実行できるので覚えておきましょう。ここで注意が必要なのは、「火力発電所_最大出力計」等の対象カラムを書き換えてしまっている点です。このセルを再度実行してしまうと、現在の26に対してさらに6が引かれてしまいますので注意しましょう。

　JupyterNotebookやColaboratoryを使用する場合、セル実行結果が保持されていることに注意しましょう。もし、結果が異なる場合、データ読み込みを行っている**ノック23**からセルを実行しなおしてください。

ノック25： 必要なカラムだけに絞り込もう

　さて、ここまでは、データをpandasで扱いやすいようにするために、データの読み込みから結合、さらにはデータを正しくするための修正までを行い、基本データができました。ここからは、分析や可視化に向けての加工を行っていきます。分析や可視化の場合、目的に応じてデータの形が異なってきます。ここでは、可

視化に適した形として、縦持ちのデータを整形していきます。縦持ちデータは、水力発電所_水力_発電所数、火力発電所_火力_発電所数等を縦に持たせるデータとなります。詳しくは**ノック26**で実際に扱いますので、イメージできなくても今は問題ありません。縦持ちデータは、人間にとっては見にくいデータですが、可視化の際には、データの抽出や指定がしやすいので、縦持ちデータ化することがあります。

　まずは、縦持ち化に向けて、必要カラムに絞り込んでいきましょう。今回は、「合計_合計_発電所数」「合計_合計_最大出力計」「新エネルギー等発電所_計_発電所数」「新エネルギー等発電所_計_最大出力計」列を除外します。合計を二次元表形式に残しておくのは、人間にとっては非常にわかりやすいですが、プログラムで合計を出力する際には、誤って各発電所の元の値の合計と、合計列をすべて足してしまい、対象としているデータが2倍になっていることに気付かないことが多々あるので、なるべくプログラムで扱う際には除外しましょう。処理自体は非常に簡単です。

```
datas.drop(['合計_合計_発電所数', '合計_合計_最大出力計', '新エネルギー等発電所_計_発
電所数', '新エネルギー等発電所_計_最大出力計'], axis=1, inplace=True)
datas.head()
```

■図2-17：合計列の除外

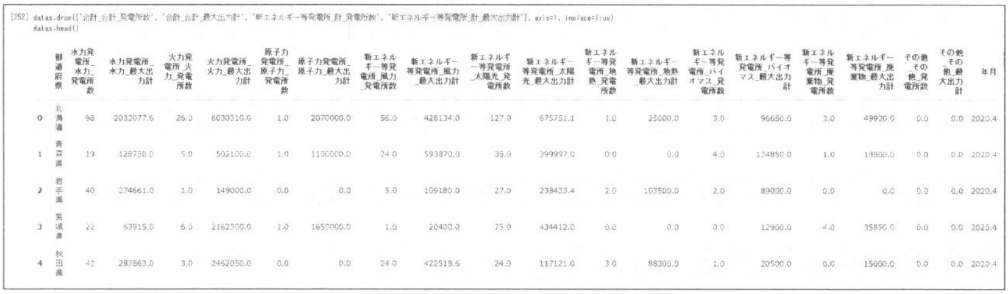

　dropはこれまでも使用してきたのでおわかりかと思いますが、axisに何も指定しない（もしくは0を指定する）と行の削除、axisに1を指定することで列の削除を行えます。また、リストでカラム名を複数指定することで、一度の処理で複数列の削除が可能です。

　これで、合計列を2つ削除できました。次のノックでは、縦持ちデータへの変換を行います。

ノック26：
縦持ちデータを作成しよう

　それでは、縦持ちデータへの変換を行っていきます。pandasには、縦持ちデータへの変換を行うメソッドが用意されています。縦持ちにする際に、キーとなる列を指定する必要がありますが、今回は、「都道府県」と「年月」列になります。イメージしにくいかと思いますのでまずはやってみましょう。

```
datas_v = pd.melt(datas, id_vars=['都道府県','年月'], var_name="変数名",value_name="値")
datas_v.head()
```

■図2-18：縦持ちデータの作成

```
[136] datas_v = pd.melt(datas, id_vars=['都道府県','年月'], var_name="変数名",value_name="値")
      datas_v.head()
```

	都道府県	年月	変数名	値
0	北海道	2020.4	水力発電所_水力_発電所数	98
1	青森県	2020.4	水力発電所_水力_発電所数	19
2	岩手県	2020.4	水力発電所_水力_発電所数	40
3	宮城県	2020.4	水力発電所_水力_発電所数	22
4	秋田県	2020.4	水力発電所_水力_発電所数	42

　meltが縦持ちを行うメソッドになります。datasは対象データを指定しており、id_varsでは、キーとなる列である「都道府県」と「年月」を指定しています。出力結果を見るとわかるように、先ほどまでカラム名として定義されていた「水力発電所_水力_発電所数」が「変数名」の列に記載されており、値が実際の数字となっています。var_name、value_nameでカラム名は変更できます。先頭5行しか表示していないので、変数名には水力発電所_水力_発電所数しか表示されていませんが、水力発電所_水力_最大出力計、火力発電所_火力_発電所数等もデータとして格納されているので確認してみてください。

　さて、もう少しこの縦持ちデータを綺麗にしていきましょう。

ノック27：縦持ちデータを整形しよう

縦持ちデータを作成できましたが、少し整形しておきましょう。変数名に入っているデータはアンダーバーで区切っていますが、発電所種別、発電種別、項目の3つから構成されています。例えば、「新エネルギー等発電所_風力_発電所数」は、発電所種別が新エネルギー等発電所、発電種別が風力、項目が発電所数です。後々便利なので、これらは別の列として持っておきましょう。まずは、変数名をアンダーバー区切りで別の列として分割します。

```
var_data = datas_v['変数名'].str.split('_', expand=True)
var_data.head()
```

図2-19：変数名の分割

```
[142] var_data = datas_v['変数名'].str.split('_', expand=True)
      var_data.head()
```

	0	1	2
0	水力発電所	水力	発電所数
1	水力発電所	水力	発電所数
2	水力発電所	水力	発電所数
3	水力発電所	水力	発電所数
4	水力発電所	水力	発電所数

str.splitを用いることで、特定の文字列に対して区切ることができます。今回は、アンダーバーを指定しています。また、expland=Trueを指定することで、列ごとに区切ってくれます。ここを指定しない場合、1つの列にリスト型が格納されます。状況に応じて使い分けていきましょう。

次に、カラム名を代入してから、元のデータdatas_vと結合しましょう。また、結合した後に、不要となる「変数名」列は削除してしまいましょう。

カラム名は、発電所種別、発電種別、項目とします。

```
var_data.columns = ['発電所種別', '発電種別', '項目']
datas_v = pd.concat([datas_v, var_data], axis=1)
datas_v.drop(['変数名'], axis=1, inplace=True)
datas_v.head()
```

■図2-20：分割した変数名の結合

```
[156] var_data.columns = ['発電所種別', '発電種別', '項目']
      datas_v = pd.concat([datas_v, var_data], axis=1)
      datas_v.drop(['変数名'], axis=1, inplace=True)
      datas_v.head()
```

	都道府県	年月	値	発電所種別	発電種別	項目
0	北海道	2020.4	98	水力発電所	水力	発電所数
1	青森県	2020.4	19	水力発電所	水力	発電所数
2	岩手県	2020.4	40	水力発電所	水力	発電所数
3	宮城県	2020.4	22	水力発電所	水力	発電所数
4	秋田県	2020.4	42	水力発電所	水力	発電所数

　最初にカラム名の代入を行ったあと、concatで結合しています。**ノック23**でもconcatは扱いましたが、**ノック23**ではデータを縦に結合しました。今回は、横に結合するため、axis=1を指定しています。concatはaxis=1を指定すると横方向の結合もできますが、indexをキーに結合するので、indexが異なる場合は意図しない結合になるので注意しましょう。

　これで、変数名ではなく、発電種別等で絞り込みがしやすくなりました。

　ここまでで、都道府県別の発電所の最大出力や発電所数のデータの整形は終わりです。このまま可視化を行っても良いのですが、復習も兼ねて、発電実績データの加工を実施してみましょう。最大出力や発電所数に、発電実績データが加わることで分析や可視化の幅が広がります。

⚾🏏 ノック28：
発電実績データを加工しよう

　それでは、復習も兼ねて、発電実績データの加工を行っていきます。対象データは、2-2-2020.xlsxになります。基本的には、**ノック21**から**ノック27**までのコードの再掲が多いですが、思い出しながらやっていきましょう。まずは、データを読み込んでみて、加工の方針を立てていきましょう。先頭5行、末尾5行の出力もやってみます。

```
capacity_data = pd.read_excel('data/2-2-2020.xlsx')
display(capacity_data.head())
display(capacity_data.tail())
```

図2-21：発電実績データの読み込み

```
capacity_data = pd.read_excel('data/2-2-2020.xlsx')
display(capacity_data.head())
display(capacity_data.tail())
```

	2－（2）．都道府県別発電実績　（2020年4月）	Unnamed: 1	Unnamed: 2	Unnamed: 3	Unnamed: 4	Unnamed: 5	Unnamed: 6	Unnamed: 7	Unnamed: 8	2020年8月3日公表時点	Unnamed: 10	（単位：1,000kWh）
0	都道府県	水力発電所	火力発電所	原子力発電所	新エネルギー等発電所	NaN	NaN	NaN	NaN	NaN	その他	合計
1	NaN	NaN	NaN	NaN	風力	太陽光	地熱	（バイオマス）	（廃棄物）	計	NaN	NaN
2	NaN	電力量	電力量	電力量	電力量	電力量	電力量	電力量	電力量	電力量	電力量	電力量
3	北海道	408779	1.83832e+06	0	86901.4	104710	10354	100682	32870	201965	0	2.44906e+06
4	青森県	50945	189372	0	130363	52596.7	0	73726	6823	182960	0	423277

	2－（2）．都道府県別発電実績（2020年4月）	Unnamed: 1	Unnamed: 2	Unnamed: 3	Unnamed: 4	Unnamed: 5	Unnamed: 6	Unnamed: 7	Unnamed: 8	2020年8月3日公表時点	Unnamed: 10	（単位：1,000kWh）
48	鹿児島県	34701	70601	654763	26102	74286.7	25633	30089	0	126022	0	886087
49	沖縄県	0	478257	0	2653	1215	0	1758	0	3868	0	482125
50	合　計	8.29667e+06	4.65969e+07	4.63168e+06	709350	1.59601e+06	159402	1.4257e+06	316874	2.46476e+06	17256	6.20073e+07
51	NaN	NaN	NaN	NaN	NaN	NaN	NaN	NaN	NaN	NaN	NaN	NaN
52	備考	バイオマスまたは廃棄物の欄には、専ら又は主として使用する燃料がバイオマス又は廃棄物の場合には...	NaN	NaN	NaN	NaN	NaN	NaN	NaN	NaN	NaN	NaN

見たところ、基本的には**ノック27**までと共通の処理でいけそうですね。ただし、末尾における数が違い、**ノック22**の時には備考が2行に渡っていたので、index番号53まで存在し、末尾4行を削除しました。しかし、今回のデータでは備考が1行のため、末尾3行の削除となります。これは、備考が人によって異なるため、少し備考の書き方が変化すると対応できません。そのため、より汎用的に使用できる加工として、47都道府県であることに着目し、上から47行のデータを取得することに変更しましょう。このように、データの特性を考え、より汎用的に利用できるようにプログラムを改善していくのは非常に重要です。

また、カラム名は違うので、一旦**ノック22**を参考にカラム名を取得しておきましょう。一気に取得してしまいます。

```
col_ca_data = pd.read_excel('data/2-2-2020.xlsx', skiprows=1, header=None)
col_ca_data = col_ca_data.head(3)

col_ca_data.iloc[1,1:].fillna(col_ca_data.iloc[0,1:], inplace=True)
col_ca_data.iloc[1, 1:] = col_ca_data.iloc[1, 1:].str.replace('発電所','')

for i in col_ca_data.columns:
  if i < col_ca_data.columns.max():
    col_ca_data[i + 1].fillna(col_ca_data[i], inplace=True)
col_ca_data.replace('（バイオマス）','バイオマス', inplace=True)
col_ca_data.replace('（廃棄物）','廃棄物', inplace=True)

cols_ca = []
for i in col_ca_data.columns:
  tg_col = '_'.join(list(col_ca_data[i].dropna()))
  cols_ca.append(tg_col)
cols_ca
```

■ 図2-22：発電実績データのカラム抽出

```
[165] col_ca_data = pd.read_excel('data/2-2-2020.xlsx', skiprows=1, header=None)
      col_ca_data = col_ca_data.head(3)

      col_ca_data.iloc[1,1:].fillna(col_ca_data.iloc[0,1:], inplace=True)
      col_ca_data.iloc[1, 1:] = col_ca_data.iloc[1, 1:].str.replace('発電所','')

      for i in col_ca_data.columns:
        if i < col_ca_data.columns.max():
          col_ca_data[i + 1].fillna(col_ca_data[i], inplace=True)
      col_ca_data.replace(' [バイオマス] ','バイオマス', inplace=True)
      col_ca_data.replace(' [廃棄物] ','廃棄物', inplace=True)

      cols_ca = []
      for i in col_ca_data.columns:
        tg_col = '_'.join(list(col_ca_data[i].dropna()))
        cols_ca.append(tg_col)
      cols_ca

      ['都道府県',
       '水力発電所_水力_電力量',
       '火力発電所_火力_電力量',
       '原子力発電所_原子力_電力量',
       '新エネルギー等発電所_風力_電力量',
       '新エネルギー等発電所_太陽光_電力量',
       '新エネルギー等発電所_地熱_電力量',
       '新エネルギー等発電所_バイオマス_電力量',
       '新エネルギー等発電所_廃棄物_電力量',
       '新エネルギー等発電所_計_電力量',
       'その他_その他_電力量',
       '合計_合計_電力量']
```

　長く見えますが、**ノック22**でやってきた中で必要な処理だけを1つのセルに書いています。わからない場合は**ノック22**に戻ってみると良いでしょう。
　カラムが取得できたので、全シートのデータを結合したデータを作成しましょう。

```
xl_ca = pd.ExcelFile('data/2-2-2020.xlsx')
sheets = xl_ca.sheet_names
ca_datas = []
for sheet in sheets:
  capacity_data = xl_ca.parse(sheet,  skiprows=4, header=None)
  capacity_data = capacity_data.head(47)
  capacity_data.columns = cols_ca
  capacity_data['年月'] = sheet
  ca_datas.append(capacity_data)
ca_datas = pd.concat(ca_datas, ignore_index=True)
ca_datas.head()
```

■図2-23：発電実績データの全シート結合

　こちらも、**ノック23**を参考に進めてみてください。基本的には、シート名の取得、for文で各データを読み込みながら、不必要な部分を除去し、データを結合しています。

　最後に、**ノック24**で実施したデータの値の修正、**ノック25**の必要カラムへの絞り込み、**ノック26**の縦持ちデータの作成、**ノック27**の変数名の分割を、発電実績データに対してやっていきましょう。

```python
ca_datas['火力発電所_火力_電力量'] = ca_datas['火力発電所_火力_電力量'] - ca_datas['新エネルギー等発電所_バイオマス_電力量'] - ca_datas['新エネルギー等発電所_廃棄物_電力量']
ca_datas.drop(['合計_合計_電力量','新エネルギー等発電所_計_電力量'], axis=1, inplace=True)
ca_datas_v = pd.melt(ca_datas, id_vars=['都道府県','年月'], var_name="変数名",value_name="値")
var_data = ca_datas_v['変数名'].str.split('_', expand=True)
var_data.columns = ['発電所種別', '発電種別', '項目']
ca_datas_v = pd.concat([ca_datas_v, var_data], axis=1)
ca_datas_v.drop(['変数名'], axis=1, inplace=True)
ca_datas_v.head()
```

■図2-24：発電実績データの縦持ちデータ作成

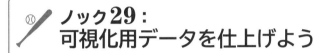

これで、**ノック27**までの復習も兼ねて、発電実績データの加工が完了しました。もしわからない部分があったら、**ノック27**までを見返してみると良いと思います。

⚾🏏 ノック29：
可視化用データを仕上げよう

　ノック28までで、最大出力計および発電所数のデータと発電実績データの2つが用意できました。最後にこれらのデータを結合して可視化用データの仕上げを行いましょう。今回の2つのデータは、カラムが共通となっています。そのため結合は、縦に結合するだけで済みます。これは縦持ちデータのメリットでもあるのですが、例えば、需要等、数字データの項目を他に増やしていっても、縦の結合で処理できます。それではやってみましょう。

```
datas_v_all = pd.concat([datas_v, ca_datas_v], ignore_index=True)
display(datas_v_all.head())
display(datas_v_all.tail())
```

■図2-25：可視化用データの作成

```
[306] datas_v_all = pd.concat([datas_v, ca_datas_v], ignore_index=True)
      display(datas_v_all.head())
      display(datas_v_all.tail())
```

	都道府県	年月	値	発電所種別	発電種別	項目
0	北海道	2020.4	98	水力発電所	水力	発電所数
1	青森県	2020.4	19	水力発電所	水力	発電所数
2	岩手県	2020.4	40	水力発電所	水力	発電所数
3	宮城県	2020.4	22	水力発電所	水力	発電所数
4	秋田県	2020.4	42	水力発電所	水力	発電所数

	都道府県	年月	値	発電所種別	発電種別	項目
12685	熊本県	2021.1	0	その他	その他	電力量
12686	大分県	2021.1	0	その他	その他	電力量
12687	宮崎県	2021.1	0	その他	その他	電力量
12688	鹿児島県	2021.1	0	その他	その他	電力量
12689	沖縄県	2021.1	0	その他	その他	電力量

　これまでもやってきたように、concatを使用します。また、先頭5行、末尾5行を表示していますが、末尾では項目として電力量が入っていることから、しっかりと結合できています。このように、異種データを簡単に結合できます。ただし、前にも述べたように、人間にとっては分かりにくい形式となっています。例えば、2020年4月の発電所種別での合計を知りたいと言われてもすぐに計算できません。

　この点はプログラムを1行書くだけで解決できます。第1章の**ノック13**でも利用したpivot_tableを使って、2020年4月の発電所種別での合計を表示してみましょう。

```
pd.pivot_table(datas_v_all.loc[datas_v_all['年月']=='2020.4'], index='発電
所種別', columns='項目', values='値', aggfunc='sum')
```

■図2-26：2020年4月の発電所種別データの表示

```
[307] pd.pivot_table(datas_v_all.loc[datas_v_all['年月']=='2020.4'], index='発電所種別', columns='項目', values='値', aggfunc='sum')
```

項目 発電所種別	最大出力計	発電所数	電力量
その他	4.291000e+04	2.0	1.725600e+04
原子力発電所	3.308300e+07	15.0	4.631682e+06
新エネルギー等発電所	1.832003e+07	3032.0	4.210335e+06
水力発電所	4.963804e+07	1748.0	8.296664e+06
火力発電所	1.657950e+08	322.0	4.485132e+07

　pivot_tableは、行、列にしたいカラム名、集計したい数字と集計方法を指定することで簡単に表を作成できます。ここでは、年月が2020.4のデータに絞り込んだ上で、indexに発電所種別を、columnsに項目を指定しています。そうすると、例えば原子力発電所は15か所であることがわかります。これは元データのExcelファイルの合計行と一致しています。火力や新エネルギー等発電所は、**ノック24**で手を加えているので一致しないことに注意してください。このように、縦持ちデータであっても、プログラムを書くだけで、簡単に集計が可能ですので覚えておきましょう。

　これで、データ加工は完了です。次からはいよいよ可視化に入っていきます。

⚾🏏 ノック**30**：
データの分布をヒストグラムで可視化してみよう

　1章では、グラフ表示や凡例表示のプログラムなど、可視化のテクニカルな部分をお伝えしました。2章では、一般的にどういった時にどのようなグラフを選択していくのかを、実践を通して説明していきます。

　実際の可視化の前に、日本語が利用できるように、1章でも行ったjapanize-matplotlibの準備をしましょう。

```
%%shell
pip install japanize-matplotlib
```

■図2-27：japanize-matplotlibの準備

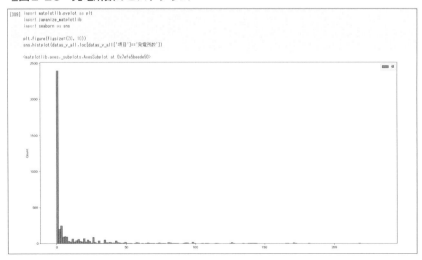

```
[195] %%shell
     pip install japanize-matplotlib

     Collecting japanize-matplotlib
       Downloading https://files.pythonhosted.org/packages/aa/95/08a4b7fe9887562d99d9bb7ad0ff1ec75430359a7f9890a0dbf2dbf99b15/japanize-matplotlib-1.1.3.tar.gz (4.1MB)
       |                                | 4.1MB 5.1MB/s
     Requirement already satisfied: matplotlib in /usr/local/lib/python3.7/dist-packages (from japanize-matplotlib) (3.2.2)
     Requirement already satisfied: numpy>=1.11 in /usr/local/lib/python3.7/dist-packages (from matplotlib->japanize-matplotlib) (1.19.5)
     Requirement already satisfied: kiwisolver>=1.0.1 in /usr/local/lib/python3.7/dist-packages (from matplotlib->japanize-matplotlib) (1.3.1)
     Requirement already satisfied: cycler>=0.10 in /usr/local/lib/python3.7/dist-packages (from matplotlib->japanize-matplotlib) (0.10.0)
     Requirement already satisfied: pyparsing!=2.0.4,!=2.1.2,!=2.1.6,>=2.0.1 in /usr/local/lib/python3.7/dist-packages (from matplotlib->japanize-matplotlib) (2.4.7)
     Requirement already satisfied: python-dateutil>=2.1 in /usr/local/lib/python3.7/dist-packages (from matplotlib->japanize-matplotlib) (2.8.1)
     Requirement already satisfied: six in /usr/local/lib/python3.7/dist-packages (from cycler>=0.10->matplotlib->japanize-matplotlib) (1.15.0)
     Building wheels for collected packages: japanize-matplotlib
       Building wheel for japanize-matplotlib (setup.py) ... done
       Created wheel for japanize-matplotlib: filename=japanize_matplotlib-1.1.3-cp37-none-any.whl size=4120276 sha256=6d4628bf6c3636f367c4781f5c7f4dabb7eabf427508371872cf64de16f33fbb
       Stored in directory: /root/.cache/pip/wheels/b7/d9/a2/f907d50b32a2d2008ce5d691d30fb6589c2c93eefcfde55202
     Successfully built japanize-matplotlib
     Installing collected packages: japanize-matplotlib
     Successfully installed japanize-matplotlib-1.1.3
```

準備が整ったら、さっそく可視化に移ります。

データが揃ったら最初に見るのは、データの全体像です。今回であれば、例えば、発電所数は10以下が多いのか、それとも100以上が多いのか、を把握することです。そういったデータの分布をみるために使用するグラフがヒストグラムです。データ加工が終わったら真っ先に見るグラフと言っても過言ではないでしょう。まずは、発電量に絞って、ヒストグラムを可視化してみましょう。

```python
import matplotlib.pyplot as plt
import japanize_matplotlib
import seaborn as sns


plt.figure(figsize=(20, 10))
sns.histplot(datas_v_all.loc[datas_v_all['項目']=='発電所数'])
```

■図2-28：発電所数のヒストグラム

　まずは、matplotlib、seabornのインポートを行います。2章では、seabornを中心に使用していきます。ヒストグラムは、histplotで簡単に描画できます。今回は、発電所数だけに絞ったデータを指定しています。縦軸はデータ件数、横軸は発電所数の範囲(bin)になります。例えば、発電所数が0-10のデータは何件あるか、を把握できます。これを見ると、0付近が最もデータ件数が多く、裾を引いている分布になっています。200を超えているデータもありますが、大半のデータは、10以下のデータです。今回のデータにおいて、0は該当の発電所がないという意味です。その情報が分析対象として重要であれば残しますが、実際に動いている発電所の実態を分析するのであれば、発電所数が1以上に絞り込むのが有効です。せっかくなので、0を除外してみましょう。また、今回は、発電所数、最大出力計、電力量をまとめて描画してみます。

```
fig, axes = plt.subplots(1, 3, figsize=(30, 10))
viz_data = datas_v_all.loc[datas_v_all['値']!=0]
sns.histplot(viz_data.loc[viz_data['項目']=='発電所数'], ax=axes[0])
sns.histplot(viz_data.loc[viz_data['項目']=='最大出力計'], ax=axes[1])
sns.histplot(viz_data.loc[viz_data['項目']=='電力量'], ax=axes[2])
```

■図2-29：各項目のヒストグラム

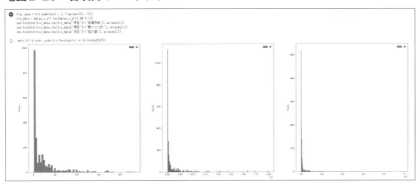

　2章で扱う数字データの分布を一目で把握できます。今回はタイトル等を表示していないのでわかりにくいのですが、左から、発電所数、最大出力計、電力量のヒストグラムになります。今回は、データが0の場合は除外していますので、一番左の発電所数のグラフが、先ほどの分布と少し異なっていることがわかります。0付近のデータが少し減っていますね。

　ヒストグラムは、どの数字が大体どの程度の範囲にどう分布しているかを押さえることができます。例えば、商品の購買データの場合、いくらぐらいの売上がデータとして多いのかが把握できます。データがどう分布しているかも非常に重要な情報で、正規分布なのかどうかは特に押さえておくと良いです。

　データの分布をみる際に、もうひとつの可視化方法があります。それは箱ひげ図です。先ほどの分布だと、中央値(全データの真ん中の値)がどのあたりにあるのか等が一目ではわかりません。そこで登場するのが、箱ひげ図です。まずは可視化してみましょう。ここでは、発電所数だけを可視化してみます。

```python
plt.figure(figsize=(10, 10))
viz_data = datas_v_all.loc[(datas_v_all['項目']=='発電所数')&(datas_v_all['値']!=0)]
sns.boxplot(y=viz_data['値'])
```

■図2-30：発電所数の箱ひげ図

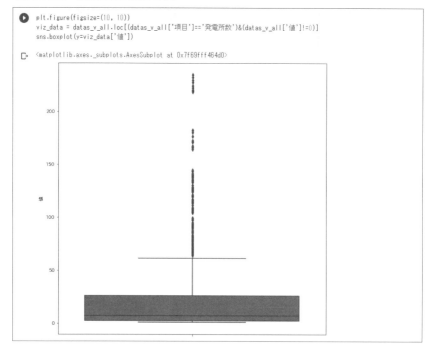

　箱ひげ図の詳細は割愛しますが、青い箱が全データの25%〜75%を示しており、それぞれ、第1四分位数、第3四分位数と呼びます。青い箱の中にある線が、中央値を示しており、ちょうどデータの真ん中となります。箱ひげのひげに由来する部分は、外れ値のラインを示しており、一般的にはひげの外にあるデータを外れ値と呼ぶことが多いです。ただし、正規分布の場合はそれで良いのですが、今回のように裾を引いている分布の場合、外れ値として定義するかはケースバイケースです。

　せっかくなので、発電種別ごとに箱ひげ図を出してみましょう。

```
plt.figure(figsize=(30, 10))
sns.boxplot(x=viz_data['発電種別'], y=viz_data['値'])
```

図2-31：発電所数の箱ひげ図（発電種別）

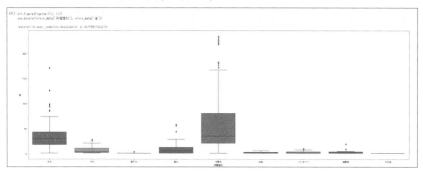

　前のセルで発電所数のデータのみに絞り込んで、viz_dataとして定義しているので、そのまま使用します。横軸に発電種別を指定して、可視化しています。これを見ると、全体的に発電所数が多いと考えられるのは水力、太陽光となっているのがわかります。どちらも中央値の線は同じくらいですが、箱の大きさは太陽光の方が広く見えることから、太陽光は分布が比較的均一に分散していると考えられます。このように、データの特徴をある程度把握するのに箱ひげ図は便利なので、ヒストグラムとあわせて確認しておくと良いです。箱ひげ図の他にも、似たようなグラフとしてバイオリンプロット等もあるので、調べてみると良いでしょう。

ノック**32**：
最近の発電量を可視化してみよう

　ではここから、データの分布ではなく特徴をつかむための可視化をしていきましょう。まずは、最近のデータだけに絞り込んで、どの発電種別や発電所の電力量が多いかを見ていきましょう。発電種別ごとの電力量を一目で把握したい場合に使用するのは棒グラフになります。まずは、可視化の準備として、年月が2021年1月かつ項目が電力量のデータに絞り込んだあと、発電種別ごとに電力量の集計を行います。

```
viz_data = datas_v_all[['発電種別','値']].loc[(datas_v_all['項目']=='電力量')&(datas_v_all['年月']=='2021.1')]
viz_data = viz_data.groupby('発電種別', as_index=False).sum()
viz_data
```

■図2-32：電力量の集計

```
[337] viz_data = datas_v_all[['発電種別','値']].loc[(datas_v_all['項目']=='電力量')&(datas_v_all['年月']=='2021.1')]
      viz_data = viz_data.groupby('発電種別', as_index=False).sum()
      viz_data
```

	発電種別	値
0	その他	1.382000e+04
1	バイオマス	1.743504e+06
2	原子力	2.582599e+06
3	地熱	1.881800e+05
4	太陽光	1.777285e+06
5	廃棄物	3.159551e+05
6	水力	5.183845e+06
7	火力	7.456928e+07
8	風力	9.067438e+05

　項目、年月を指定の条件で絞り込むために、pandasのlocでデータを抽出しています。その際に、今回使用する発電種別と値のみにカラムを絞っています。項目の条件を電力量のみに絞っているので、この値という列は全て電力量の値になっています。その後、gropubyを用いて発電種別ごとに値を合計しています。この結果を見ると火力が非常に多いことがわかります。ただし、数字の羅列だと、

一体どのくらいの差があるのかわかりません。そこで、グラフによる可視化の出番となります。今回のように、発電種別ごとのように特定の区分別に数字を見たい場合は、一般的に棒グラフを使用します。可視化してみましょう。

```
sns.barplot(x=viz_data['発電種別'], y=viz_data['値'])
```

■図2-33：発電種別ごとの棒グラフ

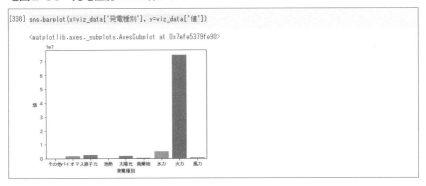

非常にシンプルで、横軸であるxに発電種別を、縦軸であるyには電力量を代入しています、これを見ると一目瞭然で圧倒的に火力発電に依存していることがわかります。

⚾ ノック33：
先月の発電量とあわせて可視化してみよう

発電種別ごとの電力量の全体像がわかったところで、さらに情報を付加して見ましょう。時系列の要素として、先月と今月ではどのくらい差が出ているのかを見ていきます。これは、例えば、売上が先月と比較してどうだったのか、等でも使うことができます。最も簡単な比較は、棒グラフを2つ並べることです。ではやってみましょう。

まずは、データの抽出と加工です。

```
viz_data = datas_v_all[['発電種別','年月','値']].loc[(datas_v_all['項目']=='
電力量')]
```

```
viz_data = viz_data.groupby(['発電種別','年月'],as_index=False).sum()
viz_data.head()
```

■図2-34：年月、発電種別ごとの電力量

```
[315] viz_data = datas_v_all[['発電種別','年月','値']].loc[(datas_v_all['項目']=='電力量')]
      viz_data = viz_data.groupby(['発電種別','年月'],as_index=False).sum()
      viz_data.head()
```

	発電種別	年月	値
0	その他	2020.10	21670.7
1	その他	2020.11	15571.3
2	その他	2020.12	15759.0
3	その他	2020.4	17256.0
4	その他	2020.5	16782.0

　まずは、電力量のみのデータを抽出し、発電種別、年月ごとに集計しています。これによって、2020年4月の火力の電力量という粒度で集計ができています。

　次に、直近の2021年1月と先月の2020年12月の2ヶ月のデータだけに絞り込みつつ、棒グラフを描画していきます。

```
viz_data = viz_data.loc[(viz_data['年月']=='2020.12')|(viz_data['年月']=='2021.1')]
sns.barplot(x=viz_data['発電種別'], y=viz_data['値'], hue=viz_data['年月'])
```

■図2-35：発電種別ごとの電力量の前月比較グラフ

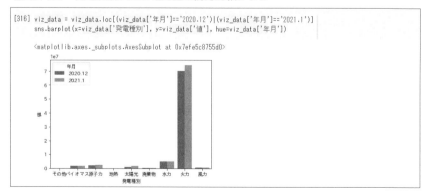

これまでと同様に、locを用いて特定の条件でデータを絞り込んでいます。さらに汎用的にやるのであれば、年月の最大値で当月の年月を取得した上で、1ヶ月引き算して先月の年月を取得すると、データが更新されても対応できますので試してみてください。可視化に関しては、hueを指定している以外は、**ノック32**と一緒です。hueは色の指定で、ここに年月を入れているので、2021年1月、2020年12月で色が分かれます。このように、先月と当月を同時に可視化することで**ノック32**の棒グラフとは違った知見が引き出せます。

ここでは2ヶ月の比較を行いましたが、もっと遡った場合にどのように電力量が変化しているのかが気になってきませんか。次は、2020年4月から2021年1月までの時系列変化を可視化してみましょう。

ノック34：電力の時系列変化を可視化してみよう

時系列変化の可視化といえば、折れ線グラフが主流です。棒グラフで可視化することもありますが、ここでは折れ線グラフでの表示を学んでいきましょう。

さっそく可視化してきます。これまでと同じように、データを抽出した後、集計を行い、可視化の流れです。これまでと大きく変わらないので一気にやってしまいましょう。

```
plt.figure(figsize=(15, 5))
viz_data = datas_v_all[['発電種別','年月','値']].loc[(datas_v_all['項目']
=='電力量')]
viz_data = viz_data.groupby('年月',as_index=False).sum()
viz_data['年月'] = pd.to_datetime(viz_data['年月'])
sns.lineplot(x=viz_data['年月'], y=viz_data["値"])
```

■図2-36：電力量の時系列変化

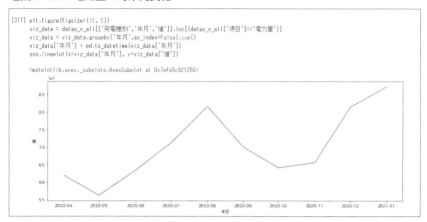

```
[317] plt.figure(figsize=(15, 5))
      viz_data = datas_v_all[['発電種別','年月','値']].loc[(datas_v_all['項目']=='電力量')]
      viz_data = viz_data.groupby('年月',as_index=False).sum()
      viz_data['年月'] = pd.to_datetime(viz_data['年月'])
      sns.lineplot(x=viz_data['年月'], y=viz_data["値"])

      <matplotlib.axes._subplots.AxesSubplot at 0x7efe5c921250>
```

　今回は横長のグラフになるので、plt.figureで大きさを指定しています。その後は、これまでと同様に、電力量だけに絞り込んで、年月ごとに集計を行っています。つまり、2020年4月のように、各月ごとの電力量の合計になっています。年月はただの文字列なので、データの型をdatetime型に変換しています。**ノック9**でも扱いましたが、日付や時間のようなデータを扱うためのデータ型になります。折れ線グラフは、seabornだとlineplotで可視化できます。横軸には年月、縦軸には値（今回は電力量）を指定しています。これを見ると、7月、8月のような真夏や、1月のような真冬に電力量が多くなっています。これは、クーラーや暖房を使用する影響ではないかと考えられ、感覚に合いますね。

　ではさらに一歩進んで、ここに発電種別という情報を加えてみましょう。

```
plt.figure(figsize=(15, 5))
viz_data = datas_v_all[['発電種別','年月','値']].loc[(datas_v_all['項目']
=='電力量')]
viz_data = viz_data.groupby(['発電種別','年月'],as_index=False).sum()
viz_data['年月'] = pd.to_datetime(viz_data['年月'])
sns.lineplot(x=viz_data['年月'], y=viz_data["値"], hue=viz_data['発電種別'])
```

■図2-37：発電種別ごとの電力量の時系列変化

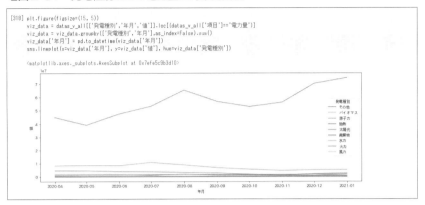

```
[318] plt.figure(figsize=(15, 5))
     viz_data = datas_v_all[['発電種別','年月','値']].loc[(datas_v_all['項目']=='電力量')]
     viz_data = viz_data.groupby(['発電種別','年月'],as_index=False).sum()
     viz_data['年月'] = pd.to_datetime(viz_data['年月'])
     sns.lineplot(x=viz_data['年月'], y=viz_data['値'], hue=viz_data['発電種別'])

     <matplotlib.axes._subplots.AxesSubplot at 0x7efe5c9b3d10>
```

　ノック33でやったように、hueで発電種別を指定するだけです。集計単位は、年月、発電種別ごとに電力量を集計しています。この結果を見ると、火力が圧倒的で、電力量全体の推移は、ほぼ火力の推移と一致しています。これは、火力の割合が圧倒的に大きいため、他の種別の変化が埋もれているということです。さらに細かく分析したい場合、火力を除外して可視化してみるなどをやっていくと良いでしょう。

　さて、**ノック33、34**で見てきたように、火力が圧倒的に多いのが分かりました。では、発電種別はどういった構成になっているのでしょうか。次のノックでは、電力量の割合を見ていきましょう。

🏏 ノック35：
電力の割合を可視化してみよう

　最初に、割合の集計を行っていきます。まずは数字を押さえるのが基本です。今回は、2021年1月の電力割合を見ていきましょう。データを抽出した後に、発電種別、値（電力量）で集計し、最後に割合にするための処理を行います。割合は、各発電種別の電力量を全体の電力量で割ってあげれば良いです。

```
viz_data = datas_v_all.loc[(datas_v_all['項目']=='電力量')&(datas_v_all['年月']=='2021.1')]
viz_data = viz_data[['発電種別','値']].groupby('発電種別').sum()
```

```
viz_data['割合'] = viz_data['値'] / viz_data['値'].sum()
viz_data
```

■図2-38：電力割合の計算

```
[319] viz_data = datas_v_all.loc[(datas_v_all['項目']=='電力量')&(datas_v_all['年月']=='2021.1')]
      viz_data = viz_data[['発電種別','値']].groupby('発電種別').sum()
      viz_data['割合'] = viz_data['値'] / viz_data['値'].sum()
      viz_data
```

	値	割合
発電種別		
その他	1.382000e+04	0.000158
バイオマス	1.743504e+06	0.019976
原子力	2.582599e+06	0.029589
地熱	1.881800e+05	0.002156
太陽光	1.777285e+06	0.020363
廃棄物	3.159551e+05	0.003620
水力	5.183845e+06	0.059392
火力	7.456928e+07	0.854357
風力	9.067438e+05	0.010389

　プログラムの1行目、2行目はこれまでとほとんど変わらない処理です。3行目が割合の計算を行っており、sumを用いて全体の電力量を計算しています。これを見ると、全体の85％を火力発電が占めていることがわかります。

　それでは次に、可視化していきます。割合を可視化すると考えた際に、真っ先に思い浮かぶのは円グラフではないでしょうか。よくテレビのニュースでも見かける円グラフですが、実はデータ分析の現場ではあまり利用を推奨されていません。円グラフは、円なので中心に行くと小さく、外に向かうたびに大きくなっていきます。これが、錯覚を引き起こし、正確に割合を把握できないと言われています。不格好ではありますが、割合を把握するのであれば積み上げ棒グラフで代替できますので、ここでは積み上げ棒グラフで割合を可視化していきます。

```
viz_data.T.loc[['割合']].plot(kind='bar', stacked=True)
```

■図2-39：電力割合の積み上げ棒グラフ

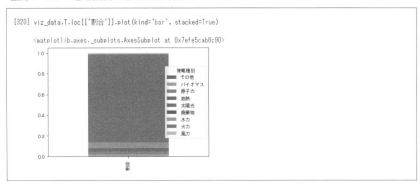

plotの中にstackedをTrueで指定すると、積み上げ棒グラフが作成できます。ただし、データの渡し方として、viz_data.Tで転置をして渡している点に注意しましょう。転置をすることで、行と列が入れ替わります。もし気になる方は、viz_data.Tだけをセルに書いて実行してみると、どういうことかおわかりになるでしょう。この結果からも、いかに火力が占める割合が大きいがよくわかります。また、次いで水力であることもわかりますが、それでも火力の足元にもおよばず、火力一強であることがわかります。

さて、ここまでは発電種別をもとにデータを見てきましたが、ここからは都道府県という切り口でデータを見ていきましょう。

ノック36：
電力量の多い都道府県を比較してみよう

都道府県を比較する際に、全部の都道府県を見ていく必要もありますが、今回は電力量上位2つに絞って見ていきましょう。ここでいう電力量は、使用量ではなく、あくまでも発電実績となりますので注意しましょう。まずは、電力量を都道府県別に集計し、多い順に並べてみます。

```
viz_data = datas_v_all.loc[datas_v_all['項目']=='電力量']
viz_data = viz_data[['都道府県','値']].groupby('都道府県', as_index=False).sum()
viz_data.sort_values('値', inplace=True, ascending=False)
viz_data.head(5)
```

■図2-40：電力量の上位5都道府県

```
[321] viz_data = datas_v_all.loc[datas_v_all['項目']=='電力量']
      viz_data = viz_data[['都道府県','値']].groupby('都道府県', as_index=False).sum()
      viz_data.sort_values('値', inplace=True, ascending=False)
      viz_data.head(5)
```

	都道府県	値
5	千葉県	6.846871e+07
32	神奈川県	6.587427e+07
24	愛知県	5.512558e+07
35	福島県	4.805125e+07
3	兵庫県	3.940553e+07

　これまでと同様に、データの抽出を行った後、都道府県ごとに電力量の集計を行っています。その後、sort_valuesで、電力量の降順で並べ替えを行い、先頭5行の表示をしています。

　この結果から、千葉県が最も電力の発電実績が多いことがわかります。ここからは、上位2県の千葉県、神奈川県に絞り込んで見ていきます。まずは、これまでの復習も兼ねて、折れ線グラフで時系列変化を比較してみましょう。思い出しながらやってみてください。

```
plt.figure(figsize=(15, 5))
viz_data = datas_v_all[['都道府県','年月','値']].loc[(datas_v_all['項目']=='
電力量')&((datas_v_all['都道府県']=='神奈川県')|(datas_v_all['都道府県']=='千葉県
'))]
viz_data = viz_data.groupby(['年月', '都道府県'],as_index=False).sum()
viz_data['年月'] = pd.to_datetime(viz_data['年月'])
sns.lineplot(x=viz_data['年月'], y=viz_data["値"], hue=viz_data['都道府県'])
```

■図2-41：千葉県、神奈川県の電力量の時系列変化

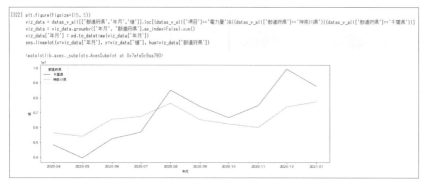

　もう慣れてきましたか。繰り返しになりますが、データを抽出し、集計を行った後、可視化を行っています。今回は、項目が電力量かつ、千葉県もしくは神奈川県のデータを抽出しています。この結果を見ると、概ね全体の時系列変化と同じで、夏や冬に電力量が多くなります。ただ、面白いことに４月から７月は神奈川県の方が電力量が多いのがわかります。ここは、少し深堀りしていくのも良いかもしれませんね。

　さて、ここではさらに情報を追加した場合の可視化を行います。具体的には、電力量だけでなく発電所数も加えてみます。あまり急激に発電所の数が増えることはないと思いますが、もしかしたら、８月以降に発電所の数が千葉県で増えたのかもしれないし、神奈川県の発電所の数が大きく減った可能性もあります。

　では、発電所数という情報を付加するにはどういったグラフがあるでしょうか。ここでは、バブルチャートで可視化してみます。バブルチャートは、折れ線グラフの情報に、円の大きさという情報を付加することができます。さっそく、やってみましょう。上のセルでの結果は残しつつ、新たに発電所の数のデータを抽出、集計し、viz_dataに結合します。ここでの結合は横方向の結合となります。まずは、可視化の手前までやっていきます。

```
viz_data_num = datas_v_all[['都道府県','年月','値']].loc[(datas_v_all['項目
']=='発電所数')&((datas_v_all['都道府県']=='神奈川県')|(datas_v_all['都道府県
']=='千葉県'))]
viz_data_num = viz_data_num.groupby(['年月', '都道府県'],as_index=False).su
m()
viz_data_num['年月'] = pd.to_datetime(viz_data_num['年月'])
viz_data.rename(columns={'値':'電力量'}, inplace=True)
viz_data_num.rename(columns={'値':'発電所数'}, inplace=True)
viz_data_join = pd.merge(viz_data, viz_data_num, on=['年月', '都道府県'], h
ow='left')
viz_data_join.head()
```

■図2-42：発電所数情報の付加

```
[323] viz_data_num = datas_v_all[['都道府県','年月','値']].loc[(datas_v_all['項目']=='発電所数')&((datas_v_all['都道府県']=='神奈川県')|(datas_v_all['都道府県']=='千葉県'))]
      viz_data_num = viz_data_num.groupby(['年月','都道府県'],as_index=False).sum()
      viz_data_num['年月'] = pd.to_datetime(viz_data_num['年月'])
      viz_data.rename(columns={'値':'電力量'}, inplace=True)
      viz_data_num.rename(columns={'値':'発電所数'}, inplace=True)
      viz_data_join = pd.merge(viz_data, viz_data_num, on=['年月','都道府県'], how='left')
      viz_data_join.head()
```

	年月	都道府県	電力量	発電所数
0	2020-10-01	千葉県	6.669303e+06	215.0
1	2020-10-01	神奈川県	6.247037e+06	91.0
2	2020-11-01	千葉県	7.477717e+06	217.0
3	2020-11-01	神奈川県	6.012612e+06	91.0
4	2020-12-01	千葉県	9.923473e+06	217.0

viz_data_numとして、項目、発電所数のデータを抽出しています。その後、1つ上のセルの時と同様に、年月、都道府県で集計します。横に結合するので、値というカラム名が2つになると見分けがつかないため、それぞれのカラム名を変更しています。その後、年月、都道府県をキーに結合を行っています。

それではデータができましたので、バブルチャートの可視化を行います。

```
sns.relplot(x=viz_data_join['年月'],  y=viz_data_join['電力量'],
            hue=viz_data_join['都道府県'], size=viz_data_join['発電所数'],
            alpha=0.5, height=5, aspect=2)
```

■図2-43：バブルチャート

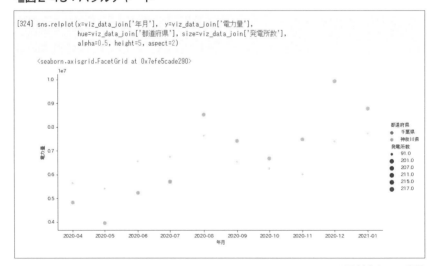

※円が大きい＝青色

　基本は、折れ線グラフと同様ですが、円の大きさが発電所数を表しています。これを見ると、青円である千葉県の円の方が大きいため、発電所数は千葉県の方が多いことがわかります。また、円の大きさが電力量の変化と連動しているようには見えないので、4月から7月において神奈川県の電力量が大きくなった理由は、発電所数ではないことが考えられます。

　このように、情報を1つ付加すると見えてくるものがあるかもしれません。ただし、情報を付加しすぎると、情報過多になり分かりにくくなります。理想的には、バブルチャートもあまり多用せず、折れ線や棒グラフなどの基本的なグラフを用いるのが重要です。

　ここまで、上位2県のデータを中心に見てきましたが、そろそろ他県の情報も気になってくるところです。ただし、47都道府県すべてを折れ線グラフで表示するとかなり情報過多に陥り見えなくなってしまいます。次ノックでは、折れ線グラフで表示する前に、全体像を把握するための可視化を行いましょう。

ノック37：
都道府県、年月別の電力量を可視化してみよう

　それでは、都道府県、年月別に、どこの電力量が多いのかを把握していきたいと思います。47都道府県もあるので、折れ線グラフではとてもではないですが把握できません。こういった場合には、マトリックス表のように縦軸に都道府県、横軸に年月を設定し、値に電力量を表示するのが良いです。まずは、pivot_tableを用いて表を作成してみましょう。

```
viz_data = datas_v_all[['都道府県','年月','値']].loc[datas_v_all['項目']==
'電力量']
viz_data = viz_data.groupby(['年月', '都道府県'],as_index=False).sum()
viz_data['年月'] = pd.to_datetime(viz_data['年月']).dt.date

viz_data = viz_data.pivot_table(values='値', columns='年月', index='都道府県
')
viz_data.head(5)
```

■図2-44：都道府県、年月別電力量

```
[325] viz_data = datas_v_all[['都道府県','年月','値']].loc[datas_v_all['項目']=='電力量']
      viz_data = viz_data.groupby(['年月', '都道府県'],as_index=False).sum()
      viz_data['年月'] = pd.to_datetime(viz_data['年月']).dt.date

      viz_data = viz_data.pivot_table(values='値', columns='年月', index='都道府県')
      viz_data.head(5)
```

年月	2020-04-01	2020-05-01	2020-06-01	2020-07-01	2020-08-01	2020-09-01	2020-10-01	2020-11-01	2020-12-01	2021-01-01
都道府県										
三重県	1.349405e+06	901335.970	1814280.009	2001288.775	2339055.384	2176175.440	1625270.932	1633717.587	2333101.224	2.348822e+06
京都府	5.929500e+05	351386.128	612870.361	706082.494	820243.087	533828.981	1243810.123	1218301.034	1308063.902	1.386963e+06
佐賀県	1.725664e+06	1785971.682	1720771.768	1779755.565	1797063.399	1365760.063	924763.770	1034117.906	1415937.714	9.242634e+05
兵庫県	2.930287e+06	2536819.110	2916812.450	3867951.026	4959183.008	4028458.119	3450951.342	3563811.595	5234037.260	5.917215e+06
北海道	2.449065e+06	2279432.176	2192311.572	2164165.677	2284534.519	2188168.217	2234014.644	2481590.732	3161554.743	3.571886e+06

　pivot_tableで表示する際も、まずはデータの抽出を行い、集計をしています。集計をpivot_tableに全部任せても問題ありません。年月をdatetime型に変換していますが、そのあとにdt.dateを加えています。datetimeだと時間情報まで入りますが、今回はそこまでは必要ないので、見映え上、日付のみを表示できるようにしています。

　先頭5行のみを表示していますが、これが47都道府県もあると、人間では把握しきれません。そこで、ヒートマップの登場です。ヒートマップは、数字が大きい、小さいを色で表現します。さっそく、やってみましょう。

```
plt.figure(figsize=(10,10))
sns.heatmap(viz_data)
```

■図2-45：ヒートマップ

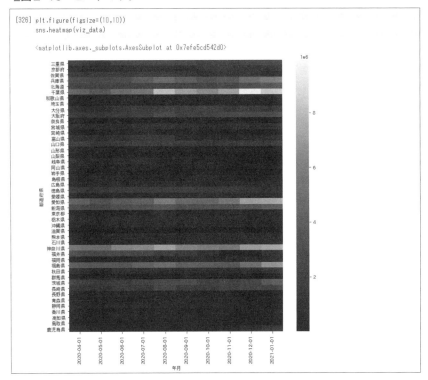

```
[326] plt.figure(figsize=(10,10))
     sns.heatmap(viz_data)

<matplotlib.axes._subplots.AxesSubplot at 0x7efe5cd542d0>
```

　非常にシンプルで、先ほどのviz_dataをheatmapの引数に指定するだけです。これを見ると、色が明るい所は電力量が大きく、暗い所は電力量が小さくなっています。実際に、千葉県の2020年8月や12月、2021年の1月は明るい色をしていて先ほどのグラフの傾向と同じです。

　若干見にくいのは、都道府県別の電力量に幅があり、電力量が小さい県は真っ黒に見えてしまっています。詳細を見ていく場合は、電力量に応じて、県を分類してからヒートマップを見たり、都道府県別に割合にすれば、季節変動が捉えられるでしょう。

　ここまでで都道府県別の可視化は終了です。次ノックでは、可視化の最後として、変数の関係性を見ていきます。

ノック38:
変数の関係性を可視化してみよう

これまでは、都道府県別や発電種別ごとに電力量がどのようになっているのか
を考えてきました。最後は、変数間の関係性を見ていきたいと思います。変数間
の関係性というのは、身長が高ければ体重も重くなる、のように身長と体重とい
う変数間の関係のことを言います。

今回は、縦持ちにする前の発電所数と最大出力計という2つの変数を中心に見
ていきます。少し前のデータになりますが、**ノック25**の最後時点でのdatasを
用いていきます。まずは、数字以外の要素である、都道府県、年月を除外して表
示してみます。

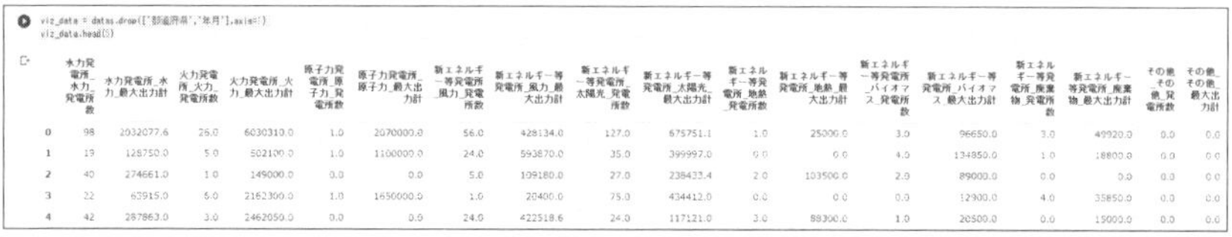

```
viz_data = datas.drop(['都道府県','年月'],axis=1)
viz_data.head(5)
```

■図2-46：横持ちデータ

ノック25までの横持ちデータを思い出したでしょうか。これは、発電所種別、
発電種別、項目(発電所数、最大出力計)が、すべて横に表示されているデータです。
変数の関係性を可視化したい場合は、横持ちデータの方が早いです。

そして変数の関係性を可視化するためのグラフは散布図になります。水力発電
所の発電所数と最大出力計の関係性を散布図で表してみましょう。

```
sns.scatterplot(x=viz_data['水力発電所_水力_発電所数'], y=viz_data['水力発電所_
水力_最大出力計'])
```

■図2-47：散布図

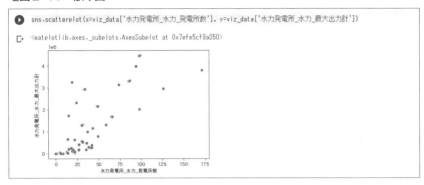

　非常にシンプルで、縦軸と横軸にデータを指定するだけです。なんとなく、発電所数が多くなるほど、最大出力計も大きくなる関係が見て取れます。

　散布図と合わせて、ヒストグラムを表示することもできます。

```
sns.jointplot(x=viz_data['水力発電所_水力_発電所数'], y=viz_data['水力発電所_水力_最大出力計'])
```

■図2-48：ジョイントプロット

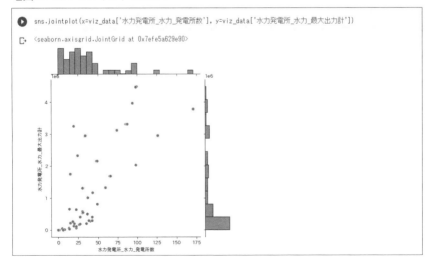

　先ほどのscatterplotをjointplotに変えるだけで、散布図に加えて、ヒストグラムの情報が加えられます。これらのグラフは、縦軸と横軸の2変数の関係性しか見えません。他の変数も見たい場合は、散布図やジョイントプロットをたくさん描画する必要がありますが、seabornでは、pairplotを用いることで実行できます。今回は、0列から3列までの水力、火力発電所それぞれの発電所数、最大出力計の4変数で見てみましょう。

```
sns.pairplot(viz_data.iloc[:,0:4])
```

🔖図2-49：ペアプロット

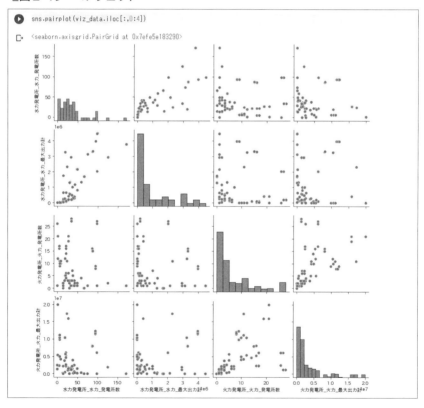

　データは、ilocで0から3列目までを渡しています。これで、一目で多変数の関係性を可視化できます。当たり前ではありますが、水力、火力ともに、発電所

数と最大出力計は関係性が見えますが、水力の発電所数と火力の発電所数のように、発電所間の関係性はあまり見えていません。

如何でしたか。ここまでで、第2章での可視化は終了です。どんな時にどんなグラフを使用すれば良いかを中心に説明してきました。可視化は、テクニカルな部分ももちろんですが、それ以上にどんな情報を見たいかという情報デザインが最も重要です。いろいろ試行錯誤しながら、ケースにあったグラフを選択できるデザイン力と、実現するためのプログラミング力を同時に磨いていきましょう。

最後の**ノック2**本は、Excelデータの出力です。

ノック39: データを整形してExcel形式で出力しよう

これまで、人が作成したExcelファイルを、プログラムとして扱いやすい形に整形して利用してきました。パソコンで分析や可視化をした結果をもとに、最後に人間にフィードバックするという観点では、人が使いやすいExcelファイルとして出力することが多いです。プログラムとして扱いやすいデータは、人にとっては分かりにくいデータとなっていますので、整形しつつ、Excelファイルへの出力を行いましょう。

整形に関しては、これまで利用してきたpivot_tableを利用すると良いでしょう。

今回は、年月、都道府県別に、最大出力計、発電所数、電力量を集計してExcelファイルに出力していきます。まずは、整形からです。

```
output = datas_v_all.pivot_table(values='値', columns='項目', index=['年月
','都道府県'], aggfunc='sum')
output.head()
```

■図2-50：出力データの整形

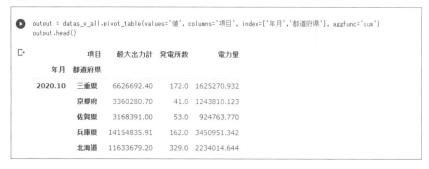

もう大分慣れてきたのではないでしょうか。続いて、この表形式のデータをそのまま出力します。

```
output.to_excel('data/summary_data.xlsx')
```

■図2-51：Excelファイルの出力

```
output.to_excel('data/summary_data.xlsx')
```

csvとほぼ同じで、to_excelでファイル名を指定すれば出力できます。今回は、summary_data.xlsxとして、dataフォルダの中に出力しました。Google Driveの中に格納されているので、ダブルクリックもしくはダウンロードして開いてみてください。

■図2-52：出力したExcelファイル

	A	B	C	D	E	F
1	年月	都道府県	最大出力	発電所数	電力量	
2	2020.10	三重県	6626692.	172	1625270.	
3		京都府	3360280.	41	1243810.	
4		佐賀県	3168391	53	924763.7	
5		兵庫県	14154835	162	3450951.	
6		北海道	11633679	329	2234014.	
7		千葉県	20624918	215	6669302.	
8		和歌山県	2708638	54	185660.1	
9		埼玉県	273635	54	86826.04	
10		大分県	4993339.	104	2189421.	
11		大阪府	5706870	74	2022873.	
12		奈良県	1819922	37	150062.5	
13		宮城県	4489842.	123	1016033.	
14		宮崎県	2695561.	97	384345.9	
15		富山県	4912505	144	817766.9	
16		山口県	5314349	134	1717451.	
17		山形県	1254802	61	463439.6	
18		山梨県	1748028	92	234060.7	
19		岐阜県	4584156.	128	585540.5	
20		岡山県	3255964	124	477514	
21		岩手県	1037594	82	234753.3	
22		島根県	2226550	53	688281.9	
23		広島県	3380665	94	637362.3	
24		徳島県	4160231	39	1818569.	
25		愛媛県	3114919	69	975516.8	
26		愛知県	20152765	110	5088859.	
27		新潟県	19591645	122	3286306.	
28		東京都	2661077.	51	383933	
29		栃木県	4662007.	128	795891.6	
30		沖縄県	2500210	40	644970	
31		滋賀県	93114.56	39	11544.26	
32		熊本県	2653645	138	904706.9	

先ほどpivot_tableで表示したときと同じような出力結果になっていることがわかります。

最後のノックでは、Excel特有であるシートを取り扱い、都道府県別にシートを分けて出力してみます。

⚾ ノック40： シート別にExcelデータを出力しよう

都道府県別にシートを分割できると、**ノック39**よりも詳細な情報を1つのシートに入れることができます。まずは北海道だけを抽出して、各シートの出力形式を決めましょう。今回は、年月、項目に加えて、発電種別の情報も入れてみましょう。

```
target = '北海道'
```

```
tmp = datas_v_all.loc[datas_v_all['都道府県']==target]
tmp = tmp.pivot_table(values='値', columns=['発電種別','項目'], index=['年月
'], aggfunc='sum')
tmp.head(5)
```

■図2-53：都道府県別出力データの整形

```
target = '北海道'
tmp = datas_v_all.loc[datas_v_all['都道府県']==target]
tmp = tmp.pivot_table(values='値', columns=['発電種別','項目'], index=['年月'], aggfunc='sum')
tmp.head(5)
```

発電種別	その他			バイオマス			原子力			地熱			太陽光		
項目	最大出力計	発電所数	電力量	最大出力計	発電所数	電力量	最大出力計	発電所数	電力量	最大出力計	発電所数	電力量	最大出力計	発電所数	電力量
年月															
2020.10	0.0	0.0	0.0	171550.0	4.0	91471.000	2070000.0	1.0	0.0	25000.0	1.0	9748.0	826387.6	139.0	96778.553
2020.11	0.0	0.0	0.0	171550.0	4.0	90170.000	2070000.0	1.0	0.0	25000.0	1.0	9295.0	826387.6	139.0	69299.124
2020.12	0.0	0.0	0.0	171550.0	4.0	159408.321	2070000.0	1.0	0.0	25000.0	1.0	9687.0	840617.6	141.0	67648.970
2020.4	0.0	0.0	0.0	96650.0	3.0	100682.000	2070000.0	1.0	0.0	25000.0	1.0	10354.0	675751.1	127.0	104709.672
2020.5	0.0	0.0	0.0	171550.0	4.0	95219.000	2070000.0	1.0	0.0	25000.0	1.0	10664.0	695751.1	128.0	115325.721

発電種別	廃棄物			水力			火力			風力		
項目	最大出力計	発電所数	電力量	最大出力計	発電所数	電力量	最大出力計	発電所数	電力量	最大出力計	発電所数	電力量
年月												
2020.10	49920.0	3.0	30653.0	2032077.6	98.0	378452.9	6030310.0	26.0	1534179.031	428434.0	57.0	92732.1
2020.11	49920.0	3.0	33307.0	2032077.6	98.0	275200.5	6030310.0	26.0	1779941.280	458434.0	58.0	124387.8
2020.12	49920.0	3.0	30196.0	2032077.6	98.0	336637.9	6142310.0	27.0	2404386.912	458434.0	58.0	153589.6
2020.4	49920.0	3.0	32870.0	2032077.6	98.0	408779.3	6030310.0	26.0	1704768.470	428134.0	56.0	86901.4
2020.5	49920.0	3.0	28516.0	2032077.6	98.0	754586.8	6030310.0	26.0	1190989.511	428134.0	56.0	84131.1

まずは、北海道だけに絞り込んで、お馴染みのpivot_tableを使用します。カラムに、発電種別と項目を指定しています。

それではいよいよ、シート別の出力を行います。まずは、pd.ExcelWriterという書き込みのデータを用意し、そこに、整形したデータをシート名を指定して代入していきます。

なおデータの整形は、1つ上のセルで行った整形となります。

```
writer = pd.ExcelWriter('data/detail_data.xlsx', mode='w')
with writer as w:
  for target in datas_v_all['都道府県'].unique():
    tmp = datas_v_all.loc[datas_v_all['都道府県']==target]
    tmp = tmp.pivot_table(values='値', columns=['発電種別','項目'], index=['
年月'], aggfunc='sum')
    tmp.to_excel(w, sheet_name=target)
```

■図2-54：都道府県別Excelファイルの出力

```
[55] writer = pd.ExcelWriter('data/detail_data.xlsx', mode='w')
     with writer as w:
       for target in datas_v_all['都道府県'].unique():
         tmp = datas_v_all.loc[datas_v_all['都道府県']==target]
         tmp = tmp.pivot_table(values='値', columns=['発電種別','項目'], index=['年月'], aggfunc='sum')
         tmp.to_excel(w, sheet_name=target)
```

最初に、writerを定義しています。datas_v_all['都道府県'].unique()で都道府県を取得し、for文で処理を回しています。最後に、to_excelでwriterに書き込みを行っています。これで、detail_data.xlsxというファイル名でdataフォルダに格納されています。

ノック39と同様に、出力結果を確認してみましょう。

■図2-55：出力した都道府県別Excelファイル

先ほどpivot_tableで出力した形式のデータが表示されていると思います。また、シート名に都道府県が入っており、シートを別々に保存できているのが確認できます。

これで、Excelデータの加工・可視化を行う20本ノックは終了です。第1章とは違い、データを読み込む部分に工夫が必要だという点をご理解いただけたでしょうか。繰り返しになりますが、Excelは非常に自由度が高く、誰でも簡単に表が作成できる画期的なツールです。そのため、Excelファイルのフォーマットは非常に多岐にわたります。今回のやり方が通用しない場合もありますが、基本的にはプログラムで扱える形に整形してから、加工や可視化を行うという大きな流れは同じです。データと向き合って、読み込み方を工夫していきましょう。

フォーマットが非常に複雑でPythonでデータの読み込みが難しい場合、

Excelファイルを手で修正して、Pythonで読み込みやすい形にするという手もあります。ただし、それはデータが継続的に取得できない場合のみにしておくと良いでしょう。継続的にデータが更新されてくる場合、毎回手で修正するのは非常に手間なので、なんとかPythonで工夫して読み込めるようにするか、Excelファイルのフォーマットを変えてもらうのが良いと思います。

　第2章までを終えると、大半の業務データの扱いに困ることはなくなっているかと思います。ここからは、様々なデータを積極的に扱い、実践力を磨いていきましょう。次章では、時系列データに取り組んでいきます。

第3章
時系列データの加工・可視化を行う10本ノック

第1章では、システムデータの加工を通じて、表形式データの加工や可視化の基本的な操作を学び、第2章では、Excelデータ特有の構造から、データを上手に取り出しつつ、プログラムが扱いやすい形に加工し、状況に合わせた可視化を選択する点を学びました。

データ構造や内容は違いましたが、どちらのデータにも共通しているのは、日付の情報を保持しているという点です。日付や時刻を持ったこれらのデータは時系列データと言われますが、時系列の扱いという点に焦点を当てると、もう少し加工や可視化について考える必要があります。

例えば取引のデータであれば、いつ注文が入り、いつ出荷したのか、という情報を持っている場合が多いですが、所要日数は何日か、という情報までは持っていない場合があります。データ容量を抑えるために、計算で導き出せるものはわざわざ保持しないという考え方があるためです。また、連続するデータの場合、前のレコードとの時間差を計測して項目で保持することもあります。

時系列データの代表的な例では、上記した取引データもありますが、それに加えてセンサデータが挙げられます。昨今ではIoT(Internet of things)によって、身の回りにセンサが増えてきています。人感センサ等で、店舗に人がどのくらい入ってきたのかという情報を取得し、売上分析に活用するケースも増えてきており、センサデータの分析は重要性を増していきます。

本章では、そういったデータが来ても涼しい顔で対応できるように時系列に対する知識を深め、構造化データの加工・可視化を仕上げていきましょう。

ノック41： 時系列データを読み込んでみよう
ノック42： 日付の範囲を確認しよう
ノック43： 日毎のデータ件数を確認しよう
ノック44： 日付から曜日を算出しよう
ノック45： 特定範囲のデータに絞り込もう
ノック46： 秒単位のデータを作成しよう
ノック47： 秒単位のデータを整形しよう
ノック48： 秒間の欠損データを処理しよう
ノック49： 通った人数を可視化しよう
ノック50： 移動平均を計算して可視化しよう

利用シーン

　日付や時刻の情報を持つデータを扱うケースが該当します。売上や仕入れなどの取引情報や、コールセンターであれば問合せに対するやりとりの記録も時系列情報を含みます。また、センサデータを用いて、人の流れや来店分析を行う際に利用していきます。そういった意味では、世の中のほとんどのデータが対象と言えるかもしれません。

前提条件

　本章のノックでは、国土交通省のG空間情報センターから取得した「大手町・丸の内・有楽町エリアにおける人流オープンデータ」を扱っていきます。データは表に示した1種類となります。

　「person_count_out_0001_yyyymmddhh.csv」は、対象エリアを通行した人数を1秒でカウントしたデータです。

　当該エリアでの人流調査は約1ヶ月にわたって行われています。データについて詳しく知りたい方は、国土交通省のサイトをご覧ください。

▪国土交通省サイト

https://www.geospatial.jp/ckan/dataset/human-flow-marunouchi/resource/e8a89d51-515b-4de8-9d27-885bc2b3bd31?inner_span=True

▪表：データ一覧

No.	ファイル名	概要
1	person_count_out_0001_yyyymmddhh.csv	人数カウントデータ（1秒単位）（地下）

　※yyyymmddhhは年月日時で可変
　※出典：「大手町・丸の内・有楽町エリアにおける人流オープンデータ」（国土交通省）

ノック41：
時系列データを読み込んでみよう

それでは、さっそく、データの読み込みを行っていきます。今回のデータは、person_count_1secのout_0001フォルダの中に、複数のcsvデータが格納されています。まずは、これまでやってきたように、フォルダ内のデータ一覧を取得していきましょう。globを用いて取得します。取得したファイルの先頭5個を確認してみましょう。

```python
from glob import glob
files = glob('data/person_count_1sec/out_0001/*.csv')
files.sort()
files[:5]
```

■図3-1：ファイル一覧の取得

```
from glob import glob
files = glob('data/person_count_1sec/out_0001/*.csv')
files.sort()
files[:5]

['data/person_count_1sec/out_0001/person_count_out_0001_2021011509.csv',
 'data/person_count_1sec/out_0001/person_count_out_0001_2021011510.csv',
 'data/person_count_1sec/out_0001/person_count_out_0001_2021011511.csv',
 'data/person_count_1sec/out_0001/person_count_out_0001_2021011512.csv',
 'data/person_count_1sec/out_0001/person_count_out_0001_2021011513.csv']
```

globで、拡張子が.csvのデータのみを取得しています。その後、取得したファイル名一覧をソートして、5個を表示させています。ファイル名を見ると、「person_count_out_0001_」までが共通で、その後ろは、「2021011509」となっており、2021年1月15日の9時台のデータであると考えられます。それでは、これまでもやってきたように、まずは最初のファイルだけを読み込んでみましょう。先頭5行の表示と同時にデータの型も確認しておきます。

```python
import pandas as pd
data = pd.read_csv(files[0])
display(data.head(5))
print(data.dtypes)
```

■図3-2：先頭データの読み込み

```
[8]  import pandas as pd
     data = pd.read_csv(files[0])
     display(data.head(5))
     print(data.dtypes)

         id place              receive_time  sensor_num  in1  out1  state1  in2  out2  state2
     0    0     1  2021-01-15 09:00:00.144           2  508    73       0   73   508       0

     1    1     1  2021-01-15 09:00:01.146           2  508    73       0   73   508       0

     2    2     1  2021-01-15 09:00:02.161           2  508    73       0   73   508       0

     3    3     1  2021-01-15 09:00:03.176           2  508    73       0   73   508       0

     4    4     1  2021-01-15 09:00:04.192           2  508    73       0   73   508       0
     id              int64
     place           int64
     receive_time    object
     sensor_num      int64
     in1             int64
     out1            int64
     state1          int64
     in2             int64
     out2            int64
     state2          int64
     dtype: object
```

　これまでも何度もやっているので簡単ですね。特に、読み込みに関しては、1章、2章のデータとは違い、非常に綺麗なデータで、カラム名もしっかりと入っています。その中で、receive_timeに日付、時間情報が入っているのが分かります。秒は、ミリ秒単位まで入っています。私生活では、あまりミリ秒まで意識することはないのですが、IoT等のセンサーデータではミリ秒単位まで出てくることが多いです。読み込んだデータの型はobject型になっています。このままでは文字列情報としてしか使用できないので、datetime型に変換しましょう。datetime型への変換もこれまでやってきていますね。

```
data['receive_time'] = pd.to_datetime(data['receive_time'])
display(data.head())
print(data.dtypes)
```

■図3-3：datetime型への変換

```
[9]  data['receive_time'] = pd.to_datetime(data['receive_time'])
     display(data.head())
     print(data.dtypes)
```

	id	place	receive_time	sensor_num	in1	out1	state1	in2	out2	state2
0	0	1	2021-01-15 09:00:00.144	2	508	73	0	73	508	0
1	1	1	2021-01-15 09:00:01.146	2	508	73	0	73	508	0
2	2	1	2021-01-15 09:00:02.161	2	508	73	0	73	508	0
3	3	1	2021-01-15 09:00:03.176	2	508	73	0	73	508	0
4	4	1	2021-01-15 09:00:04.192	2	508	73	0	73	508	0

```
id                     int64
place                  int64
receive_time    datetime64[ns]
sensor_num             int64
in1                    int64
out1                   int64
state1                 int64
in2                    int64
out2                   int64
state2                 int64
dtype: object
```

　pandasのto_datetimeでカラムを指定します。一見するとデータが変わっていないように見えますが、データ型自体はdatetime型に変換できているのが分かります。これで、datetime型として利用できます。ここまでは復習も兼ねて実践してきました。実は、datetime型は読み込み時にも指定することができます。あらかじめデータを確認し、datetime型で読み込みたいカラムが決まっている場合は、読み込み時に指定するのが良いでしょう。

```
data = pd.read_csv(files[0], parse_dates=["receive_time"])
display(data.head())
print(data.dtypes)
```

■図3-4：datetime型を指定して読み込み

```
[10] data = pd.read_csv(files[0], parse_dates=["receive_time"])
     display(data.head())
     print(data.dtypes)
```

	id	place	receive_time	sensor_num	in1	out1	state1	in2	out2	state2
0	0	1	2021-01-15 09:00:00.144	2	508	73	0	73	508	0
1	1	1	2021-01-15 09:00:01.146	2	508	73	0	73	508	0
2	2	1	2021-01-15 09:00:02.161	2	508	73	0	73	508	0
3	3	1	2021-01-15 09:00:03.176	2	508	73	0	73	508	0
4	4	1	2021-01-15 09:00:04.192	2	508	73	0	73	508	0

```
id                        int64
place                     int64
receive_time    datetime64[ns]
sensor_num                int64
in1                       int64
out1                      int64
state1                    int64
in2                       int64
out2                      int64
state2                    int64
dtype: object
```

　読み込み時に、parse_datesとしてカラム名を指定して読み込んでいます。データ型を見ると、datetime型となっているのが確認できます。

　では、この方法を用いて全データを読み込んでしまいましょう。先頭5行のデータと、データ件数も確認しましょう。少しデータの件数が多いので処理時間がかかります。

```
data = []
for f in files:
  tmp = pd.read_csv(f, parse_dates=["receive_time"])
  data.append(tmp)
data = pd.concat(data,ignore_index=True)
display(data.head())
len(data)
```

■図3-5：全データの読み込み

```
data = []
for f in files:
    tmp = pd.read_csv(f, parse_dates=["receive_time"])
    data.append(tmp)
data = pd.concat(data,ignore_index=True)
display(data.head())
len(data)
```

	id	place	receive_time	sensor_num	in1	out1	state1	in2	out2	state2
0	0	1	2021-01-15 09:00:00.144	2	508	73	0	73	508	0
1	1	1	2021-01-15 09:00:01.146	2	508	73	0	73	508	0
2	2	1	2021-01-15 09:00:02.161	2	508	73	0	73	508	0
3	3	1	2021-01-15 09:00:03.176	2	508	73	0	73	508	0
4	4	1	2021-01-15 09:00:04.192	2	508	73	0	73	508	0

2346162

　これまでもやってきたので簡単ですね。for文を使って、データフレーム型を
リストに格納し、最後にconcatを用いてデータフレームの結合を行っています。
次のノックからは、いよいよdatetime型を使い倒していきましょう。

ノック42：
日付の範囲を確認しよう

　まず初めに、このデータはいつからいつのデータなのでしょうか。売上データ
などでも、分析対象がどの日付の範囲で、何日間のデータなのかを把握する必要
があります。まずは、開始日と終了日を取得して出力してみましょう。

```
min_receive_time = data['receive_time'].min()
max_receive_time = data['receive_time'].max()
print(min_receive_time)
print(max_receive_time)
```

163

■図3-6：開始日、終了日の表示

```
min_receive_time = data['receive_time'].min()
max_receive_time = data['receive_time'].max()
print(min_receive_time)
print(max_receive_time)

2021-01-15 09:00:00.144000
2021-02-14 17:59:59.956000
```

　非常に簡単ですね。日付の最小と最大を取れば良いです。しっかりとdatetime型にしておくと、pandasのmin、maxでこのデータの開始、終了日が取得できます。
　では、次にこのデータの期間はどの程度なのかを確認していきます。

```
print(data['receive_time'].max()-data['receive_time'].min())
```

■図3-7：期間の表示

```
[24] print(data['receive_time'].max()-data['receive_time'].min())

30 days 08:59:59.812000
```

　こちらも非常に簡単ですね。単純な引き算で取得が可能です。当たり前ですが、文字列型のままだと文字列の引き算はできませんので、datetime型にしておく重要性を理解していただけたのではないでしょうか。例えば、製品の発売日と売上日付の引き算をすることで、発売からの日数で売上がどのように伸びたのかがわかります。単純ではありますが、非常にいろんな場面で使うことになるでしょう。

ノック43：
日毎のデータ件数を確認しよう

　それでは、ここで日毎のデータ件数を確認していきましょう。これまでも述べてきたように、データ件数を把握することは重要です。例えば、今回のセンサデータのような場合、仕様的には1秒ごとにデータを取得している場合でも、ブレが生じることは多々あります。また、センサの故障等で、データが欠損している場合もありますので、日単位程度でしっかりと把握しておきましょう。日別のデータ件数を把握するためには、ミリ秒単位のreceive_timeを日単位のデータにしたあと、集計すれば良さそうですね。まずは、日単位に変換しておきましょう。

```
data['receive_date'] = data['receive_time'].dt.date
data.head()
```

■図3-8：日単位への変換

```
[15] data['receive_date'] = data['receive_time'].dt.date
     data.head()
```

	id	place	receive_time	sensor_num	in1	out1	state1	in2	out2	state2	receive_date
0	0	1	2021-01-15 09:00:00.144	2	508	73	0	73	508	0	2021-01-15
1	1	1	2021-01-15 09:00:01.146	2	508	73	0	73	508	0	2021-01-15
2	2	1	2021-01-15 09:00:02.161	2	508	73	0	73	508	0	2021-01-15
3	3	1	2021-01-15 09:00:03.176	2	508	73	0	73	508	0	2021-01-15
4	4	1	2021-01-15 09:00:04.192	2	508	73	0	73	508	0	2021-01-15

　dt.dateで日付までのデータに変換できます。それ以外にも、dt.yearやdt.hour等で年や時間などを取得できます。例えば、hourを取得すれば、時間帯別の人の数や、売上等の分析が可能でしょう。

　それでは、集計していきましょう。ここからは、これまでにもやっている作業です。

```
daily_count = data[['receive_date','id']].groupby('receive_date', as_index=False).count()
daily_count.head()
```

■図3-9：日別データの集計

```
[18]  daily_count = data[['receive_date','id']].groupby('receive_date', as_index=False).count()
      daily_count.head()

        receive_date      id
    0   2021-01-15    50166
    1   2021-01-16    75699
    2   2021-01-17    73198
    3   2021-01-18    78365
    4   2021-01-19    78348
```

日単位のデータが作成できていればgroupbyで集計をするだけです。2021年1月15日は、データ件数が少ないですが、開始時間が9時からであるのが影響しているでしょう。30日分を数字で見ていくのは厳しいですね。こういう時はどのようにすれば良かったでしょうか。答えは可視化ですね。今回は棒グラフで可視化してみましょう。

```
import seaborn as sns
import matplotlib.pyplot as plt
plt.figure(figsize=(15, 5))
plt.xticks(rotation=90)
sns.barplot(x=daily_count['receive_date'], y=daily_count["id"])
```

■図3-10.png：日別データの棒グラフ

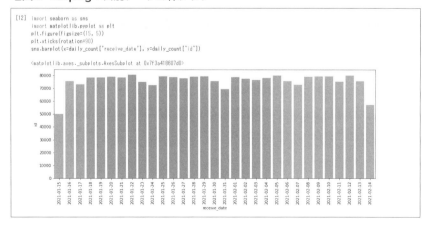

　基本的には、7万件程度ですが、1月23日、24日のように時々データ件数が下がっていますね。5日間7万件、2日間は下がるという規則性から曜日が関係していることが想像できます。datetimeでは、曜日の取得も可能です。次のノックで曜日を取得してみましょう。

ノック44：
日付から曜日を算出しよう

　それでは、さっそく、曜日を取得していきます。曜日の取得は数字で取る場合と英語名で取る場合があります。両方試してみましょう。

```
data['dayofweek'] = data['receive_time'].dt.dayofweek
data['day_name'] = data['receive_time'].dt.day_name()
data.head()
```

■図3-11：曜日情報の取得

```
[19] data['dayofweek'] = data['receive_time'].dt.dayofweek
     data['day_name'] = data['receive_time'].dt.day_name()
     data.head()
```

	id	place	receive_time	sensor_num	in1	out1	state1	in2	out2	state2	receive_date	dayofweek	day_name
0	0	1	2021-01-15 09:00:00.144	2	508	73	0	73	508	0	2021-01-15	4	Friday
1	1	1	2021-01-15 09:00:01.146	2	508	73	0	73	508	0	2021-01-15	4	Friday
2	2	1	2021-01-15 09:00:02.161	2	508	73	0	73	508	0	2021-01-15	4	Friday
3	3	1	2021-01-15 09:00:03.176	2	508	73	0	73	508	0	2021-01-15	4	Friday
4	4	1	2021-01-15 09:00:04.192	2	508	73	0	73	508	0	2021-01-15	4	Friday

　いかがでしょうか。dtを使用すればすぐに曜日の取得が可能です。数字で取るか英語名で取るかはケースバイケースですが、当然、数字の方がデータは軽くなります。一方で数字だと、何番がどの曜日なのかがわからないので、可視化をする際には、英語名で取得したり、日本語名を代入したりすると良いでしょう。0番が月曜日で、1番火曜日と増えていき、6番が日曜日になります。では、どの日付が何曜日なのか確認しやすくするために、日付単位のデータにしましょう。集計すると、英語名が対応できないので、重複削除でいきましょう。

```
data[['receive_date','dayofweek','day_name']].drop_duplicates(subset='rec
eive_date').head(10)
```

■図3-12：日単位での曜日表示

```
[21] data[['receive_date','dayofweek','day_name']].drop_duplicates(subset='receive_date').head(10)

          receive_date  dayofweek    day_name
     0      2021-01-15          4      Friday
 50166      2021-01-16          5    Saturday
125865      2021-01-17          6      Sunday
199063      2021-01-18          0      Monday
277428      2021-01-19          1     Tuesday
355776      2021-01-20          2   Wednesday
434668      2021-01-21          3    Thursday
513010      2021-01-22          4      Friday
593585      2021-01-23          5    Saturday
668686      2021-01-24          6      Sunday
```

　drop_duplicatesで、receive_date、つまり日付ごとにユニーク(一意)になるように重複を削除しています。先頭10行を表示すると、先ほどデータ件数が下がっていたのが23日、24日であることがわかります。細かいデータはセンサの仕様等にもよりますが、このデータは土日のデータ件数が少なくなるということを頭に入れておきましょう。ここでは、比較的データ件数が近い値である1月20、21、22日のデータに絞り込んでいきましょう。

⚾🏏 ノック45：
特定範囲のデータに絞り込もう

　今回は、データの絞り込みを行います。データの絞り込みは一般的には.locを用いてデータの抽出を行っていましたね。基本的には、datetimeであっても同じように.locを使えば指定ができます。ただし、指定するカラムのデータがdatetimeのため、2021年1月20日をdatetimeで指定する必要があります。

```
import datetime as dt
data_extract = data.loc[(data['receive_time']>=dt.datetime(2021,1,20))&
                        (data['receive_time']<dt.datetime(2021,1,23))].co
py()
display(data_extract.head())
display(data_extract.tail())
```

■図3-13：日付によるデータの絞り込み

```
[15]  import datetime as dt
      data_extract = data.loc[(data['receive_time']>=dt.datetime(2021,1,20))&
                              (data['receive_time']<dt.datetime(2021,1,23))].copy()
      display(data_extract.head())
      display(data_extract.tail())
```

	id	place	receive_time	sensor_num	in1	out1	state1	in2	out2	state2	receive_date	dayofweek	day_name
355776	0	1	2021-01-20 00:00:40.839	2	12109	11302	0	11318	12080	0	2021-01-20	2	Wednesday
355777	1	1	2021-01-20 00:00:41.854	2	12109	11302	0	11318	12080	0	2021-01-20	2	Wednesday
355778	2	1	2021-01-20 00:00:56.055	2	12109	11302	0	11318	12080	0	2021-01-20	2	Wednesday
355779	3	1	2021-01-20 00:00:57.071	2	12109	11302	0	11318	12080	0	2021-01-20	2	Wednesday
355780	4	1	2021-01-20 00:00:58.086	2	12109	11302	0	11318	12080	0	2021-01-20	2	Wednesday

	id	place	receive_time	sensor_num	in1	out1	state1	in2	out2	state2	receive_date	dayofweek	day_name
593580	2620	1	2021-01-22 23:58:32.865	2	21150	19675	0	19701	21107	0	2021-01-22	4	Friday
593581	2621	1	2021-01-22 23:58:33.881	2	21150	19675	0	19701	21107	0	2021-01-22	4	Friday
593582	2622	1	2021-01-22 23:58:34.896	2	21150	19675	0	19701	21107	0	2021-01-22	4	Friday
593583	2623	1	2021-01-22 23:58:35.912	2	21150	19675	0	19701	21107	0	2021-01-22	4	Friday
593584	2624	1	2021-01-22 23:58:36.927	2	21150	19675	0	19701	21107	0	2021-01-22	4	Friday

1月20日から22日までなので、23日未満の条件でデータの絞り込みを行いました。Pythonにはdatetimeという標準ライブラリがあります。そこに、年、月、日の順番で指定することで、datetime型として条件式で利用できます。先頭と末尾のデータを見ると、20日から22日までのデータに絞り込めていることが確認できます。

さて、ここからは、データを綺麗にしていきましょう。

ノック46：
秒単位のデータを作成しよう

まずは、ミリ秒単位のデータを秒単位のデータに変えていきます。今回のデータを見ると、秒単位でデータを取得していますが、00:00:40.839、00:00:41.854のように、ミリ秒単位まで記録されています。実際には、秒単位なので丸めていきます。日付単位のデータを作成する場合は、dt.dateでできましたが、ミリ秒を秒単位に変換する場合は、roundを使います。

```
data_extract['receive_time_sec'] = data_extract['receive_time'].dt.round(
'S')
data_extract.head()
```

🏴 図3-14：roundによる秒単位データの作成

```
[62] data_extract['receive_time_sec'] = data_extract['receive_time'].dt.round('S')
     data_extract.head()
```

	id	place	receive_time	sensor_num	in1	out1	state1	in2	out2	state2	receive_date	dayofweek	day_name	receive_time_sec
355776	0	1	2021-01-20 00:00:40.839	2	12109	11302	0	11318	12080	0	2021-01-20	2	Wednesday	2021-01-20 00:00:41
355777	1	1	2021-01-20 00:00:41.854	2	12109	11302	0	11318	12080	0	2021-01-20	2	Wednesday	2021-01-20 00:00:42
355778	2	1	2021-01-20 00:00:56.055	2	12109	11302	0	11318	12080	0	2021-01-20	2	Wednesday	2021-01-20 00:00:56
355779	3	1	2021-01-20 00:00:57.071	2	12109	11302	0	11318	12080	0	2021-01-20	2	Wednesday	2021-01-20 00:00:57
355780	4	1	2021-01-20 00:00:58.086	2	12109	11302	0	11318	12080	0	2021-01-20	2	Wednesday	2021-01-20 00:00:58

　roundの中に秒単位で丸めるということで「S」を文字列で渡します。そうすることで、receive_time_sec列を見るとわかるように、秒単位にデータが丸められます。roundは四捨五入なので、00:00:40.839が00:00:41となっています。どの頻度で丸めるかは細かく指定可能で、例えば15分間隔であれば「15min」で渡すことで、15分単位で丸めることができます。

　秒単位に丸めた際に、必ず重複がないかを確認しておきましょう。取得時間が完璧に同じセンサであれば、常に00:00:40.839のあとに、00:00:41.839、00:00:42.839となりますが、そういったことはあまりなく、今回のデータのようにミリ秒単位の時間はずれてきます。では、重複を確認してみましょう。

```
print(len(data_extract))
print(len(data_extract['receive_time_sec'].unique()))
```

🏴 図3-15：重複の確認

```
[77] print(len(data_extract))
     print(len(data_extract['receive_time_sec'].unique()))

     237809
     237807
```

　今回作成したreceive_time_secのユニークデータ件数と全データ件数が一致するはずですが、2件だけずれています。では、重複しているデータはどんなデータなのでしょうか。

　重複データを確認してみましょう。

```
data_extract[data_extract['receive_time_sec'].duplicated(keep=False)].hea
d()
```

■図3-16：重複データの表示

```
[79] data_extract[data_extract['receive_time_sec'].duplicated(keep=False)].head()
```

	id	place	receive_time	sensor_num	in1	out1	state1	in2	out2	state2	receive_date	dayofweek	day_name	receive_time_sec
578874	887	1	2021-01-22 19:15:06.530	2	20968	18976	1	19002	20925	1	2021-01-22	4	Friday	2021-01-22 19:15:07
578875	888	1	2021-01-22 19:15:07.409	2	20968	18976	1	19002	20925	1	2021-01-22	4	Friday	2021-01-22 19:15:07
578876	889	1	2021-01-22 19:15:07.546	2	20968	18976	1	19002	20925	1	2021-01-22	4	Friday	2021-01-22 19:15:08
578877	890	1	2021-01-22 19:15:08.424	2	20968	18976	1	19002	20925	1	2021-01-22	4	Friday	2021-01-22 19:15:08

duplicatedで重複しているかのTrue/Falseを取得できます。その際に、keepにFalseを指定するのを忘れないでください。duplicatedは、keepに指定をしないと重複しているデータの片方しかFalseになりません。データを見ると、19:15:06.530が、四捨五入されて19:15:07となり重複しています。19:15:07.546も同様に四捨五入により19:15:08になっています。これは四捨五入していることに起因しています。では、floorで切り捨てもやってみましょう。合わせて重複件数のチェックも行います。

```
data_extract['receive_time_sec'] = data_extract['receive_time'].dt.floor(
'S')
display(data_extract.head())
print(len(data_extract))
print(len(data_extract['receive_time_sec'].unique()))
```

■図3-17：floorによる秒単位データの作成

```
[84] data_extract['receive_time_sec'] = data_extract['receive_time'].dt.floor('S')
     display(data_extract.head())
     print(len(data_extract))
     print(len(data_extract['receive_time_sec'].unique()))
```

	id	place	receive_time	sensor_num	in1	out1	state1	in2	out2	state2	receive_date	dayofweek	day_name	receive_time_sec
355776	0	1	2021-01-20 00:00:40.839	2	12109	11302	0	11318	12080	0	2021-01-20	2	Wednesday	2021-01-20 00:00:40
355777	1	1	2021-01-20 00:00:41.854	2	12109	11302	0	11318	12080	0	2021-01-20	2	Wednesday	2021-01-20 00:00:41
355778	2	1	2021-01-20 00:00:56.055	2	12109	11302	0	11318	12080	0	2021-01-20	2	Wednesday	2021-01-20 00:00:56
355779	3	1	2021-01-20 00:00:57.071	2	12109	11302	0	11318	12080	0	2021-01-20	2	Wednesday	2021-01-20 00:00:57
355780	4	1	2021-01-20 00:00:58.086	2	12109	11302	0	11318	12080	0	2021-01-20	2	Wednesday	2021-01-20 00:00:58

```
237809
237808
```

　roundの時とほぼ同じ処理ですが、dt.floorで切り捨てを行っています。データを確認すると、00:00:40.839が00:00:40となっており、roundの時と違うのが確認できます。重複件数は1件になりました。では重複データを確認していきましょう。

```
data_extract[data_extract['receive_time_sec'].duplicated(keep=False)].head()
```

▮図3-18：重複データの確認

```
[81] data_extract[data_extract['receive_time_sec'].duplicated(keep=False)].head()
```

	id	place	receive_time	sensor_num	in1	out1	state1	in2	out2	state2	receive_date	dayofweek	day_name	receive_time_sec
578875	888	1	2021-01-22 19:15:07.409	2	20968	18976	1	19002	20925	1	2021-01-22	4	Friday	2021-01-22 19:15:07
578876	889	1	2021-01-22 19:15:07.546	2	20968	18976	1	19002	20925	1	2021-01-22	4	Friday	2021-01-22 19:15:07

　データを確認すると19:15:07.409、19:15:07.546が重複してしまっています。これは、センサがおよそ100ミリ秒後に測定をしていることに起因しています。今回は、本来、秒単位でのデータなのですが、センサデータではこういったデータがよく出てきます。

　四捨五入か切り捨てかは議論が分かれる部分ではありますが、今回のケースのように秒単位のセンサデータは大量にデータが存在するため、あまり大きな問題になりません。全体の件数インパクトとしても、237809件のうち1件もしくは2件のレベルでの重複でしたね。今回は、このままfloorで丸めたデータで重複削除をして進んでいきます。合わせて、開始から終了の日付を取得しておきます。

```
data_extract = data_extract.drop_duplicates(subset=['receive_time_sec'])
min_receive_time = data_extract['receive_time_sec'].min()
max_receive_time = data_extract['receive_time_sec'].max()
print(len(data_extract))
print(f'{min_receive_time}から{max_receive_time}')
```

■図3-19：重複データの削除

```
[43] data_extract = data_extract.drop_duplicates(subset=['receive_time_sec'])
     min_receive_time = data_extract['receive_time_sec'].min()
     max_receive_time = data_extract['receive_time_sec'].max()
     print(len(data_extract))
     print(f'{min_receive_time}から{max_receive_time}')

     237808
     2021-01-20 00:00:40から2021-01-22 23:58:36
```

　drop_duplicatesで重複データの削除を行っています。その際に、receive_time_secデータの重複だけにするために、subsetでreceive_time_secを指定しています。データの件数は、237808件となっており、1件の重複が除去されました。日付の範囲も、秒単位で2021-01-20 00:00:40から2021-01-22 23:58:36となっています。
　では、次のノックでは秒単位のデータを整形していきます。

ノック47：秒単位のデータを整形しよう

　これまでのノックから少し感じている方もいらっしゃるかと思いますが、センサデータは決められた時間間隔で取得しているはずなのに、データが抜けている部分があります。**ノック46**の**図3-17**を見ると、00:00:40.839、00:00:41.854は1秒間隔ですが、その後、00:00:56.055までデータが飛んでいます。機械学習等で利用する場合、1秒間隔でデータがきているという時系列情報を保持してモデルを構築する場合も多く、今回のようなデータでは不都合になるケースもあります。そこで、ここでは綺麗に秒単位のデータになるように整形していきます。今回は、1秒間隔の日付データをあらかじめ作成し、そこに今回のデータを結合していきます。まずは、1秒間隔の日付データを試しにやってみます。

```
print(pd.date_range('2021-01-15', '2021-01-16', freq='S'))
```

■図3-20：秒単位データの作成①

```
[39] print(pd.date_range('2021-01-15', '2021-01-16', freq='S'))

    DatetimeIndex(['2021-01-15 00:00:00', '2021-01-15 00:00:01',
                   '2021-01-15 00:00:02', '2021-01-15 00:00:03',
                   '2021-01-15 00:00:04', '2021-01-15 00:00:05',
                   '2021-01-15 00:00:06', '2021-01-15 00:00:07',
                   '2021-01-15 00:00:08', '2021-01-15 00:00:09',
                   ...
                   '2021-01-15 23:59:51', '2021-01-15 23:59:52',
                   '2021-01-15 23:59:53', '2021-01-15 23:59:54',
                   '2021-01-15 23:59:55', '2021-01-15 23:59:56',
                   '2021-01-15 23:59:57', '2021-01-15 23:59:58',
                   '2021-01-15 23:59:59', '2021-01-16 00:00:00'],
                  dtype='datetime64[ns]', length=86401, freq='S')
```

　pd_date_rangeを用いることで、日付データの作成ができます。ここでは、2021年1月15日から2021年1月16日までの日付範囲を指定し、freqに作成するデータ頻度を指定します。今回は秒単位なので「S」を指定しています。こちらも、roundの際に説明したように、15分間隔で作成することも可能です。
　では、実際に、今回のデータでやってみましょう。

```
base_data = pd.DataFrame({'receive_time_sec':pd.date_range(min_receive_ti
me, max_receive_time,freq='S')})
display(base_data.head())
display(base_data.tail())
print(len(base_data))
```

■図3-21：秒単位データの作成②

```
[23] base_data = pd.DataFrame({'receive_time_sec':pd.date_range(min_receive_time, max_receive_time,freq='S')})
     display(base_data.head())
     display(base_data.tail())
     print(len(base_data))
```

	receive_time_sec
0	2021-01-20 00:00:40
1	2021-01-20 00:00:41
2	2021-01-20 00:00:42
3	2021-01-20 00:00:43
4	2021-01-20 00:00:44

	receive_time_sec
259072	2021-01-22 23:58:32
259073	2021-01-22 23:58:33
259074	2021-01-22 23:58:34
259075	2021-01-22 23:58:35
259076	2021-01-22 23:58:36

```
259077
```

　pd.date_rangeで、**ノック46**の最後に定義した、最小日付と最大日付で指定して作成しました。頻度は、秒単位なので「S」となります。データフレーム型として使用できるように定義しているので注意しましょう。データは、しっかりと秒単位で作成できていることが確認できました。データ件数が259077件となっており、センサデータが237808件なので、センサデータは21269件の欠損があることがわかります。

　それでは、今回作成した日付データにセンサデータを結合していきましょう。合わせて、欠損の確認も行っていきます。

```
data_base_extract = pd.merge(base_data, data_extract, on='receive_time_sec', how='left')
display(data_base_extract.head())
display(data_base_extract.isna().sum())
```

■図3-22：日付データとセンサデータの結合

　データの結合は、もう大丈夫ですね。日付データであるbase_dataとセンサデータであるdata_extractを指定し、結合キーはreceive_time_secになります。先頭5行においても、さっそく、欠損が確認できます。また、欠損を確認すると、id以降のすべてのカラムに対して、21269件の欠損が確認できました。

　次のノックでは欠損値を埋めていきましょう。

ノック48：
秒間の欠損データを処理しよう

　それでは、データ欠損を対応していきます。欠損値のデータを補間する方法は、ケースバイケースです。データの特性や分析要件等で大きく変わってきます。大まかには、次の3つに分けられます。

　①0やデータの平均値等の特定値で埋める方法
　②1つ前もしくは後ろのデータを埋める方法
　③線形補間等で前後関係から計算した結果で埋める方法

　①は、売上データ等では使用することが多いです。②③は、データの前後関係に意味がある時系列データで使用されることが多いです。今回は、単純に②の方法をやってみましょう。

```
data_base_extract.sort_values('receive_time_sec',inplace=True)
data_base_extract = data_base_extract.fillna(method='ffill')
data_base_extract.head()
```

▶図3-23：欠損値の補間

```
[52] data_base_extract.sort_values('receive_time_sec',inplace=True)
     data_base_extract = data_base_extract.fillna(method='ffill')
     data_base_extract.head()

        receive_time_sec  id place          receive_time sensor_num   in1    out1  state1   in2    out2 state2 receive_date dayofweek  day_name
    0 2021-01-20 00:00:40 0.0   1.0 2021-01-20 00:00:40.839        2.0 12109.0 11302.0   0.0 11318.0 12080.0   0.0   2021-01-20       2.0 Wednesday
    1 2021-01-20 00:00:41 1.0   1.0 2021-01-20 00:00:41.854        2.0 12109.0 11302.0   0.0 11318.0 12080.0   0.0   2021-01-20       2.0 Wednesday
    2 2021-01-20 00:00:42 1.0   1.0 2021-01-20 00:00:41.854        2.0 12109.0 11302.0   0.0 11318.0 12080.0   0.0   2021-01-20       2.0 Wednesday
    3 2021-01-20 00:00:43 1.0   1.0 2021-01-20 00:00:41.854        2.0 12109.0 11302.0   0.0 11318.0 12080.0   0.0   2021-01-20       2.0 Wednesday
    4 2021-01-20 00:00:44 1.0   1.0 2021-01-20 00:00:41.854        2.0 12109.0 11302.0   0.0 11318.0 12080.0   0.0   2021-01-20       2.0 Wednesday
```

　まずは、前方のデータを埋めるということなので、念のため、receive_time_secでソートを行っています。今回のデータではおそらく既にソート済みであると考えられますが、欠損値を埋める際には必ずソートを行いましょう。
　fillnaを用いることで欠損値に代入ができますね。その際に、「ffill」を指定すると、前方のデータを埋めるという指定になります。参考までに、後ろのデータを埋めたい場合は、「bfill」を指定します。**ノック47**の最後にやったときに、2021-01-20 00:00:42から欠損がでていましたが、前方の値を埋めたので、

2021-01-20 00:00:41のデータですべて埋められています。本来は、receive_timeは前方の値で埋めるべきではないかもしれませんが、今回はreceive_time_secがあるため使用しないので、そのまま進みます。

単純に前方の値を埋めてしまって良いのかという疑問を持った方もいらっしゃるかと思いますが、今回のようなセンサデータは大量にあるので、そこまで大きく影響はありません。今回は、人数のカウントだったので、線形補間をすると0.7人などのデータが存在してしまい、少しイメージしにくくなるので、前方の値を埋める方法にしました。加速度データや温度データなどでは、線形補間をするのが一般的です。interpolate()を使用することで線形補間が可能ですので覚えておくと良いでしょう。

> ## ⚾ ✒ ノック49：
> ## 通った人数を可視化しよう

ここまでで、データの基本的な準備が整いました。ここからは通った人数のカウントをしていきます。今回は、in1、out1の値を見ていこうと思います。これは、特定の位置(線)に対して、左から入ってきて出ていった人の数、右から入ってきて出ていった人の数のように、方向の違いを表しています。また、注意点としては、in1、out1は累計のカウント数になっています。そのため、秒単位での人数を見たい場合、1秒前、つまり1つ手前のデータとの引き算が必要です。ここでは、1つ手前のデータを結合し、引き算を行っていきます。

まずは、data_analyticsという名前で、必要なカラムに絞って定義しておきましょう。

```
data_analytics = data_base_extract[['receive_time_sec','in1','out1']].cop
y()
data_analytics.head()
```

■図3-24：データの絞り込み

```
[53]  data_analytics = data_base_extract[['receive_time_sec','in1','out1']].copy()
      data_analytics.head()
```

	receive_time_sec	in1	out1
0	2021-01-20 00:00:40	12109.0	11302.0
1	2021-01-20 00:00:41	12109.0	11302.0
2	2021-01-20 00:00:42	12109.0	11302.0
3	2021-01-20 00:00:43	12109.0	11302.0
4	2021-01-20 00:00:44	12109.0	11302.0

　ここは、難しくないですね。次に、このデータから1秒前のデータを作成して
いきます。1秒前のデータということは、データを1つ下にずらして、元のデー
タと結合すればよいということになります。イメージしにくいかと思いますので、
まずやってみましょう。

```
data_before_1sec = data_analytics.shift(1)
data_before_1sec.head()
```

■図3-25：1秒前データの作成

```
[54]  data_before_1sec = data_analytics.shift(1)
      data_before_1sec.head()
```

	receive_time_sec	in1	out1
0	NaT	NaN	NaN
1	2021-01-20 00:00:40	12109.0	11302.0
2	2021-01-20 00:00:41	12109.0	11302.0
3	2021-01-20 00:00:42	12109.0	11302.0
4	2021-01-20 00:00:43	12109.0	11302.0

　単純に、shiftを使用することで、データをずらすことができます。今回は、1
つずらすだけなので、1を指定していますが、10行であれば10を、また上にず
らしたい場合は、マイナスを指定し、-1のようにすることで簡単にずらすことが
できます。
　実際に、データを見ると、これまでのずらす前のデータでindex番号0だった
2021-01-20 00:00:40のデータが、今回のずらしたデータではindex番号1
に移動しています。ずらしたデータのindex番号0は、データがないため、欠損

していますね。続いて、結合していきます。その際の結合キーはindexなので注意しましょう。

```
data_before_1sec.columns = ['receive_time_sec_b1sec','in1_b1sec','out1_b1
sec']
data_analytics = pd.concat([data_analytics, data_before_1sec],axis=1)
data_analytics.head()
```

■図3-26：1秒前データの結合

```
[31]  data_before_1sec.columns = ['receive_time_sec_b1sec','in1_b1sec','out1_b1sec']
      data_analytics = pd.concat([data_analytics, data_before_1sec],axis=1)
      data_analytics.head()
```

	receive_time_sec	in1	out1	receive_time_sec_b1sec	in1_b1sec	out1_b1sec
0	2021-01-20 00:00:40	12109.0	11302.0	NaT	NaN	NaN
1	2021-01-20 00:00:41	12109.0	11302.0	2021-01-20 00:00:40	12109.0	11302.0
2	2021-01-20 00:00:42	12109.0	11302.0	2021-01-20 00:00:41	12109.0	11302.0
3	2021-01-20 00:00:43	12109.0	11302.0	2021-01-20 00:00:42	12109.0	11302.0
4	2021-01-20 00:00:44	12109.0	11302.0	2021-01-20 00:00:43	12109.0	11302.0

　結合の前に、1秒前データのカラム名を変更しています。変更しない場合、カラム名が同じになってしまうので注意しましょう。今回はconcatで結合しています。concatでaxis=1を指定すれば、indexをキーに横方向の結合を行ってくれます。pd.mergeでも結合可能ですが、結合キーをindexにするのを忘れないようにしてください。

　これで、1秒前のデータを結合できました。例えば、2021-01-20 00:00:41には、2021-01-20 00:00:40が入っており、1秒前のデータになっています。

　それでは、引き算をしていきましょう。引き算は簡単ですね。

```
data_analytics['in1_calc'] = data_analytics['in1'] - data_analytics['in1_
b1sec']
data_analytics['out1_calc'] = data_analytics['out1'] - data_analytics['ou
t1_b1sec']
data_analytics.head()
```

■図3-27：秒間人数の算出

```
[32] data_analytics['in1_calc'] = data_analytics['in1'] - data_analytics['in1_b1sec']
     data_analytics['out1_calc'] = data_analytics['out1'] - data_analytics['out1_b1sec']
     data_analytics.head()
```

	receive_time_sec	in1	out1	receive_time_sec_b1sec	in1_b1sec	out1_b1sec	in1_calc	out1_calc
0	2021-01-20 00:00:40	12109.0	11302.0	NaT	NaN	NaN	NaN	NaN
1	2021-01-20 00:00:41	12109.0	11302.0	2021-01-20 00:00:40	12109.0	11302.0	0.0	0.0
2	2021-01-20 00:00:42	12109.0	11302.0	2021-01-20 00:00:41	12109.0	11302.0	0.0	0.0
3	2021-01-20 00:00:43	12109.0	11302.0	2021-01-20 00:00:42	12109.0	11302.0	0.0	0.0
4	2021-01-20 00:00:44	12109.0	11302.0	2021-01-20 00:00:43	12109.0	11302.0	0.0	0.0

　ここは、説明は不要でしょう。単純に、in1からin1_b1secのデータを引き算しています。先頭5行のデータでは、人数に動きがなく、0になっています。

　では、可視化していきますが、秒間データだと多すぎるので、時単位まで集計しましょう。まずは時単位に変換していきます。これまでもround等でやってきましたが、今回は別のアプローチで行ってみましょう。

```
data_analytics['date_hour'] = data_analytics['receive_time_sec'].dt.strft
ime('%Y%m%d%H')
data_analytics.head()
```

■図3-28：時単位データの作成

```
[62] data_analytics['date_hour'] = data_analytics['receive_time_sec'].dt.strftime('%Y%m%d%H')
     data_analytics.head()
```

	receive_time_sec	in1	out1	receive_time_sec_b1sec	in1_b1sec	out1_b1sec	in1_calc	out1_calc	date_hour
0	2021-01-20 00:00:40	12109.0	11302.0	NaT	NaN	NaN	NaN	NaN	2021012000
1	2021-01-20 00:00:41	12109.0	11302.0	2021-01-20 00:00:40	12109.0	11302.0	0.0	0.0	2021012000
2	2021-01-20 00:00:42	12109.0	11302.0	2021-01-20 00:00:41	12109.0	11302.0	0.0	0.0	2021012000
3	2021-01-20 00:00:43	12109.0	11302.0	2021-01-20 00:00:42	12109.0	11302.0	0.0	0.0	2021012000
4	2021-01-20 00:00:44	12109.0	11302.0	2021-01-20 00:00:43	12109.0	11302.0	0.0	0.0	2021012000

　receive_time_sec列を、strftimeによって文字列に変換しています。その際に、文字列のフォーマットを指定できるので、今回は、年月日時まで指定しています。その結果、2021012000のように、2021年1月20日0時のように変換できます。可読性を上げたい場合は、「%Y%m%d%H」を、「%Y/%m/%d %H」等にすると、「2021/01/20 00」のようになりますので試してみてください。次に、可視化に向けて時単位で集計し、可視化用に縦持ちに変換していきましょう。これまでもやってきたので、思い出しながらやってみましょう。

```
viz_data = data_analytics[['date_hour','in1_calc','out1_calc']].groupby('
date_hour',as_index=False).sum()
viz_data = pd.melt(viz_data, id_vars='date_hour', value_vars=['in1_calc',
'out1_calc'])
viz_data.head()
```

■図3-29：可視化用データの作成

```
[63] viz_data = data_analytics[['date_hour','in1_calc','out1_calc']].groupby('date_hour',as_index=False).sum()
     viz_data = pd.melt(viz_data, id_vars='date_hour', value_vars=['in1_calc', 'out1_calc'])
     viz_data.head()
```

	date_hour	variable	value
0	2021012000	in1_calc	3.0
1	2021012001	in1_calc	1.0
2	2021012002	in1_calc	1.0
3	2021012003	in1_calc	0.0
4	2021012004	in1_calc	1.0

　まずは、groupbyで先ほど作成した時間までのdate_hour列に対して集計を行っています。その後、pd.meltを用いて、in1_calc、out1_calcを縦持ちに変換しています。
　それでは最後に可視化してみます。時系列データなので、折れ線グラフにしましょう。

```
plt.figure(figsize=(15, 5))
plt.xticks(rotation=90)
sns.lineplot(x=viz_data['date_hour'], y=viz_data["value"], hue=viz_data['
variable'])
```

■図3-30：人数カウントの可視化

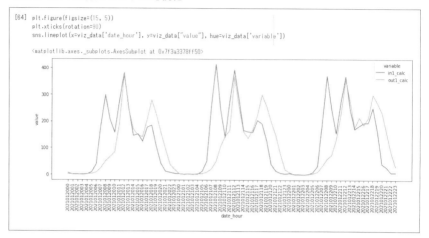

```
[64] plt.figure(figsize=(15, 5))
     plt.xticks(rotation=90)
     sns.lineplot(x=viz_data['date_hour'], y=viz_data["value"], hue=viz_data['variable'])
```

こちらも、1章、2章で扱ってきたので、難しくありませんね。lineplotで、横軸にdate_hourを、縦軸にvalueを、色にvariableを入れています。

このデータを見ると、8時台、12時台、18時台に山が見られます。8時台は、in1がほとんどで、12時台はin1、out1どちらも出ています。18時もどちらも増えていますが、out1の方が多く出ています。これは、出社時、昼休憩、退社に関係してくると想定できます。出社時は、in1の方が多く、オフィス方向への移動なのではないかと思います。昼は、出入りがあるので、ほぼ同じ量になっているようですね。

今回は、土日は省いていますが、土日のデータも可視化してみると面白いかと思います。

ノック50：
移動平均を計算して可視化しよう

それでは最後に、時系列データの代名詞でもある移動平均を算出してみましょう。最近では、コロナ等の報道で、7日間移動平均という言葉を耳にすることはありませんか。月曜日の検査数が小さくなる等の曜日による影響を極力減らし、感染者数が増えているのか、減っているのかをつかみたい場合には有効です。今回のデータでは、あまり必要ないかもしれませんが、時系列データを使う上では非常に重要なので覚えておきましょう。

まずは、**ノック49**と同様に、データを絞り込み、時単位での集計を行います。

```
viz_data = data_analytics[['date_hour','in1_calc','out1_calc']].groupby('
date_hour',as_index=False).sum()
viz_data.head(10)
```

📔図3-31：データの絞り込み

```
[65]  viz_data = data_analytics[['date_hour','in1_calc','out1_calc']].groupby('date_hour',as_index=False).sum()
      viz_data.head(10)
```

	date_hour	in1_calc	out1_calc
0	2021012000	3.0	7.0
1	2021012001	1.0	0.0
2	2021012002	1.0	0.0
3	2021012003	0.0	1.0
4	2021012004	1.0	2.0
5	2021012005	9.0	3.0
6	2021012006	38.0	8.0
7	2021012007	182.0	24.0
8	2021012008	298.0	49.0
9	2021012009	205.0	66.0

データを、date_hour、in1、out1に絞り込みつつ、groupbyで集計をしています。続いて、このデータを用いて移動平均データを作成してみます。今回は、3時間移動平均を出してみます。

```
viz_data_rolling = viz_data[['in1_calc','out1_calc']].rolling(3).mean()
viz_data_rolling.head(10)
```

■図3-32：移動平均データの作成

```
[66] viz_data_rolling = viz_data[['in1_calc','out1_calc']].rolling(3).mean()
     viz_data_rolling.head(10)
```

	in1_calc	out1_calc
0	NaN	NaN
1	NaN	NaN
2	1.666667	2.333333
3	0.666667	0.333333
4	0.666667	1.000000
5	3.333333	2.000000
6	16.000000	4.333333
7	76.333333	11.666667
8	172.666667	27.000000
9	228.333333	46.333333

　いかがでしょうか。簡単で拍子抜けした方もいらっしゃるのではないでしょうか。pandasには、rollingという便利なメソッドが用意されています。rollingを使用しない場合、**ノック49**でやったようなデータをずらす処理を、移動させる量だけやる必要があります。

　データを見てみると、index番号0、1はデータが欠損しています。これは、3時間平均を取るためのデータがないからです。では、index番号2のin1の値を見ると1.666667とあります。これは、**図3-31**の移動平均前のデータのindex番号0、1、2の平均となっているのがわかります。次のindex番号3のin1の値は、0.666667となり、**図3-31**の移動平均前のデータのindex番号1、2、3に対応しています。このように、3つのデータをスライドさせながら平均を取っていきます。rollingにはいろんな引数が存在し、平均をとるデータの範囲はもちろんのこと、3つのデータの取り方や最小データ個数などがありますので、いろいろ試してみると良いでしょう。また、「.mean」ではなく「.sum」を指定することで、移動平均だけでなく移動合計等の計算も可能です。

　では、**ノック49**と同様に、縦持ちに変換して可視化してみましょう。

```
viz_data_rolling['date_hour'] = viz_data['date_hour']
viz_data_rolling = pd.melt(viz_data_rolling, id_vars='date_hour', value_v
ars=['in1_calc', 'out1_calc'])
```

```
plt.figure(figsize=(15, 5))
```

```
plt.xticks(rotation=90)
sns.lineplot(x=viz_data_rolling['date_hour'], y=viz_data_rolling["valu
e"], hue=viz_data_rolling['variable'])
```

■図3-33：移動平均データの可視化

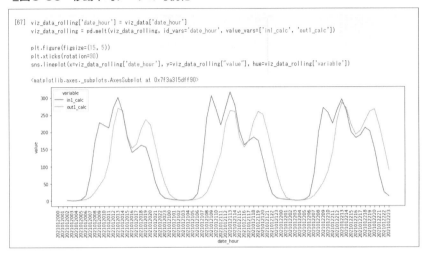

最初に、rollingデータは、date_hour列が落ちてしまっているので、追加します。その後、meltで縦持ちに変換して、可視化を行っています。

可視化すると、**ノック49**の時と比較して、動きが緩やかになっていることが確認できます。一般的に、平均を取る幅を大きくすると動きが緩やかになってきて、よりマクロな情報になってきます。一方で、大きすぎると、細かい動きは見えなくなっていくので、分析要件や見たいものに合わせて変えていくと良いでしょう。

今回のデータで考えられるので、日別データを作成し、7日間移動平均を取ることで、この場所の移動人数が増えているのかがわかるでしょう。いろいろと試行錯誤をしながら試してみてください。

時系列データの加工・可視化を行う10本ノックはこれで終了です。それと同時に、構造化データの加工・可視化を行う50本のノックが終了しました。如何

でしょうか。ここまでの経験を積んだことで、データを扱うことに対する抵抗感や、不安要素は無くなったのではないでしょうか。

　皆さんがこれから扱うデータは、必ずしも同じような加工や可視化を行うものではないかもしれません。しかし、基本の多くを学んできたことで、今まで触ってきたデータとの違いや、あと何をすればよいのかが見えてくることでしょう。

　しっかりとした基本は、応用力へと繋がっていきます。一度では理解できなくても、反復して学習することで、理解が深まっていきます。第2部では非構造化データを扱いますが、加工する過程で構造化を意識していくのは同じです。ここまでやってきたことが、非構造化データにも役立つことを実感してください。

第2部
非構造化データ

　第1部では、項目が定義された構造化データを扱ってきました。そのままの状態では利用できないようなデータもありましたが、構造を意識して整理していくという点は同じで、データの状態もイメージしやすかったのではないでしょうか。

　第2部では、非構造化データとして、言語、画像、音を扱っていきます。構造化データとの違いは、データ構造を最小単位まで単純化した管理はしない点にあります。

　例えば言語では、文章が非構造化データとなります。文章は多くの単語から構成されますが、その単語が使われる数には決まりがありません。画像データもピクセル単位で情報を持ちますが、ピクセルの数はカメラの設定などで変化します。

　このように、ひとつの塊として定義はできるものの、その中に膨大な情報が含まれたデータを扱うのが第2部となります。もちろん実際の中身がどうなっているのか、という点を解説しながら進めていきますので、データ構造はイメージしてもらえると思います。この部分まで理解してデータを扱うのとそうでないのとで、大きな差が付きます。

　未知のデータを扱うのは、とても難しく怖いものです。ですがこれらの分野も既に研究開発が進み、新しい取り組みがどんどん進められています。もはや未知の領域ではなくなっているのです。大事なのは最初の一歩を踏み出して怖さを無くすこと、そしてそこから新たな挑戦の意欲を生み出すことです。

　第2部の非構造化データまで扱えるようになると、AI活用に繋がるデータ加工の基礎が身に付き、ほとんどのデータに対して怖さは無くなるでしょう。技術の引き出しも一気に増えていきますので、是非楽しみながら進めてください。

第2部で取り扱うPythonライブラリ

データ加工：pandas, numpy
可視化：matplotlib, japanize-matplotlib, seaborn, ipython
言語：mecab-python3, nltk, wordcloud
画像：opencv
音：SoundFile, librosa

第4章
言語データの加工・可視化を
行う10本ノック

　さて、本章からは非構造化データ、その中でも言語のデータを扱っていきます。ここでは言語を非構造化データとして扱っていますが、例えばインターネット上のアンケートやレビューであれば、入力日や評価点、コメントなどの項目が定義されていますので、構造化データのように思えるかもしれません。勿論それは正しいのですが、ここで扱っていくのはそのコメントにあたる部分で、そこに書かれた文章が非構造化データとなります。

　1つの文章の中には沢山の単語があり、その単語も名詞や動詞、助詞など色々な種類が組み合わさって構成されています。この組み合わせは国の言語によって異なる部分であり、日本語特有の難しさというものもあります。文章から単語を拾い、その単語がどういったものなのかを認識できると、例えばAIを開発する際にも、言葉の使い方を学び、適切に処理することができるようになります。

　言語に関する処理はとても奥が深く、分析をするための解析手法が数多く用意されています。また、チャットボットに代表されるAI技術も進化し、身近で活躍しています。驚くべきことに、AIが作成した記事と人間が書いた記事の見分けがつかないレベルにまで来ています。これらの高度な技術も、単語の理解から始まっていきます。

　そこで本章では、青空文庫から取得した作品を使い、まずはデータを扱いやすい状態に加工する流れを解説します。その後、文章を単語に分割する形態素解析を中心として、言語の扱い方を学んでいきましょう。単語を用意する部分が身に付くと、その後の機械学習や分析に向けた下地となります。言語を扱う難しさも感じながら、少しずつ解決していきましょう。

　ノック51：テキストファイルを読み込もう
　ノック52：本文を抽出して1つに纏めよう
　ノック53：本文以外の項目を取り出そう
　ノック54：形態素解析で単語に分割しよう
　ノック55：分割した単語をデータフレームで保持しよう
　ノック56：名詞と動詞を取り出そう
　ノック57：不要な単語を除外しよう
　ノック58：単語の使用状況をグラフで可視化しよう
　ノック59：Word Cloudで可視化してみよう
　ノック60：n-gramを作ってみよう

利用シーン

　アンケートやレビューのコメント、報告書や要望書、特許や論文、SNSの
コメントなど、様々なテキストを分析し、機械学習に利用するケースにて、
最初に行うべき基本的な処理の流れです。

※対象物は著作権で保護されている場合がありますのでご注意ください。

■ 前提条件

　本章のノックでは、太宰治作品の走れメロスが収録されたテキストファイルを
扱います。当該ファイルは青空文庫からダウンロードしています。

■表：データ一覧

No.	ファイル名	概要
1	hashire_merosu.txt	太宰治の走れメロス（青空文庫より）
2	stop_words.txt	ストップワードを格納したファイル

ノック51：
テキストファイルを読み込もう

　それでは対象データの読み込みから始めましょう。処理対象のテキストファイ
ルは1個です。まずはファイルの存在確認を行います。

```
ls data/
```

■図4-1：フォルダの状態

```
[3]  ls data/

    hashire_merosu.txt  stop_words.txt
```

　dataフォルダにテキストファイルが2つ見つかりました。1つは小説のデータ、
2つ目はストップワードが登録してあるファイルで、後ほど使用します。

　今回読み込むテキストファイルは、第1部で読み込んだような項目が定義され
たものではないため、別の読み方をしましょう。まずはファイルをオープンして、
その後で内容を一気に読み込みます。

```
with open('data/hashire_merosu.txt', mode='r', encoding='shift-jis') as
f:
    content = f.read()
print(content)
```

■図4-2：ファイル読み込み結果

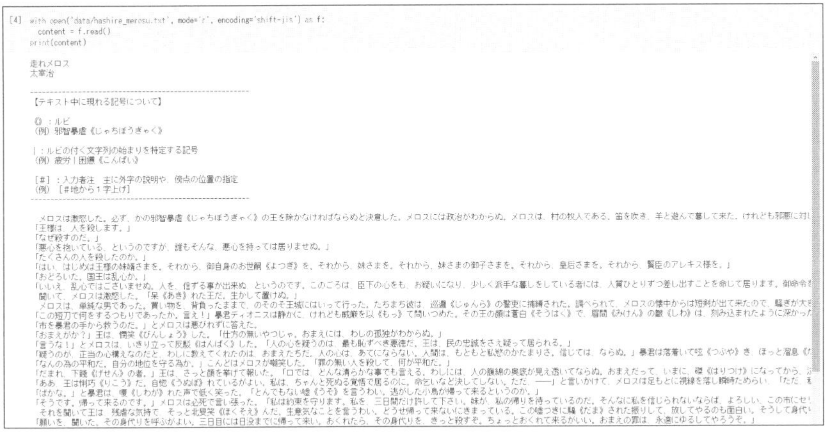

　printした内容を見ると、これまで扱ってきたデータのように項目が定義され
ていないことがわかると思います。このようなデータを読み込む場合は、with
openで対象ファイルをオープンし、読み込みは別の行で記述します。

　mode='r'は読み込み用のモード、エンコードも指定しています。fという別名
を付けた上で、read()で全量を一気に読み込んでいます。

　ファイルの中身を全て読み込むと、前半にはタイトルと作者、注意書きの後に
本文があり、後半には編集に関する記載があることがわかります。ある程度ルー
ルがあるようですので、**ノック53**までに構造化を意識したデータ取得を行って
いきましょう。

ノック52：本文を抽出して1つに纏めよう

それではまず、本文を綺麗に取得していきましょう。**ノック51**で取得した全量データは1行ずつ改行してある状態です。このデータを行単位で分割した上で、1個に繋げます。

```
content = ' '.join(content.split())
content
```

図4-3：split結果

```
[5] content = ' '.join(content.split())
    content

    '走れメロス 太宰治 ---------------------------------------------------------- 【テキスト中に現れる記号について】 《》：ルビ （例）邪智暴虐《じゃちぼうぎゃく》 ｜：ルビの付く文字列の始まりを特定する記号 （例）疲労｜困憊《こんぱい》 ［＃］：入力者注 主に外字の説明や、傍点の位置の指定 （例）［＃地から１字上げ］ ---------------------------------------------------------- メロスは激怒した。必ず、かの邪智暴虐《じゃちぼうぎゃく》の王を除かなければならぬと決意した。メロスには政治がわからぬ。メロスは、村の牧人である。笛を吹き、羊と遊んで暮して来た。けれども邪悪に対しては、人一倍に敏感であった。きょう未明メロスは村を出発し、野を越え山越え、十里はなれた此《こ》のシラクスの市にやって来た。メロスには父も、母も無い。女房も無い。十六の、内気な妹と二人暮しだ。この妹は、村の或る律気な一牧人を、近々、花婿《はなむこ》として迎える事になっていた。結婚式も間近かなのである。メロスは、それゆえ、花嫁の衣裳やら祝宴の御馳走やらを買いに、はるばる市にやって来たのだ。先ず、その品々を買い集め、それから都の大路をぶらぶら歩いた。メロスには竹馬の友があった。セリヌンティウスである。今は此のシラクスの市で、石工をしている。その友を、これから訪ねてみるつもりなのだ。久しく逢わなかったのだから、訪ねて行くのが楽しみである。歩いているうちにメロスは、まちの様子を怪しく思った。ひっそりしている。もう既に日も落ちて、まちの暗いのは当りまえだが、けれども、なんだか、夜のせいばかりでは無く、市全体が、やけに寂しい。のんきなメロスも、だんだん不安になって来た。路で逢った若い衆をつかまえて、何かあったのか、二年まえに此の市に来たときは、夜でも皆が歌をうたって、まちは賑やかであった筈《はず》だが、と質問した。若い衆は、首を振って答えなかった。しばらく歩いて老爺《ろうや》に逢い、こんどはもっと、語勢を強くして質問した。老爺は答えなかった。メロスは両手で老爺のからだをゆすぶって質問を重ねた。老爺は、あたりをはばかる低声で、わずか答えた。「王様は、人を殺します。」「なぜ殺すのだ。」「悪心を抱いている、というの'
```

contentをsplit()で分割しています。split()は引数を省略すると、スペースや改行、タブといった空白文字で分割します。結果を見ると、改行がなくなり、1つのテキストとして繋がっていることがわかります。

続いて、文字の正規化を行います。正規化とは、文字のあるルールに基づいてunicodeの変換を行うための処理です。

```
import unicodedata
content = unicodedata.normalize('NFKC', content)
content
```

図4-4：変換結果

```
[6] import unicodedata
    content = unicodedata.normalize('NFKC', content)
    content

    '走れメロス 太宰治 ---------------------------------------------------------- 【テキスト中に現れる記号について】 《》:ルビ (例)邪智暴虐《じゃちぼうぎゃく》 |:ルビの付く文字列の始まりを特定する記号 (例)疲労|困憊《こんぱい》 [#]:入力者注 主に外字の説明や、傍点の位置の指定 (例)[#地から1字上げ] ---------------------------------------------------------- メロスは激怒した。必ず、かの邪智暴虐《じゃちぼうぎゃく》の王を除かなければならぬと決意した。メロスには政治がわからぬ。メロスは、村の牧人である。笛を吹き、羊と遊んで暮して来た。けれども邪悪に対しては、人一倍に敏感であった。きょう未明メロスは村を出発し、野を越え山越え、十里はなれた此《こ》のシラクスの市にやって来た。メロスには父も、母も無い。女房も無い。十六の、内気な妹と二人暮しだ。この妹は、村の或る律気な一牧人を、近々、花婿《はなむこ》として迎える事になっていた。結婚式も間近かなのである。メロスは、それゆえ、花嫁の衣裳やら祝宴の御馳走やらを買いに、はるばる市にやって来たのだ。先ず、その品々を買い集め、それから都の大路をぶらぶら歩いた。メロスには竹馬の友があった。セリヌンティウスである。今は此のシラクスの市で、石工をしている。その友を、これから訪ねてみるつもりなのだ。久しく逢わなかったのだから、訪ねて行くのが楽しみである。歩いているうちにメロスは、まちの様子を怪しく思った。ひっそりしている。もう既に日も落ちて、まちの暗いのは当りまえだが、けれども、なんだか、夜のせいばかりでは無く、市全体が、やけに寂しい。のんきなメロスも、だんだん不安になって来た。路で逢った若い衆をつかまえて、何かあったのか、二年まえに此の市に来たときは、夜でも皆が歌をうたって、まちは賑やかであった筈《はず》だが、と質問した。若い衆は、首を振って答えなかった。しばらく歩いて老爺《ろうや》に逢い、こんどはもっと、語勢を強くして質問した。老爺は答えなかった。メロスは両手で老爺のからだをゆすぶって質問を重ねた。老爺は、あたりをはばかる低声で、わずか答えた。「王様は、人を殺します。」「なぜ殺すのだ。」「悪心を抱いている、というの'
```

　見た目にはわかりづらいですが、数値は半角、カナは全角で統一されています。テキストファイルにはよく全半角の混在が見られるのですが、同じ単語でも、全角と半角が異なると別の単語として認識されてしまいます。これを防ぐために、文字の正規化を行うのです。

　'NFKC'と記述した部分は、正規化の形式の指定です。本書では詳細は省略しますが、どのように正規化するかは状況によって異なりますので、必要に応じて調べてみてください。

　では次に、本文にあたる文章を取得しましょう。正規表現を使い、あるパターンに該当する部分を取得します。

```
import re
pattern = re.compile(r'^.+(#地から1字上げ].+#地から1字上げ]).+$')
body = re.match(pattern, content).group(1)
print(body)
```

■ 図4-5：本文の取得結果

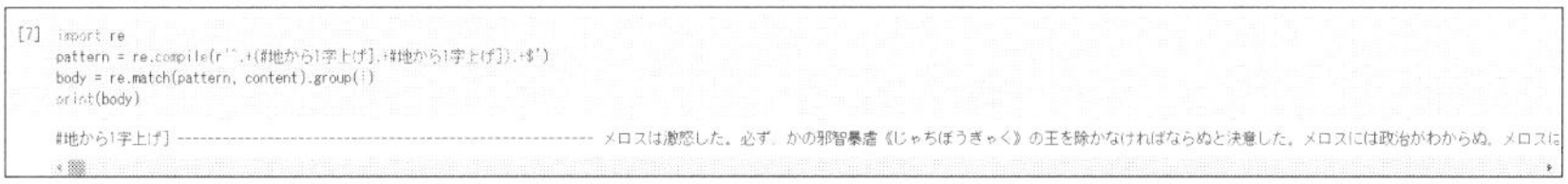

　標準ライブラリのreをインポートして、パターンに該当する部分を記述しています。正規表現は使い方がわかるととても便利なのですが、とても奥が深く、説明が非常に細かくなってしまうため、ここではどう使っているかだけを説明します。

　re.compile(r'^.+(AAA.+BBB).+$')という形式で記述していますが、"AAA"と"BBB"には、任意のテキストを設定できます。そうすると、AAAから始まってBBBで終わるというパターンが出来上がります。

　そして、re.match().group(1)にパターンと検索対象を設定することで、検索対象からパターンに該当する部分だけを取得できるのです。今回はAAAとBBBに同じ"#地から1字上げ]"が記述されていますが、これは、今回の小説データの本文の前後にその記載があるためです。本文の内容は小説毎に異なりますが、その前後に特定のテキストが入るルールが見つかったため、それを利用しています。

　結果を見ると、本文の前後にパターンで記述した部分が含まれています。最後にこの部分を除外しましょう。

```
body = body.replace('[#地から1字上げ] --------------------------------------------
------------------ ', '')
body = body.replace(' [#地から1字上げ]', '')
body
```

▊図4-6：クリーニング後の本文

　本文の先頭と末尾から、不要なテキストを置換により除外しました。これで、本文のテキストだけを綺麗に抽出することができました。

　正規表現で指定したテキストと最後に除外したテキストは、状況により変える必要があります。同じ青空文庫から取得した場合でも、記載ルールが一致しない可能性がある点はご了承ください。また、皆さまが自前のデータを処理する場合も、それに合わせたテキストを設定する必要があります。

　正規表現は仕組みがわかれば、使い道は非常に多いでしょう。ただし慣れは必要ですので、興味がある方は調べてみるとよいでしょう。

⚾🏏 ノック53：本文以外の項目を取り出そう

　次は、本文以外の項目を取得して、データフレームとして保持してみましょう。本章のノックで扱うのは本文だけなので、実際にはここで取得するデータは使いません。しかし、項目が定義されていないテキストデータから項目を綺麗に取得したい、という状況もよくありますので、やり方のひとつとして見ておいてください。

　今回は、タイトル、著者、公開日、修正日を取得して、本文と一緒にデータフレームに格納します。

```
with open('data/hashire_merosu.txt', mode='r', encoding='shift-jis') as
f:
   title = f.readline()
   author = f.readline()
print(title)
print(author)
```

▋図4-7：タイトルと著者

```
[9]  with open('data/hashire_merosu.txt', mode='r', encoding='shift-jis') as f:
        title = f.readline()
        author = f.readline()
     print(title)
     print(author)

     走れメロス

     太宰治
```

　ノック51と同様にファイルをオープンして読み込んでいますが、違いは
readline()で1行ずつ読み込んでいる点です。先頭2行にタイトルと著者が設定
されていますので、そこを順番に読み込んだ形です。
　結果を見ると改行が含まれていることが確認できます。改行コードを置換して
削除しておきましょう。

```
title = title.replace('¥n', '')
print(title)
author = author.replace('¥n', '')
print(author)
```

▋図4-8：改行コードを除外した結果

```
[10]  title = title.replace('¥n', '')
      print(title)
      author = author.replace('¥n', '')
      print(author)

      走れメロス
      太宰治
```

'¥n' が改行コードにあたります。表示された結果から、改行が削除されたことが確認できました。

では次に、公開日と修正日を取り出しましょう。公開日と修正日は、本文よりも後に記載されています。もう一度データの読み込みから行いますが、今回は行単位での一括読み込みを行います。

```
with open('data/hashire_merosu.txt', mode='r', encoding='shift-jis') as
f:
    content = f.readlines()
content
```

■図4-9：テキストファイルの一括読み込み

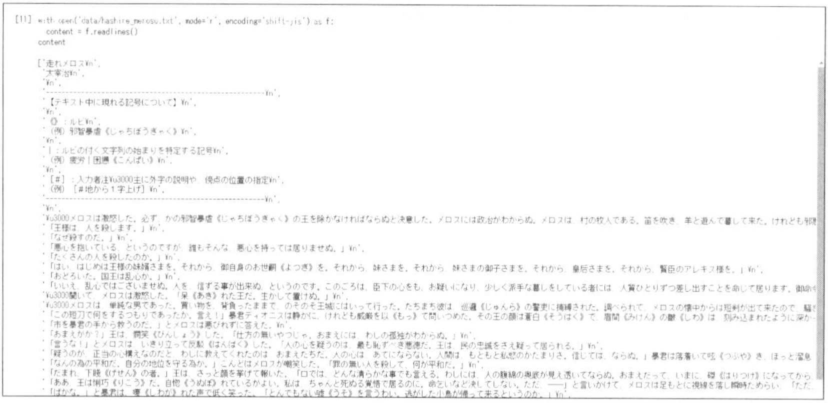

readlines()を使うと、テキスト全体を読み込み、結果を行単位のリストで保持してくれます。ではそのリストをデータフレームに入れてみましょう。

```
import pandas as pd
df = pd.DataFrame(content, columns=['text'])
df['text'] = df['text'].str.replace('¥n', '')
df
```

■図4-10：データフレームに格納した結果

```
[12] import pandas as pd
     df = pd.DataFrame(content, columns=['text'])
     df['text'] = df['text'].str.replace('¥n', '')
     df
```

	text
0	走れメロス
1	太宰治
2	
3	--...
4	【テキスト中に現れる記号について】
...	...
100	校正：高橋美奈子
101	2000年12月4日公開
102	2011年1月17日修正
103	青空文庫作成ファイル：
104	このファイルは、インターネットの図書館、青空文庫（http://www.aozora.gr....

105 rows × 1 columns

　textという項目名を設定して、データフレームに格納しました。その後、改行を一括置換で削除しています。

　101行目が公開日、102行目が修正日であることが確認できました。ではこれらを取得し、そのまま日付型に変換してみましょう。

```
date = df[(df['text'].str.contains('日公開'))|(df['text'].str.contains('日
修正'))].copy()
print(date)

date['text'] = date['text'].str.replace('公開', '')
date['text'] = date['text'].str.replace('修正', '')
print(date)

date['text'] = date['text'].str.replace('年', '/')
date['text'] = date['text'].str.replace('月', '/')
date['text'] = date['text'].str.replace('日', '')
print(date)
```

```
date['text'] = pd.to_datetime(date['text'])
```
```
print(date)
```
```
date.dtypes
```

■図4-11：公開日と修正日

```
[13]  date = df[(df['text'].str.contains('日公開'))|(df['text'].str.contains('日修正'))].copy()
      print(date)

      date['text'] = date['text'].str.replace('公開', '')
      date['text'] = date['text'].str.replace('修正', '')
      print(date)

      date['text'] = date['text'].str.replace('年', '/')
      date['text'] = date['text'].str.replace('月', '/')
      date['text'] = date['text'].str.replace('日', '')
      print(date)

      date['text'] = pd.to_datetime(date['text'])
      print(date)
      date.dtypes

                  text
      101   2000年12月4日公開
      102   2011年1月17日修正
                  text
      101   2000年12月4日
      102   2011年1月17日
                  text
      101   2000/12/4
      102   2011/1/17
                  text
      101   2000-12-04
      102   2011-01-17
      text      datetime64[ns]
      dtype: object
```

　行数を指定すると、このファイルにしか対応できなくなるので、"日公開"か"日修正"を含む行を取得して、汎用的に使うことを意識しています。本章では1つのファイルしか扱わないので、実際はこのようにする必要はありません。しかし、余裕があれば汎用的に使う仕組みを用意しておくことが大事です。

　日付型への変換を行うのは、日付が文字列のままだと使いづらいためです。このようにしておくだけで、データが溜まってきたときに扱いやすさが格段に違ってきます。型変換する際は年月日と和名で設定された日付を/区切りに変えてあります。

　では、日付を取り出して、日付の計算ができるか確認してみましょう。

```
release_date = date.iat[0, 0]
update_date = date.iat[1, 0]
print(release_date)
print(update_date)
date = update_date - release_date
print(date)
```

■図4-12：取得した日時と計算結果

```
[14] release_date = date.iat[0, 0]
     update_date = date.iat[1, 0]
     print(release_date)
     print(update_date)
     date = update_date - release_date
     print(date)

     2000-12-04 00:00:00
     2011-01-17 00:00:00
     3696 days 00:00:00
```

　データフレームの行列番号を指定して、それぞれの日付に設定しています。2
つの日付をもったデータフレームdateに対し、iat[] で行列を指定しました。カ
ンマの左が行、右が列の番号となります。修正日から公開日を引いた経過日数も
算出できており、日付型への変換が正しく行われたことが確認できました。
　では最後に、取得した項目をデータフレームに設定しましょう。

```
booklist = pd.DataFrame([[title, author, release_date, update_date, bod
y]], columns=['title', 'author', 'release_date', 'update_date', 'body'])
booklist
```

■図4-13：取得項目を格納したデータフレーム

```
[15] booklist = pd.DataFrame([[title, author, release_date, update_date, body]], columns=['title', 'author', 'release_date', 'update_date', 'body'])
     booklist

          title author release_date update_date                                                                    body
     0 走れメロス  太宰治   2000-12-04   2011-01-17  メロスは激怒した。必ず、かの邪智暴虐《じゃちぼうぎゃく》の王を除かなければならぬと決意した。...
```

　個々に取得した値をリストで指定し、項目名も設定することで、綺麗なデータ
フレームを用意できました。

ノック54：
形態素解析で単語に分割しよう

　それでは、形態素解析を用いて、本文を単語に分割していきましょう。形態素解析とは、文章を最小の単位（形態素）に分割する分かち書き、それらの形態素を名詞や動詞などに分ける品詞わけ、分割した単語に原型を付与する処理で構成されています。文章ではイメージが伝わりづらいため、実際にやっていきましょう。

　形態素解析のライブラリは幾つかありますが、本書ではMeCabを使用します。まずはMeCabをインストールしましょう。

```
%%bash

apt install -yq ¥
  mecab ¥
  mecab-ipadic-utf8 ¥
  libmecab-dev
pip install -q mecab-python3
ln -s /etc/mecabrc /usr/local/etc/mecabrc
```

■図4-14：MeCabのインストール

```
[18] %%bash

    apt install -yq ¥
      mecab ¥
      mecab-ipadic-utf8 ¥
      libmecab-dev
    pip install -q mecab-python3
    ln -s /etc/mecabrc /usr/local/etc/mecabrc

    emitting matrix     : 100% |##############################################|

    done!
    Setting up mecab-ipadic-utf8 (2.7.0-20070801+main-3) ...
    Compiling IPA dictionary for Mecab.  This takes long time...
    reading /usr/share/mecab/dic/ipadic/unk.def ... 40
    emitting double-array: 100% |##############################################|
    /usr/share/mecab/dic/ipadic/model.def is not found. skipped.
    reading /usr/share/mecab/dic/ipadic/Interjection.csv ... 252
    reading /usr/share/mecab/dic/ipadic/Conjunction.csv ... 171
    reading /usr/share/mecab/dic/ipadic/Adverb.csv ... 3032
    reading /usr/share/mecab/dic/ipadic/Noun.place.csv ... 72999
    reading /usr/share/mecab/dic/ipadic/Noun.adverbal.csv ... 795
    reading /usr/share/mecab/dic/ipadic/Prefix.csv ... 221
    reading /usr/share/mecab/dic/ipadic/Noun.demonst.csv ... 120
    reading /usr/share/mecab/dic/ipadic/Postp.csv ... 146
```

　ここではバージョンを指定していませんが、特定のバージョンを指定したい場合は、「pip install -q mecab-python3==1.0.8」のように書き替えてください。

　pipインストールが完了したら、結果を確認します。

```
pip list | grep mecab
```

■図4-15：MeCabインストール結果

```
[17] pip list | grep mecab

     mecab-python3                    1.0.8
```

　問題なくインストールできました。表示されている数字がバージョンです。別
バージョンが表示されている場合も、そのまま進めて構いません。
　では、本文に対してMeCabを実行してみましょう。

```
import MeCab
tagger = MeCab.Tagger()
body = booklist.iloc[0, 4]
parsed = tagger.parse(body).split('¥n')
parsed[:4]
```

■図4-16：MeCabで分割された単語の先頭4件

```
[18] import MeCab
     tagger = MeCab.Tagger()
     body = booklist.iloc[0, 4]
     parsed = tagger.parse(body).split('¥n')
     parsed[:4]

     ['メロス¥t名詞,一般,*,*,*,*,*',
      'は¥t助詞,係助詞,*,*,*,*,は,ハ,ワ',
      '激怒¥t名詞,サ変接続,*,*,*,*,激怒,ゲキド,ゲキド',
      'し¥t動詞,自立,*,*,サ変・スル,連用形,する,シ,シ']
```

　2行目までは書く決まりだと思っていただいて構いません。3行目でデータフ
レームから本文を取得して、4行目でMeCabを実行しています。その際、取得
結果を改行コード区切りで分割しています。最後にスライス表記で先頭の4行を
表示しました。
　各行の左側に、分割された単語が表示されているのがわかると思います。そして
¥tのタブ区切りがあり、幾つかの値がカンマ区切りで表示されています。中身の解
説は後程するとして、次は末尾の4行も確認してみましょう。

```
parsed[-4:]
```

▣図4-17：MeCab実行結果の末尾4行

```
[19]  parsed[-4:]

      ['た¥t助動詞,*,*,*,特殊・タ,基本形,た,タ,タ', '。¥t記号,句点,*,*,*,*,。,。,。', 'EOS', '']
```

　末尾の行を表示する場合、スライス表記の記述方が異なる点にご注意ください。先程と表示の仕方は異なりますが、シングルクォーテーションで括られた部分が行にあたります。こうして見ると末尾2行は不要なことがわかります。

　では、末尾2行を削除しましょう。

```
parsed = parsed[:-2]
parsed[-4:]
```

▣図4-18：末尾2行削除後

```
[20]  parsed = parsed[:-2]
      parsed[-4:]

      ['赤面¥t名詞,サ変接続,*,*,*,*,赤面,セキメン,セキメン',
       'し¥t動詞,自立,*,*,サ変・スル,連用形,する,シ,シ',
       'た¥t助動詞,*,*,*,特殊・タ,基本形,た,タ,タ',
       '。¥t記号,句点,*,*,*,*,。,。,。']
```

　不要な行が削除され、本文から分割された単語だけを残すことができました。

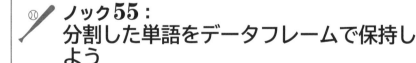

ノック55：
分割した単語をデータフレームで保持しよう

　さて、単語の分割はできましたが、このままでは扱いづらいので、データフレームに格納しましょう。先程のMeCab実行結果を多次元リスト（リストの中にリストが入った状態）に変換した後で、データフレームに格納します。今回は少し高度な書き方をしてみます。

```
*values, = map(lambda s: re.split(r'¥t|,', s), parsed)
values[:4]
```

■図4-19：多次元リスト

```
[21]  *values, = map(lambda s: re.split(r'¥t|,', s), parsed)
      values[:4]

      [['メロス', '名詞', '一般', '*', '*', '*', '*', '*'],
       ['は', '助詞', '係助詞', '*', '*', '*', '*', 'は', 'ハ', 'ワ'],
       ['激怒', '名詞', 'サ変接続', '*', '*', '*', '*', '激怒', 'ゲキド', 'ゲキド'],
       ['し', '動詞', '自立', '*', '*', 'サ変・スル', '連用形', 'する', 'シ', 'シ']]
```

見慣れないものが幾つか出てきました。

```
map(lambda 引数：処理,  シーケンス)
```

という構成で、引数はs、処理はre.split(r'¥t|,', s)、シーケンスは
parsedとなります。

re.split(r'¥t|,', s) は正規表現を用いた置換で、"¥t"またはカンマ", "
がある場合、カンマ", "に置換するという処理です。

lambda は無名関数と言い、シンプルな処理を自分で作る場合に使用します。
今回は、re.split()の処理を作り、結果をsに返しています。

さらにその部分をmap()で囲むことにより、結果が多次元リストとして保持さ
れます。1つ目の引数が lambda s: re.split(r'¥t|,', s)、2つ目の引数が
parsedです。parsedを1行ずつ置換処理してリストに格納し、行単位のリスト
を複数持つイメージとなります。

*values, = が記述されていますので、結果をvaluesに入れるのですが、変数
の左側にアスタリスクがある場合、中身を分割して持つということとなります。

先頭4行を表示すると、先程の行単位のデータが全てカンマ区切りとなり、多
次元リストで保持されていることがわかります。

このように、言葉で説明するのがとても難しい処理を、1行で効率的に書く方法
を見ていただきました。難しいと感じた場合は、ひとつひとつを分解して、同様の
ケースの場合にどの部分を書き換えればよいかを掴んでもらえればと思います。

では、作成したデータをデータフレームに格納しましょう。

```
import pandas as pd
columns = ['表層形', '品詞', '品詞細分類1', '品詞細分類2', '品詞細分類3', '活用型',
'活用形', '原形', '読み', '発音']
mecab_df = pd.DataFrame(data=values, columns=columns)
print(len(mecab_df))
mecab_df.head(4)
```

■図4-20：データフレーム格納結果

```
[22]  import pandas as pd
      columns = ['表層形', '品詞', '品詞細分類1', '品詞細分類2', '品詞細分類3', '活用型', '活用形', '原形', '読み', '発音']
      mecab_df = pd.DataFrame(data=values, columns=columns)
      print(len(mecab_df))
      mecab_df.head(4)

      6712
```

	表層形	品詞	品詞細分類1	品詞細分類2	品詞細分類3	活用型	活用形	原形	読み	発音
0	メロス	名詞	一般	*	*	*	*	*	None	None
1	は	助詞	係助詞	*	*	*	*	は	ハ	ワ

　先に項目名を定義し、値を入れつつ項目名を設定しました。本文から分割された単語の件数と、その中身が確認でき、とても見やすくなりましたね。
　項目を幾つか解説すると、表層形は分割された単語そのものです。その単語の基本形として標準化したものが原形となり、表層形と比べて数は少し減ります。分析や機械学習でどちらを使うかは状況によりますが、本章では主に原形を使っていきます。

ノック56：
名詞と動詞を取り出そう

　MeCabの結果をデータフレームで保持したところで、中身を確認してみましょう。原形と品詞をグループ化して、件数を確認します。

```
print(mecab_df.groupby(['原形','品詞']).size().sort_values(ascending=Fals
e))
```

■図4-21：グループ化した件数

```
[23]  print(mecab_df.groupby(['原形','品詞']).size().sort_values(ascending=False))

原形   品詞
、    記号    555
。    記号    458
は    助詞    268
て    助詞    237
の    助詞    225
            ...
国王   名詞     1
囲み   名詞     1
困憊   名詞     1
四肢   名詞     1
謳る   動詞     1
Length: 1325, dtype: int64
```

　ここで表示されている右側の数字が、単語の登場回数です。上位の単語の品詞を見ると、記号や助詞であることがわかります。形態素まで分割したとき、実際に上位にくるのはこのような単語であり、これらの傾向を見ても特徴的な単語を拾うことはできません。
　そこで、対象を名詞に絞ってみましょう。実際に表示されている単語が異なる場合も、気にせず進めてください。

```
noun = mecab_df.loc[mecab_df['品詞'] == '名詞']
noun
```

■図4-22：名詞に絞り込んだデータフレーム

```
[24]  noun = mecab_df.loc[mecab_df['品詞'] == '名詞']
      noun
```

	表層形	品詞	品詞細分類1	品詞細分類2	品詞細分類3	活用型	活用形	原形	読み	発音
0	メロス	名詞	一般	*	*	*	*	*	None	None
2	激怒	名詞	サ変接続	*	*	*	*	激怒	ゲキド	ゲキド
9	邪智	名詞	一般	*	*	*	*	邪智	ジャチ	ジャチ
10	暴虐	名詞	一般	*	*	*	*	暴虐	ボウギャク	ボーギャク
13	ゃちぼうぎゃく	名詞	固有名詞	組織	*	*	*	*	None	None
...	...	...	...	...	...	...	...	...	...	...
6691	皆	名詞	代名詞	一般	*	*	*	皆	ミナ	ミナ
6695	の	名詞	非自立	一般	*	*	*	の	ノ	ノ
6700	の	名詞	非自立	一般	*	*	*	の	ノ	ノ
6704	勇者	名詞	一般	*	*	*	*	勇者	ユウシャ	ユーシャ
6708	赤面	名詞	サ変接続	*	*	*	*	赤面	セキメン	セキメン

1686 rows × 10 columns

　名詞のみに絞ってみると、名詞と言えそうなものと、そうでないものがあることが分かります。たとえばインデックス13の"ゃちぼうぎゃく"は単語として切る位置がおかしかったのでしょう。本来あり得ない形で分割されています。また、インデックス6695と6700の"の"も名詞として扱われています。

　文章を単語に分割できると言われると、我々が普段使い慣れている単語そのままに分割してくれそうなイメージを持ちますが、実際はこのようなデータも含まれるということを認識しておきましょう。全体から見ると一部のデータですが、AIの精度を上げていくためにはこのあたりの考慮も必要です。

　本書では詳しい解説をしませんが、形態素解析は辞書に基づいて単語を分割しています。この辞書も様々なものが用意されており、頻繁に更新されるものもあります。状況によっては利用を検討してもよいでしょう。辞書を自分で追加することも可能です。

　では次に、名詞と動詞で絞ったデータフレームも用意しておきましょう。実際にはこの2パターンを見て、単語の特徴を分析するケースが多いです。

```
verb = mecab_df.loc[(mecab_df['品詞'] == '名詞')|(mecab_df['品詞'] == '動詞
')]
verb
```

◤図4-23：名詞と動詞に絞り込んだデータフレーム

```
[25] verb = mecab_df.loc[(mecab_df['品詞'] == '名詞')|(mecab_df['品詞'] == '動詞')]
     verb
```

	表層形	品詞	品詞細分類1	品詞細分類2	品詞細分類3	活用型	活用形	原形	読み	発音
0	メロス	名詞	一般	*	*	*	*	*	None	None
2	激怒	名詞	サ変接続	*	*	*	*	激怒	ゲキド	ゲキド
3	し	動詞	自立	*	*	サ変・スル	連用形	する	シ	シ
9	邪智	名詞	一般	*	*	*	*	邪智	ジャチ	ジャチ
10	暴虐	名詞	一般	*	*	*	*	暴虐	ボウギャク	ボーギャク
...	...	...	...	...	...	...	...	...	...	...
6695	の	名詞	非自立	一般	*	*	*	の	ノ	ノ
6700	の	名詞	非自立	一般	*	*	*	の	ノ	ノ
6704	勇者	名詞	一般	*	*	*	*	勇者	ユウシャ	ユーシャ
6708	赤面	名詞	サ変接続	*	*	*	*	赤面	セキメン	セキメン
6709	し	動詞	自立	*	*	サ変・スル	連用形	する	シ	シ

2666 rows × 10 columns

　抽出条件をor条件で繋げています。ここで表示されているものだけでは特徴が
わかりませんが、品詞が動詞の行を見ると、除外したくなります。実際このよう
に邪魔な単語は様々な手段で除外していくのですが、本書では一部の手法に絞っ
て行っていきます。

ノック57：
不要な単語を除外しよう

　それでは、不要な単語を除外していきましょう。今回は、除外したい単語を予
め登録したストップワードファイルを読み込み、該当する単語を除外する処理を
行います。今回はこのタイミングで処理しますが、基本的には最初はストップワー
ドを考慮せずに分析してよいと思います。分析する中で、どうしても出てほしく
ない単語をピンポイントで除外したい場合があれば、この仕組みを取り入れるの
がよいでしょう。
　まずは、ストップワードファイルを読み込んでみます。

```
with open('data/stop_words.txt', mode='r') as f:
  stop_words = f.read().split()
stop_words
```

■図4-24：ストップワード

```
[26] with open('data/stop_words.txt', mode='r') as f:
         stop_words = f.read().split()
     stop_words

     ['する', 'いる', 'なる', 'れる', 'よう']
```

　対象ファイルを一括で読み込み、改行区切りで単語分割しています。結果を見
ると、単語が入力されているだけの単純なファイルであることがわかります。今
回は、この2文字が出ても意味がよくわからない、というものを設定してあります。
実際は除外しなくても、そこまで大きな影響は無いかもしれません。
　では続いて、**ノック56**で設定した名詞のみのデータと名詞＋動詞のデータに
対して、ストップワードを除外する処理を行います。

```
print(len(noun))
noun = noun.loc[~noun['原形'].isin(stop_words)]
print(len(noun))
display(noun.head())

print(len(verb))
verb = verb.loc[~verb['原形'].isin(stop_words)]
print(len(verb))
display(verb.head())
```

■図4-25：ストップワード除外結果

```
[27] print(len(noun))
     noun = noun.loc[~noun['原形'].isin(stop_words)]
     print(len(noun))
     display(noun.head())

     print(len(verb))
     verb = verb.loc[~verb['原形'].isin(stop_words)]
     print(len(verb))
     display(verb.head())

     1686
     1673
```

	表層形	品詞	品詞細分類1	品詞細分類2	品詞細分類3	活用型	活用形	原形	読み	発音
0	メロス	名詞	一般	*	*	*	*	*	None	None
2	激怒	名詞	サ変接続	*	*	*	*	激怒	ゲキド	ゲキド
9	邪智	名詞	一般	*	*	*	*	邪智	ジャチ	ジャチ
10	暴虐	名詞	一般	*	*	*	*	暴虐	ボウギャク	ボーギャク
13	やちぼうぎゃく	名詞	固有名詞	組織	*	*	*	*	None	None

```
2666
2448
```

	表層形	品詞	品詞細分類1	品詞細分類2	品詞細分類3	活用型	活用形	原形	読み	発音
0	メロス	名詞	一般	*	*	*	*	*	None	None
2	激怒	名詞	サ変接続	*	*	*	*	激怒	ゲキド	ゲキド
9	邪智	名詞	一般	*	*	*	*	邪智	ジャチ	ジャチ
10	暴虐	名詞	一般	*	*	*	*	暴虐	ボウギャク	ボーギャク
13	やちぼうぎゃく	名詞	固有名詞	組織	*	*	*	*	None	None

データフレームの原形に対して、ストップワードが含まれていない行だけを抽出し、前後の件数を比較用に表示しています。isin()を使うと、引数で渡した値が存在するか確認し、結果をTrue/Falseで返します。そしてloc[]の抽出条件にチルダ“ ~ ”が入ると否定形となるため、ストップワードでない行を抽出する、という処理になります。

　名詞も名詞＋動詞も、原形に対して処理を行いました。ここは表層形に対して行う場合もありますので、状況を見て判断しましょう。件数を見ると、レコードが少し減っているのがわかりますね。

　単語を除外する処理は、状況により選ぶ手法が異なります。ストップワードも除外しない方がよい場合もあり、ここでのノックが必ずしも正解とは言えません。機械学習を行う場合、ハイパーパラメータで設定することもあります。

　また、今回のように細かいところを気にするのではなく、単純に上位と下位数パーセントの単語を除外する場合もあります。このあたりは地味で泥臭い部分でもありますので、状況を見ながら、できる範囲で掘り下げてみてください。

ノック58：
単語の使用状況をグラフで可視化しよう

　それではここまでの状況で、単語の使用状況を可視化してみましょう。件数を集計した表でも確認はできますが、やはり人に説明する場合は、グラフ化して見せた方が理解も早く効率的です。

　ではまずは、グラフ化するためのデータを用意しましょう。

```python
count = noun.groupby('原形').size().sort_values(ascending=False)
count.name = 'count'
count = count.reset_index().head(10)
count
```

▌図4-26：名詞の使用回数上位10件

```
[28]  count = noun.groupby('原形').size().sort_values(ascending=False)
      count.name = 'count'
      count = count.reset_index().head(10)
      count
```

	原形	count
0	＊	155
1	の	78
2	私	76
3	人	30
4	おまえ	20
5	王	19
6	友	18
7	事	15
8	君	13
9	妹	12

　名詞の使用回数上位10件を表示しました。原形でグループ化したデータを降順で並べ替えた上で、先頭10件を表示しています。今回は原形を対象としていますが、先頭の"＊"が多いのは、表層形に対する原形が設定されていないものが多いということになります。このあたりは使用するデータにより傾向が異なります。

　上位の単語を見ると、1文字の名詞が多く使われていることがわかります。この作品だけなのか、作者がこういった言葉を選ぶ傾向にあるのかは気になるところです。

　では、この表を横向きの棒グラフで表示してみましょう。データには日本語が含まれるため、先にjapanize-matplotlibをpipでインストールします。

```
!pip install -q japanize-matplotlib
```

▌図4-27：japanize-matplotlibのpipインストール

```
[29]  !pip install -q japanize-matplotlib
             |█████████████████████| 4.1MB 5.2MB/s
      Building wheel for japanize-matplotlib (setup.py) ... done
```

では引き続き、グラフで可視化しましょう。今回はseabornを使用します。

```
import matplotlib.pyplot as plt
import seaborn as sns
import japanize_matplotlib
plt.figure(figsize=(10, 5))
sns.barplot(x=count['count'], y=count['原形'])
```

■図4-28：名詞の使用回数上位10件の棒グラフ

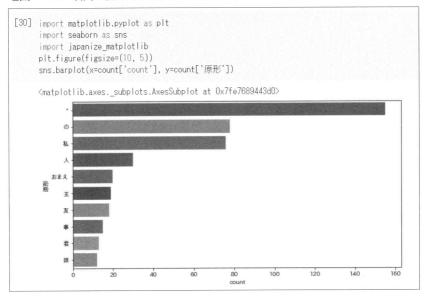

このあたりは**ノック13**から19で行ってきたグループ化やグラフ化の流れと同じですね。今回は一部のみ表示していますが、このような結果を見ると、外れ値がないか、上位や下位に邪魔なデータがないか、単語の特徴が表れているのはどのあたりなのか、といったデータの理解へと繋がっていきます。

名詞＋動詞も見る場合は、グループ化で対象のデータフレームを変えることで表示できます。

ノック59：Word Cloudで可視化してみよう

では続いて、単語の傾向をワードクラウドで可視化してみましょう。ワードクラウドは、出現の頻度に合わせて大きさを変えた単語が、まるで雲のように位置不定で配置されたもので、その1枚から文章の特徴を見出すことに役立ちます。

最初に、フォントをインストールします。

```
!apt-get -yq install fonts-ipafont-gothic
```

■図4-29：フォントのインストール

```
[31] !apt-get -yq install fonts-ipafont-gothic

     Reading package lists...
     Building dependency tree...
     Reading state information...
     The following additional packages will be installed:
       fonts-ipafont-mincho
     The following NEW packages will be installed:
       fonts-ipafont-gothic fonts-ipafont-mincho
     0 upgraded, 2 newly installed, 0 to remove and 39 not upgraded.
     Need to get 8,251 kB of archives.
     After this operation, 28.7 MB of additional disk space will be used.
     Get:1 http://archive.ubuntu.com/ubuntu bionic/universe amd64 fonts-ipafont-gothic all 00303-18ubuntu1 [3,526 kB]
     Get:2 http://archive.ubuntu.com/ubuntu bionic/universe amd64 fonts-ipafont-mincho all 00303-18ubuntu1 [4,725 kB]
     Fetched 8,251 kB in 1s (7,119 kB/s)
     Selecting previously unselected package fonts-ipafont-gothic.
     (Reading database ... 160950 files and directories currently installed.)
     Preparing to unpack .../fonts-ipafont-gothic_00303-18ubuntu1_all.deb ...
     Unpacking fonts-ipafont-gothic (00303-18ubuntu1) ...
     Selecting previously unselected package fonts-ipafont-mincho.
     Preparing to unpack .../fonts-ipafont-mincho_00303-18ubuntu1_all.deb ...
     Unpacking fonts-ipafont-mincho (00303-18ubuntu1) ...
     Setting up fonts-ipafont-gothic (00303-18ubuntu1) ...
     update-alternatives: using /usr/share/fonts/opentype/ipafont-gothic/ipag.ttf to provide /usr/share/fonts/truetype/fonts-japanese-gothic.ttf (fonts-japanese-gothic.ttf) in auto mode
     Setting up fonts-ipafont-mincho (00303-18ubuntu1) ...
     update-alternatives: using /usr/share/fonts/opentype/ipafont-mincho/ipam.ttf to provide /usr/share/fonts/truetype/fonts-japanese-mincho.ttf (fonts-japanese-mincho.ttf) in auto mode
     Processing triggers for fontconfig (2.12.6-0ubuntu2) ...
```

特に意識して使いたいフォントがある場合は、別のものを使用して構いません。引き続き、対象フォントファイルの格納フォルダを参照して、結果を確認しましょう。

```
ls /usr/share/fonts/opentype/ipafont-gothic
```

■図4-30：フォントファイル格納フォルダ

```
[32] ls /usr/share/fonts/opentype/ipafont-gothic

     ipagp.ttf  ipag.ttf
```

対象フォントのファイルを確認できました。ファイルが2つ置いてありますが、どちらを使用しても構いません。今回はipagp.ttfを使用します。余談ですが、2つのファイルの違いは文字幅が等間隔かどうかです。pが付く方がプロポーショ

ナルで、幅が少し調整されます。

　では、ワードクラウドを作ってみましょう。対象は名詞のみの原形です。

```python
from wordcloud import WordCloud
import matplotlib.pyplot as plt
import japanize_matplotlib
font_path = 'usr/share/fonts/opentype/ipafont-gothic/ipagp.ttf'
cloud = WordCloud(background_color='white', font_path=font_path, regexp=
r"\w{2,}").generate(' '.join(noun['原形'].values))
plt.figure(figsize=(10, 5))
plt.imshow(cloud)
plt.axis("off")
plt.savefig('data/wc_noun_base_2.png')
plt.show()
```

■図4-31：ワードクラウド（名詞のみ、原形）

　ワードクラウドの他、グラフ表示に必要なライブラリもインポートしています。フォントファイルのパスを指定し、WordCloud() の引数で渡します。また、background_colorで背景の色も指定します。regexp=r"\w{2,}"は2文字以上の単語に絞って表示する場合に記載します。

　generate() で単語を渡すのですが、このとき、原形の値を半角スペース区切

りで連結して渡しています。その後グラフとして表示しますが、軸は不要なので plt.axis("off") で非表示にしています。画面表示と同時に、画像ファイルとしての出力も行っています。このように出力しておくと、後々の分析資料や記録としても有効です。

ワードクラウドの表示を見ると、使用回数の多い単語が大きく表示されています。文字の色はランダムです。色が1色だと文字の切れ目が分かりにくく、単語を認識しづらいため、何色か付くのがよいですね。

今回は2文字以上の単語に絞って表示しましたが、**ノック58**で上位にあった全ての単語を見るために、1文字の単語も表示してみましょう

```
cloud = WordCloud(background_color='white', font_path=font_path).generat
e(' '.join(noun['原形'].values))
plt.figure(figsize=(10, 5))
plt.imshow(cloud)
plt.axis("off")
plt.savefig('data/wc_noun_base_1.png')
plt.show()
```

■図4-32：1文字の単語も出力した結果

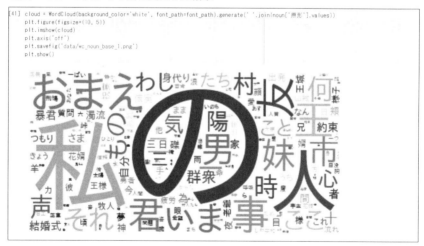

WordCloud()の引数から regexp=r"\w{2,}" を削除するだけです。結果を見ながら使い分けるのがよさそうですね。

　結果を見ると、1文字でも重要な単語はあるようです。しかし、"私"、"の"、"事"など、無くてよいものも目立つようになりました。人によって所感は違うかもしれませんが、2文字以上の制約があった方が、単語の特徴が良く出ているような気がします。

　では次は参考として、名詞のみの表層形を表示してみましょう。

```
cloud = WordCloud(background_color='white', font_path=font_path, regexp=
r"\w{2,}").generate(' '.join(noun['表層形'].values))
plt.figure(figsize=(10, 5))
plt.imshow(cloud)
plt.axis("off")
plt.savefig('data/wc_noun_surface.png')
plt.show()
```

◥ 図4-33：ワードクラウド（名詞のみ、表層形）

　原形が無くて"＊"となっていた登場人物の名前が出てきています。意味のわからないひらがな2文字が少し小さくなったことで、他の単語にも目が行くようになりました。本当に個人的な所感となってしまいますが、今回は表層形を使用したこの形が最もしっくりくる気がします。

　では最後に、名詞＋動詞の原形も見てみましょう。

```
cloud = WordCloud(background_color='white', font_path=font_path, regexp=
r"\w{2,}").generate(' '.join(verb['原形'].values))
plt.figure(figsize=(10, 5))
plt.imshow(cloud)
plt.axis("off")
plt.savefig('data/wc_noun-verb_base.png')
plt.show()
```

■図4-34：ワードクラウド（名詞＋動詞、原形）

　動詞が加わると、印象が大きく変わりました。名詞だけのときよりも、何やら物騒な話の印象が強まっているように感じませんか？

　このようにワードクラウドを使うと、使用頻度の高い単語を抽出し、それとわかるように表示してくれますので、中身を全て読まなくても特徴を捉えやすくなります。これは例えば、アンケートやレビューのコメントを集めて1つのワードクラウドにすることで、1枚の画像から評価の傾向を読み取ることにも使えそうです。
　ワードクラウドを使う上で大事なことは、作られた画像から文章を解釈し、説明できるかということです。いい感じの見た目のものができました、というだけでは、相手に何も伝わりません。気を付けるポイントは幾つかありますが、まずは大きい文字に引きずられすぎないこと、不要な単語は可能な範囲で除外してお

くことではないでしょうか。

　また、仕組みさえ作ってしまえば、すぐに何パターンも作れることがおわかりいただけたかと思います。1つに固執するのではなく、クイックに何パターンも用意できれば、分析する上でも有効となるでしょう。

⚾ ノック60：
　n-gramを作ってみよう

　最後は、特徴エンジニアリングの1つであるn-gramを作成してみましょう。特徴エンジニアリングとは、機械学習アルゴリズムの性能が高くなるような特徴を生データから作成し、予測能力を向上させるプロセスを指します。そしてn-gramは、文字列や文章を連続するn個の纏まりで分割する手法で、1個の場合をユニグラム（uni-gram）、2個をバイグラム（bi-gram）、3個をトライグラム（tri-gram）と呼びます。

　例えば「メロスは激怒した」の場合、ユニグラムであれば「"メロス", "は", "激怒", "した"」となり、バイグラムであれば「("メロス","は"), ("は","激怒"), ("激怒","した")」と1つずらしていきます。

　もちろん様々な特徴が作られる中の1つでしかなく、これだけで全てがわかるというものではありません。しかし機械学習で必要とされる特徴がどのようなものか知ることで、様々な加工が必要なこと、技術の幅を広げる必要があることがわかると思います。本書では機械学習までは行いませんが、流れを知るためにバイグラムを作ってみましょう。

　まずは、**ノック55**で作成したMeCab後の単語のデータフレームから、使用する単語を取り出してリストで保持しましょう。

```
target = mecab_df['表層形'].to_list()
len(target)
```

▪図4-35：リスト化した単語数

```
[37]  target = mecab_df['表層形'].to_list()
      len(target)

      6712
```

　全ての単語を対象に表層形をリスト化し、単語数を確認しました。それではこの単語を、2個の纏まりで分割したバイグラムにしてみましょう。

```
from nltk import ngrams
bigram = ngrams(target, 2)
```

▪図4-36：バイグラムの実行

```
[38]  from nltk import ngrams
      bigram = ngrams(target, 2)
```

　ngramsのライブラリをインポートして使用します。対象のリストとnにあたる数字を渡すだけなので、処理自体は簡単です。
　では、バイグラムで作られた値ごとの出現回数をカウントしてみましょう。

```
import collections
counter = collections.Counter(bigram)
print(counter)
```

▪図4-37：出現回数

```
[39] import collections
     counter = collections.Counter(bigram)
     print(counter)

     Counter([('だ', '、'): 142, ('は', '、'): 129, ('だ', '。'): 72, ('、', '」'): 55, ('メロス', 'は'): 47, ('の', 'だ'): 45, ('て', '、'): 39, ('私', 'は'): 36,
```

　標準ライブラリのcollections.Counter()を使用して、値の出現回数をカウントしました。どのような単語の繋がりが多く使われているかがわかります。これだけでは何のことなのかわからないかもしれませんが、例えば複数の文章からn-gramを作成して学習することで、どのような単語の組合せが多く使われる文

章なのかがわかり、文章の分類モデルに利用できる可能性があります。このように様々な特徴を作り出し、効果的に利用することで、機械学習モデルの予測精度向上に役立っています。

 まとめ

　最初の非構造化データとして、言語データを扱いました。言語処理でやるべきことはこの先にまだまだあるのですが、まずは文章を取り出す部分から始め、単語の扱いという点に重きを置いて実施してきました。言語処理も、やはり地味に加工しなければならない、ということも知っていただきました。ここまでを抑えることで、実際に抽出した単語を使った分析や機械学習に進むための1歩を踏み出したと言えるでしょう。

　今回は1つの文庫を対象としてその中身を見てきましたが、少し工夫すれば複数データを扱うことも可能です。もし難しいと感じるようであれば、第1章をもう一度振り返るのがよいでしょう。

　複数のデータを扱えるようになると、文章の分類や類似性の計算など、さらに面白い分析へと繋がり、利用シーンも格段に増えていきます。言語処理の魅力に気付いた方は、是非次のステップへと進んでみてください。

第5章
画像データの加工・可視化を行う10本ノック

　次の非構造化データは、画像データです。デジタルカメラが普及し、さらに携帯電話やスマートフォンにカメラが搭載されたことで、誰もが、いつでも写真を撮れる時代になりました。そういった意味で、画像というのはとても簡単に手に入れられるデータと言えるでしょう。

　AI開発が進む昨今、様々な画像認識AIが発表され、実用化されています。身近なところでは顔認証、さらには物体検知による人や車の認識など、様々なシーンで利用されています。ではそれらは、単純に画像を学習するだけで、AIのモデルとして使えるのでしょうか。

　一般的には、ディープラーニングによるAIの学習には、膨大な量の画像が必要とされています。ではAIモデル開発では、常に膨大な画像が用意されているのかというと、そうでもありません。学習させたい状況にフィットした画像は、なかなか撮れないのが現実です。

　そのような状況下では、画像そのものを加工するというのが、非常に有効になってきます。画像のサイズを変更したり、一部を切り出したり、角度を変えて画像を水増しするなど、いろいろなことができます。また、物体検知では、検知した対象を枠で囲ったり、読み取った文字を画像に埋め込むなどすることで、人間にもわかりやすくなります。

　本章では画像の加工と可視化について、絶対に知っておいた方がよい技術を学び、引き出しとして持っておきましょう。

ノック61： 画像ファイルを読み込んで表示してみよう

ノック62： 画像データの中身を確認しよう

ノック63： 画像データを切り出してみよう

ノック64： カラーヒストグラムを可視化してみよう

ノック65： RGB変換を行って画像を表示してみよう

ノック66： 画像のサイズを変更してみよう

ノック67： 画像を回転させてみよう

ノック68： 画像処理をしてみよう

ノック69： 画像にテキストや線を描画してみよう

ノック70： 画像を保存してみよう

利用シーン

　画像認識によるAIモデル開発の準備段階が最も多いでしょう。画像認識にも物体検知や動体追跡、モーションキャプチャーなど様々な技術がありますが、それらを実施する前後で利用できる技術です。

前提条件

本章のノックでは、数字が入った1枚の画像ファイルを用います。

■表：データ一覧

No.	ファイル名	概要
1	sample.jpg	画像データ

ノック61：画像ファイルを読み込んで表示してみよう

　それでは、画像ファイルの読み込みからやっていきます。画像を扱うライブラリはいくつかありますが、今回はOpenCVを中心に使用していきます。さっそく、sample.jpgファイルを読み込んでみましょう。

```
import cv2
img = cv2.imread('data/sample.jpg')
img
```

■図5-1：画像の読み込み

```
import cv2
img = cv2.imread('data/sample.jpg')
img

array([[[ 8, 10,  4],
        [ 8, 10,  4],
        [ 8, 10,  4],
        ...,
        [47, 69, 45],
        [46, 66, 47],
        [45, 65, 46]],

       [[ 8, 10,  4],
        [ 8, 10,  4],
        [ 8, 10,  4],
        ...,
        [50, 72, 48],
        [49, 70, 48],
        [48, 69, 47]],

       [[ 9, 12,  3],
        [ 9, 12,  3],
        [ 9, 12,  3],
        ...,
        [52, 74, 49],
        [50, 72, 48],
        [48, 70, 46]],

       ...,

       [[20, 48,  5],
        [17, 47,  4],
        [15, 46,  1],
        ...,
        [27, 32, 31],
        [21, 21, 27],
        [15, 14, 23]],

       [[18, 49,  4],
        [17, 48,  3],
        [15, 47,  0],
        ...,
        [27, 31, 25],
        [20, 22, 22],
        [17, 16, 18]]
```

　cv2のimreadを用いてデータの読み込みを行っています。単純にimgを出力しただけでは、数字の羅列が出力されますね。これは、読み込みを行うことで、コンピュータが扱える形の数字データに変換されているからです。中身の確認は次ノックに譲り、まずはColaboratory上で画像を表示してみましょう。

```
from google.colab.patches import cv2_imshow
cv2_imshow(img)
```

▊図5-2：読み込んだ画像の表示

　画像が大きいので**図5-2**にはすべて表示できていませんが、スクロールすると見ることができます。処理としては、cv2_imshowというGoogle Colaboratoryのパッチモジュールを読み込んでいます。実は、一般的なPythonやJupyter Notebook上であれば、cv2.imshow()で動作するのですが、Google Colaboratoryではエラーになるため、Googleでモジュールが用意されています。

　これで、データの読み込み、表示はできました。このように画像データでは、読み込むことで数字の羅列に変換されるのを覚えておきましょう。

　では、次のノックで数字の羅列の意味を見ていきましょう。

⚾ ノック62：
画像データの中身を確認しよう

　それでは、数字の中身を理解していきます。まずは、データの形状を見ていきましょう。

```
img.shape
```

▊図5-3：データ形状の表示

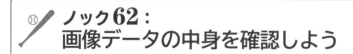

```
[96] img.shape

    (3456, 5184, 3)
```

　読み込んだimgをshapeでデータの形状を出力できます。このデータは、3456×5184×3のデータであることが分かります。最初の3456×5184が解像度、つまり画像の大きさを表しています。ここで注意が必要なのは、OpenCVの場合、「高さ×横幅」の順番です。一般的には、横×縦が分かりやすいのですが、OpenCVでは逆になっており、縦×横の順番でデータが読み込まれます。次の3は、色の数が赤、青、緑の3色で表現されるため、3チャネルという意味です。モノクロの場合はここが1になります。ここでも注意が必要なのは、一般的にはRGBという順番が分かりやすいですが、OpenCVはBGRの順番となっています。基本的に画像データは、このように、RGBそれぞれ別々に0から255の範囲で格納されており、それが合わさって多彩な色で表現されています。

　では、もう少し細かく見ていきましょう。このデータは、numpyのarrayとして読み込まれているので、1つずつ指定をすると、データを細かく確認できます。まずは、0番のデータを指定してみます。

```
print(img[0])
print(img[0].shape)
```

■図5-4：0番目の高さデータの取得

```
[97] print(img[0])
     print(img[0].shape)

     [[ 8 10  4]
      [ 8 10  4]
      [ 8 10  4]
      ...
      [47 69 45]
      [46 66 47]
      [45 65 46]]
     (5184, 3)
```

　この出力結果を見ると、[8, 10, 14]のようにデータが確認できます。また、データ形状は、5184×3となっていますね。これは、つまり、0番目の高さのデータを取得しており、最初の[8, 10, 14]はそれぞれBGRの色情報になってきます。では、2つ目の横幅を0に指定してみましょう。

```
print(img[:,0])
print(img[:,0].shape)
```

■図5-5：0番目の横幅データの取得

```
[98] print(img[:,0])
     print(img[:,0].shape)

     [[ 8 10  4]
      [ 8 10  4]
      [ 9 12  3]
      ...
      [20 48  5]
      [18 49  4]
      [18 50  3]]
     (3456, 3)
```

　こちらも、先ほどと同様に、[8, 10, 14]のようにBGRのデータが確認できます。同じ値のように見えますが、データの形状は3456×3となっており、高さ（縦）×色情報になっていますね。では、最後に、色情報を固定してみましょう。

```
print(img[:,:,0])
print(img[:,:,0].shape)
```

■図5-6：0番目の色データの取得

```
[99] print(img[:,:,0])
     print(img[:,:,0].shape)

     [[ 8  8  8 ... 47 46 45]
      [ 8  8  8 ... 50 49 48]
      [ 9  9  9 ... 52 50 48]
      ...
      [20 17 15 ... 27 21 15]
      [18 17 15 ... 27 20 17]
      [18 16 12 ... 26 21 17]]
     (3456, 5184)
```

　少し、混乱してきそうですが、[] の中に、「 , 」で区切ることでデータを絞り込んでいます。最後のデータのみ0にして、今回でいうと青色のデータのみ取得しています。そうすると、先ほどとは少し違ったデータが取得できています。[8 8 8 ... 47 46 45]の部分が、5184データになっており横幅方向のデータで、この [] で囲われたarrayが3456個あります。

　いかがでしょうか。このように、画像データは非構造化データではありますが、読み込んでしまえば、numpyのarrayとして使用でき、数字データとして扱えます。次のノックでは、arrayのデータを指定することで、画像を切り出してみましょう。

ノック63：
画像データを切り出してみよう

それでは、ここで、画像の切り出しに取り組んでいきます。先ほどのarray構造を理解してしまえば、非常に簡単に取得ができますね。さっそく、やってみましょう。

```
img_extract = img[700:1200,300:800,:]
cv2_imshow(img_extract)
```

■図5-7：画像の切り出し

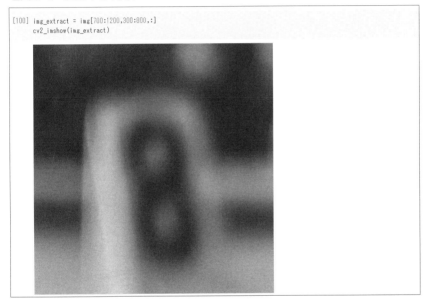

numpyなので、スライスで画像範囲を指定しました。今回は、700から1200の範囲、300から800の範囲です。numpyのスライスは1200、800以下ではなく未満になりますので、実際には、700から1199までの500個、300から799までの500個の500×500のデータになりますので注意しましょう。このように、画像左上の数字8が取得できていますね。

折角なので、ここで、カラーを指定して読み込んでみましょう。同じように複数の値をスライスしても良いのですが、最後の引数はモノクロの1個か、カラー

の3個になりますので、範囲指定はできません。今回は、青色の0番と緑色の1番を読み込んでみます。まずは青色からです。

```
cv2_imshow(img_extract[:,:,0])
```

■図5-8：青色データの表示

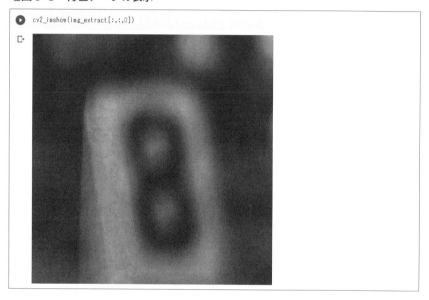

　プログラム自体は非常に簡単ですね。既に、img_extractとして絞り込んだデータがありますので、色の部分に0を指定するだけです。全体的に黒色で画像が表示されますね。特に、芝生の部分も黒く塗られてしまっている印象です。では、続いて緑色を表示してみましょう。

```
cv2_imshow(img_extract[:,:,1])
```

■図5-9：緑色データの表示

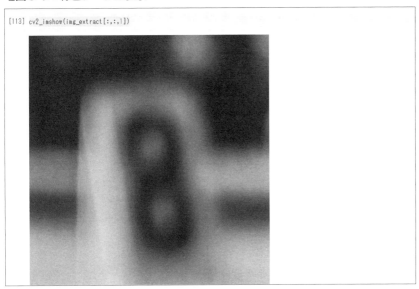

いかがでしょうか。芝生の部分がかなり白色で表現されています。これは、モノクロの場合、大きい値ほど白色になります。今回は、緑色の要素が強い芝生が白くなっており、これは青色のデータでは見られなかったことです。

では、次ノックでは色に関してもう少し見ていきましょう。

ノック64：カラーヒストグラムを可視化してみよう

ここからは少し色について見ていきます。これまでのノックでもお話したように、画像データは、RGBの3色の情報を保持しています。では、今回の画像は、どの色が多く存在しているでしょうか。そんな時に見るのが、カラーヒストグラムです。カラーヒストグラムは、RGBそれぞれにヒストグラム表示したもので、RGBそれぞれの強さがどのように分布しているのかを確かめることができます。まずは、青色に関して、ヒストグラムデータを取得してみましょう。

```
hist_b = cv2.calcHist([img],channels=[0],mask=None,histSize=[256],range
s=[0,256])
print(hist_b.shape)
hist_b[:5]
```

■図5-10：青色のヒストグラムデータの取得

```
[119] hist_b = cv2.calcHist([img],channels=[0],mask=None,histSize=[256],ranges=[0,256])
     print(hist_b.shape)
     hist_b[:5]

     (256, 1)
     array([[[316922.],
            [163325.],
            [130665.],
            [ 97818.],
            [ 81594.]], dtype=float32)
```

　ヒストグラムは、calcHistを用いることで簡単に取得できます。引数としては、最初に読み込んだ画像ファイル、2番目に対象の色、そのあとは、ヒストグラムを作成する範囲やサイズの指定です。フルスケールの場合は、256で問題ありません。その結果、データの形状は、単純な256件のデータとなります。これは、0から255の値ごとにデータ件数が格納されていることになります。例えば、316922は、青色のBが0の値が316922件含まれていることに相当します。また、maskにNoneを指定していますが、特定の領域だけのヒストグラムを出したい場合は、マスクを指定して特定の範囲以外を黒くして算出しますので覚えておきましょう。

　では、続いて、緑色、赤色もヒストグラムを取得しつつ、matplotlibを用いて可視化してみましょう。

```
hist_g = cv2.calcHist([img],channels=[1],mask=None,histSize=[256],range
s=[0,256])
hist_r = cv2.calcHist([img],channels=[2],mask=None,histSize=[256],range
s=[0,256])
```

```
import matplotlib.pyplot as plt
plt.plot(hist_r, color='r', label="Red")
plt.plot(hist_g, color='g', label="Green")
plt.plot(hist_b, color='b', label="Blue")
plt.legend()
plt.show()
```

■図5-11：カラーヒストグラムの表示

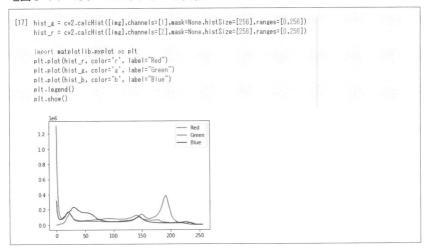

```
[17] hist_g = cv2.calcHist([img],channels=[1],mask=None,histSize=[256],ranges=[0,256])
     hist_r = cv2.calcHist([img],channels=[2],mask=None,histSize=[256],ranges=[0,256])

     import matplotlib.pyplot as plt
     plt.plot(hist_r, color='r', label="Red")
     plt.plot(hist_g, color='g', label="Green")
     plt.plot(hist_b, color='b', label="Blue")
     plt.legend()
     plt.show()
```

最初の2行は、先ほどのセルとほぼ同じで、channelsの指定が、1、2となっており、緑色、赤色の指定をしています。その後、matplotlibでそれぞれの色を可視化しています。横軸が0から255までのどの大きさかで、それぞれの値に対して縦軸がサンプル件数となります。緑色は、180付近で山が見えることから、この画像は比較的緑色が多いと考えられます。これは芝生部分が多い画像であるからだと考えられますね。赤は0付近に多いことから、あまり赤色は使用されていないことがわかります。

⚾ ノック65：
RGB変換を行って画像を表示してみよう

ここでは、BGRをRGBに変換してみましょう。OpenCVは、BGRの順番で指定する必要がありますが、他の描画方法や、機械学習のモデルによっては、RGBにしておくこともあります。OpenCVを使用すれば非常に簡単に変換が可能です。それではやってみましょう。

```
img_rgb = cv2.cvtColor(img, cv2.COLOR_BGR2RGB)
img_rgb.shape
```

■図5-12：BGRからRGBへの変換

```
[134] img_rgb = cv2.cvtColor(img, cv2.COLOR_BGR2RGB)
      img_rgb.shape

      (3456, 5184, 3)
```

cvtColorを使用することで簡単に変換が可能です。BGR2RGBがBGRからRGBへの変換を意味しています。RGB以外にも、HSV色空間への変換も可能です。HSV色空間は、色相（Hue）、彩度（Saturation）、明度（Value・Brightness）の3要素で表す方式です。明るさなど、直感的にわかりやすい方法で表現しているため、色をどう変えていけば良いかがイメージしやすいのが特徴です。試してみてください。

では、このRGBに変換したデータをそのまま表示するとどのようになるでしょうか。やってみましょう。

```
cv2_imshow(img_rgb)
```

■図5-13：RGBデータの表示

ノック61の時と同様に画像が大きいので全体が表示できていませんが、スクロールして確認できます。このデータを見ると、空が青色から赤色に変わっているのに気づきます。cv2_imshow()は、BGRの形でデータが来るのを想定して

いるため、RGBでデータを渡すと、青と赤がひっくり返ってしまいます。この場合は、しっかり、BGRに戻してから表示すると良いでしょう。

では、描画方法として、matplotlibを使って画像を表示してみます。まずは、RGB変換したデータを渡してみましょう。

```
plt.imshow(img_rgb)
```

■図5-14：RGBデータのmatplotlibでの表示

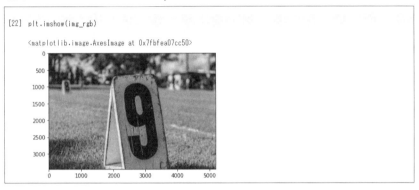

plt.imshow()で表示できます。matplotlibは決められた大きさで描画されますので、同じ画像を渡しても画面全体には広がりません。

ここで注目してほしいのが空の色です。RGB系のデータを渡したところ正常に描画できています。では、cv2で読み込んでBGR系のデータも可視化してみましょう。

```
plt.imshow(img)
```

■図5-15：BGRデータのmatplotlibでの表示

　こちらは、空の色が赤くなってしまっています。matplotlibのimshow()は、RGBを想定していることに起因しています。このように、読み込んだデータの順番が異なると、思わぬバグを生むので、常にどのようなデータの順番で読み込み、どのようなデータの順番で出力させるかを意識しておきましょう。

ノック66：
画像のサイズを変更してみよう

　それでは、ここからは色から少し離れて、画像のサイズの変更をやっていきましょう。機械学習やディープラーニング等で画像を扱う際に、データが大きすぎるとデータ件数が多くなり、処理が終わらない場合があります。また、入力データを固定化するケースも多いので、画像サイズの変更はほぼ必須の加工技術でしょう。画像サイズの変更もOpenCVがあれば怖くありません。まずは、現在のデータの形状を再度確認しておきましょう。

```
height, width, channels = img.shape
print(width, height)
```

▇図5-16：データ形状の確認

```
[137] height, width, channels = img.shape
      print(width, height)

      5184 3456
```

　今回は、img.shapeで取得した値を変数に格納しています。順番は、height, width, channelsの順番でしたね。横×縦を表示していますが、5184×3456のデータになっています。

　それでは、サイズの変更をしていきます。まずは、横×縦がおよそ1/10の500×300に指定します。

```
img_resized = cv2.resize(img, (500, 300) )
print(img_resized.shape)
cv2_imshow(img_resized)
```

▇図5-17：データの縮小①

```
[136] img_resized = cv2.resize(img, (500, 300) )
      print(img_resized.shape)
      cv2_imshow(img_resized)

      (300, 500, 3)
```

　サイズ変更は、cv2.resizeで出来ます。対象となるデータと、サイズ変更したい値を代入します。この際に、注意してほしいのが、データの形状は縦×横ですが、resize時は、横×縦で指定します。

　では、逆に指定するとどうなってしまうのでしょうか。

```
img_resized = cv2.resize(img, (300, 500))
```
```
print(img_resized.shape)
```
```
cv2_imshow(img_resized)
```

■図5-18：データの縮小②

このように、縦長に歪んでしまいます。繰り返しになりますが、データや引数を渡す順番には気をつけましょう。

今回は、約1/10程度となるようにしましたが、実際に1/10という割合で指定することも可能です。やってみましょう。

```
img_resized = cv2.resize(img, None, fx=0.1, fy=0.1)
```
```
print(img_resized.shape)
```
```
cv2_imshow(img_resized)
```

■図5-19：割合指定でのデータ縮小

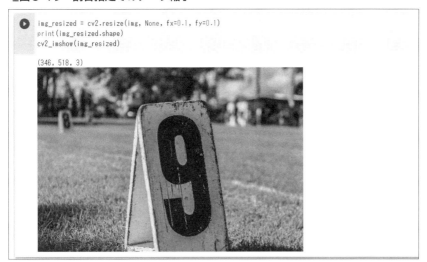

```
img_resized = cv2.resize(img, None, fx=0.1, fy=0.1)
print(img_resized.shape)
cv2_imshow(img_resized)

(346, 518, 3)
```

　fx、fyに割合を指定することで、割合をもとにサイズ変更してくれます。今回は0.1なので、1/10に縮小したことになります。それでは、縮小したデータを拡大してみましょう。今回は、1.5倍に拡大してみます。

```
img_resized_2 = cv2.resize(img_resized, None, fx=1.5, fy=1.5)
print(img_resized_2.shape)
cv2_imshow(img_resized_2)
```

■図5-20：画像の拡大

```
img_resized_2 = cv2.resize(img_resized, None, fx=1.5, fy=1.5)
print(img_resized_2.shape)
cv2_imshow(img_resized_2)
```

```
(519, 777, 3)
```

　1.5を指定すれば良いので簡単ですね。実際にデータ形状を確認すると1.5倍になっています。ここで、拡大した際にデータはどのように埋められているのか疑問が残りませんか。これまで見てきたように、拡大するということはデータ数が増えます。存在しなかったデータが増えることになるはずです。実はresizeは、裏で補間をしてくれています。補間の方法はいくつかありますが、デフォルトではバイリニア補間という方法が指定されています。非常に簡単に言うと、直線で補間する線形補間を、二次元に拡張したイメージとなります。これは一番劣化が少ない補間方法と言われています。他の補間方法でもresizeは可能です。

```
img_resized_2 = cv2.resize(img_resized, None, fx=1.5, fy=1.5, interpolati
on=cv2.INTER_NEAREST)
print(img_resized_2.shape)
cv2_imshow(img_resized_2)
```

■図5-21：最近傍補間による画像の拡大

```
[142] img_resized_2 = cv2.resize(img_resized, None, fx=1.5, fy=1.5, interpolation=cv2.INTER_NEAREST)
     print(img_resized_2.shape)
     cv2_imshow(img_resized_2)

     (519, 777, 3)
```

　これまでとほぼ同様ですが、interpolation=cv2.INTER_NEARESTを指定するだけです。これは、最も近い値を埋めていく方法です。線形補間のような計算をしていないため、新しい色が作られない一方で、比較的荒くなる特徴があります。よく見ると少しギザギザしている印象があります。補間は、基本的に標準のバイリニア法で良いかとは思いますが、このように、サイズ変更の際には、補間しているということと、補間の方法がいくつかあることを覚えておきましょう。

⚾ ノック67： 画像を回転させてみよう

　さて、ここからは画像の回転です。基本的な回転だけでなく反転も取り扱います。機械学習やディープラーニングの際に、画像の水増しを行います。その際には、画像を反転させたり、いろんな角度に対応できるように少し回転させたデータをプログラムで用意することがあるので、画像の回転や反転は覚えておきましょう。

　まずは、元のデータを表示させましょう。今回からは、**ノック66**でresizeした画像を使用します。

```
cv2_imshow(img_resized)
print(img_resized.shape)
```

◤図5-22：画像データの表示

```
[143] cv2_imshow(img_resized)
      print(img_resized.shape)
```

(346, 518, 3)

　画像データの表示はもう説明はいりませんね。今回から、データとしてimg_resizedを使用しています。画像の形状は、346×518×3です。
　では、さっそく、回転させてみましょう。

```
img_rotated = cv2.rotate(img_resized, cv2.ROTATE_90_CLOCKWISE)
cv2_imshow(img_rotated)
print(img_rotated.shape)
```

■図5-23：画像の90度回転

```
[144] img_rotated = cv2.rotate(img_resized, cv2.ROTATE_90_CLOCKWISE)
      cv2_imshow(img_rotated)
      print(img_rotated.shape)
```

(518, 346, 3)

　cv2にrotateが用意されており、cv2.ROTATE_90_CLOCKWISEで回転を指定します。90度回転させています。では、45度のように任意の角度で回転する場合はどうすれば良いのでしょうか。実は、簡単そうに見えて原理が複雑なのが90度や180度のような回転ではなく、45度のような回転です。これまでデータを扱ってきたので、少しイメージできるかもしれませんが、90度や180度回転は、データを入れ替えることだけで実現できます。一方で、45度のような回転では、データの単純な入れ替えだけでは実現できません。こういった場合、アフィン変換という幾何変換を使います。アフィン変換についての詳細は割愛しますが、簡単に言うと、現状の画像を別の形に変形する技術で、行列計算が行われます。今回でいうと、斜め45度に回転した画像に変形します。実は、アフィン変換を理解すると、様々な画像の形状を表現できます。では、45度回転をやってみましょう。

```
height, width = img_resized.shape[:2]
center = (int(width/2), int(height/2))
```

```
rot = cv2.getRotationMatrix2D(center, 45, 1)
img_rotated = cv2.warpAffine(img_resized, rot, (width,height))
cv2_imshow(img_rotated)
print(img_rotated.shape)
```

■図5-24：画像の45度回転

画像の回転を行う場合、回転の中心を指定する必要があります。そのため、高さと横幅を取得し、2で割ることで画像の中心を指定しています。その後、cv2.getRotationMatrix2Dで、中心点、角度(45度)、スケール(1)で指定しています。スケールは拡大縮小になります。これによって、回転させるためのパラメータ(アフィン変換行列)を取得します。その後、cv2.warpAffineでアフィン変換を行います。画像を見ると、45度に回転されています。アフィン変換については、ここではあまり説明しませんでしたが、非常に奥が深いので自分なりに調べてみると良いと思います。

では、続いて、反転をしていきます。まずは、上下に反転させてみます。

```
img_reverse =cv2.flip(img_resized, 0)
cv2_imshow(img_reverse)
```

```
print(img_reverse.shape)
```

■図5-25：上下反転

```
[32] img_reverse =cv2.flip(img_resized, 0)
     cv2_imshow(img_reverse)
     print(img_reverse.shape)
```

```
(346, 518, 3)
```

cv2.flipで反転が簡単にできます。対象のデータと、反転の方向を示すflipCodeを指定します。flipCodeが0の場合は、上下反転、0よりも大きい場合は左右反転、0よりも小さい場合は上下左右反転になります。試しに、1を指定してみましょう。

```
img_reverse =cv2.flip(img_resized, 1)
cv2_imshow(img_reverse)
print(img_reverse.shape)
```

■図5-26：左右反転

```
[36]  img_reverse =cv2.flip(img_resized, 1)
      cv2_imshow(img_reverse)
      print(img_reverse.shape)
```

(346, 518, 3)

　1を指定することで、左右反転できました。-1を指定すれば、上下左右反転されるので試してみると良いでしょう。

　ここまで、flipを使用してきましたが、データ自体はnumpyのarrayなので順序を逆転させることでも反転画像は作成できます。やってみましょう。

```
img_reverse = img_resized[:, ::-1, :]
cv2_imshow(img_reverse)
print(img_reverse.shape)
```

■図5-27：numpyの順序逆転による左右反転

```
[29] img_reverse = img_resized[:, ::-1, :]
     cv2_imshow(img_reverse)
     print(img_reverse.shape)
```

(346, 518, 3)

sliceの際に、「::-1」を指定することで、順序を逆転させることができます。今回は、2つ目、つまり横幅に「::-1」を指定していますので、左右変換になります。いかがでしょうか。画像データと言っても、数値データであることが実感できたのではないでしょうか。

次からは、画像に様々な処理をかけてみようと思います。

ノック68：画像処理をしてみよう

画像処理は、様々な種類がありますので、ここでは全部説明しきれませんが、いくつか代表的なものをやっていきます。まずは、グレースケールへの変換です。

```
img_gray = cv2.cvtColor(img_resized, cv2.COLOR_BGR2GRAY)
cv2_imshow(img_gray)
print(img_gray.shape)
```

■図5-28：グレースケール変換

```
[37]  img_gray = cv2.cvtColor(img_resized, cv2.COLOR_BGR2GRAY)
      cv2_imshow(img_gray)
      print(img_gray.shape)
```

(346, 518)

　実は、グレースケールへの変換は非常に簡単で、cvtColorでcv2.COLOR_BGR2GRAYを指定するだけでグレースケールへの変換を行ってくれます。ここで注目してほしいのが、変換したデータの形状から、3が消えており346×518のみのデータになっています。これが、グレースケールデータの特徴となります。グレースケールデータは、黒が0、白が255でその間もデータとして存在しますが、二値化によって0と255しか値を持たないようにすることもあります。2値にすることで特定の物体をあぶり出し、機械学習モデル等での判別を容易にできる可能性があります。では、やってみましょう。

```
th, img_th =  cv2.threshold(img_gray, 60, 255, cv2.THRESH_BINARY)
cv2_imshow(img_th)
print(img_th.shape)
print(th)
```

■図5-29：二値化

　cv2.thresholdを用いることで、二値化が可能です。60は閾値、255は閾値以上だった場合に設定する値です。最後に二値化の手法を指定します。cv2. THRESH_BINARYは、非常にシンプルな手法で、閾値を超えていたら、設定した値（今回だと255）に、超えていなかったら0に設定されます。詳細は割愛しますが、cv2.THRESH_OTSUのように、自動で閾値を決定してくれる手法もあります。cv2.thresholdの戻り値は、閾値と変換データです。閾値は、今回は60で設定したので60が出力されています。変換した画像を見ると、数字が綺麗に見えています。このように、余分な情報を落とすことで、見たい対象がはっきりすることがある場合には二値化は非常に便利です。例えば、白い紙に書かれている文字などは、二値化が有効で、二値化した後にOCR等で文字認識をする方が有効だと思います。

　さて、次は、カラー画像に戻って、ぼかしを入れてみましょう。画像では、平滑化となります。平滑化も、画像処理の観点では非常に重要で、少しぼかしたデータを水増しデータとして用意することがあります。ここでは、最もシンプルな平均化を取り扱います。

```
img_smoothed = cv2.blur(img_resized,(8, 8))
cv2_imshow(img_smoothed)
print(img_smoothed.shape)
```

■図5-30：8×8による平滑化

```
[47] img_smoothed = cv2.blur(img_resized,(8, 8))
     cv2_imshow(img_smoothed)
     print(img_smoothed.shape)
```

`(346, 518, 3)`

　cv2.blurを用いることで、平滑化ができます。画像を見ると、若干ぼやけていますね。この処理は、ある特定の大きさ毎に平均を取っていく処理になります。今回ですと、8×8のデータに対して、平均化していきます。左上からBoxを意識して、8×8のマスを取り出して平均し、1つ右にマスを移動させて平均を行う作業を繰り返していくイメージです。当然、このマスの大きさを大きくするとぼかしが強くなります。20×20でやってみましょう。

```
img_smoothed = cv2.blur(img_resized,(20, 20))
cv2_imshow(img_smoothed)
print(img_smoothed.shape)
```

■図5-31：20×20による平滑化

```
[82] img_smoothed = cv2.blur(img_resized,(20, 20))
     cv2_imshow(img_smoothed)
     print(img_smoothed.shape)
```

(346, 518, 3)

　先ほどとほぼ同じですが、20を指定している部分に違いがあります。表示された画像を見ると、先ほどの画像よりもぼかしが強くなっていることがわかります。

　ここでは、画像変換として、グレースケールへの変換、二値化、ぼかし（平滑化）について取り組んできました。画像処理は奥が深く、色彩や明るさを変化させたりする等、ここだけではカバーできていないものがたくさんあります。ただし、画像データも読み込んでしまえば数値データです。例えば、赤色を強くしたかったら、Rのデータだけ取り出して、処理を行うこともできますし、HSV色空間に変換して、彩度をいじってみても良いでしょう。そういった加工の基本はここまでのノックで学んできたことを応用すればできます。ぜひ、いろいろと試してみてください。

　残すところ、あと2本となりました。最後に、現在の画像に線やテキストを描画することを実践し、最後に画像データの保存を行って終わりにしましょう。

ノック69：
画像にテキストや線を描画してみよう

　画像にテキストや線を描画するという処理は、画像認識や物体検知で得られた

結果を画像に表示させる際によく使います。これまでのノックはどちらかというと前処理に近い部分でしたが、ここでは画像認識や物体検知からの結果を、どのように表示させる部分の基礎を学びます。表示としては、テキストと線が描画できれば基本的には問題ありません。まずは、テキストの描画に挑戦してみましょう。

```python
text = '9'
xy = (200, 100)
font = cv2.FONT_HERSHEY_COMPLEX
font_scale = 2
color = (0, 0, 255)
thickness = 2

img_text = cv2.putText(img_resized.copy(), text, xy, font, font_scale, color, thickness)
cv2_imshow(img_text)
```

■図5-32：テキストの描画

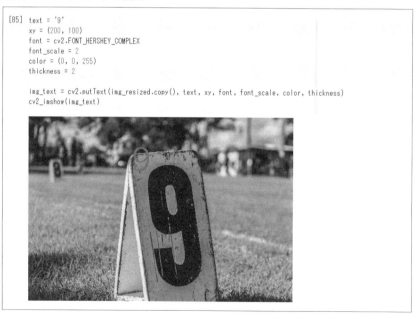

cv2.putTextを使用すると、画像にテキストを描画できます。前半の6行は

putTextに渡す値を定義しています。今回は、9という数字を、200、100の位置に、cv2.FONT_HERSHEY_COMPLEXというフォントの種類、colorは赤色、太さ2で指定しています。実際に出力した値を見ると、看板の横に9という文字が赤で追加されています。

200、100という座標は、左上が0、0となっており、横に200、縦に100の位置に描画しています。

では、続いて、線を描画するのですが、こちらは、単純な線ではなく四角形を描画してみましょう。なぜ四角形かというと、物体検知で検知したものを囲むのに四角形の描画が良く使われるからです。

```
x0, y0 = 200, 70
x1, y1 = 350, 330
color = (0, 0, 255)
thickness = 3

img_rect = cv2.rectangle(img_resized.copy(),(x0, y0),(x1, y1),color,thickness)
cv2_imshow(img_rect)
```

▪️図5-33：四角形の描画

251

こちらは、cv2.rectangleを用いることで簡単に描画できます。渡す引数は、対象の画像データに加えて、四角形の左上の座標、右下の座標、色、線の太さです。今回だと、左上の座標は200、70になっており、右方向に200、下に70下がったところになります。9を囲うような形で線が引けました。rectangle以外にも、line（線）、circle（円）など、様々な描画が可能なので試してみてください。

ノック70：
画像を保存してみよう

最後のノックは、画像の保存です。これまでやってきたことに比べると拍子抜けするくらい簡単なノックですね。しかし、水増しデータを作成して保存していくケースや、物体検知の結果を保存しておくケースなど、保存は非常に重要です。

```
cv2.imwrite('data/sample_resized.jpg', img_resized)
```

■図5-34：画像データの保存

```
[42] cv2.imwrite('data/sample_resized.jpg', img_resized)

     True
```

cv2.imwriteで保存ができます。最初の引数には、保存するファイルパス、2つ目に保存したいデータを指定します。今回は、resizeしたデータを保存しています。Trueが返ってくれば正常に保存されています。フォルダ内を確認してみてください。しっかり保存したデータが読み込めるか確認しましょう。

```
img_read = cv2.imread('data/sample_resized.jpg')
cv2_imshow(img_read)
print(img_read.shape)
```

■図5-35：保存データの読み込み

```
[44] img_read = cv2.imread('data/sample_resized.jpg')
     cv2_imshow(img_read)
     print(img_read.shape)
```

(346, 518, 3)

　無事に読み込めましたでしょうか。resizeしたデータを保存したので、データの形状が346×518×3になっているのを確認してください。

　また、可逆圧縮データ形式であるpngでの保存も可能です。jpegは、非可逆圧縮であり、基本的にはデータを保存するたびに劣化していきます。一方で、pngは保存しなおしても画像が劣化しません。ただし、pngはjpegに比べてデータが重くなりがちなので注意しましょう。

```
cv2.imwrite('data/sample_resized.png', img_resized)
img_read = cv2.imread('data/sample_resized.png')
cv2_imshow(img_read)
print(img_read.shape)
```

■図5-36：png形式での保存と読み込み

```
[46] cv2.imwrite('data/sample_resized.png', img_resized)
     img_read = cv2.imread('data/sample_resized.png')
     cv2_imshow(img_read)
     print(img_read.shape)
```

(346, 518, 3)

pngへの保存はファイル名を.pngに指定すれば自動的にpng形式で保存してくれます。

また、cv2.imreadはpngにも対応しているので問題なく読み込みも可能です。

いかがでしたか？　画像データの構造を知ると、それほど難しく考えなくてよいことが、おわかりいただけたのではないでしょうか。

画像データは、処理を行う前の加工もあれば、処理した後の加工もあり、利用する状況はとても多いと言えます。画像認識に関するプロジェクトに入った場合、必ず扱うことになります。なかなかマニアックな加工を求められることもありますので、まずは本章で学んだ知識は、いつでも引き出せる状態にしておきましょう。

画像が扱えるようになると、動画の扱いもできるようになります。動画は、単純に画像が連続しているだけですので、ここでの知識が応用できます。

仮にAIモデル開発チームに入り、画像認識を行うこととなった場合、認識精度がなかなか上がらない状況に直面することでしょう。そのときは落ち着いて、画像の側に問題がないか考えてみましょう。適切な加工が行われていれば、それだけで精度に差が付くことを頭の片隅に入れておいてください。

第6章
音データの加工・可視化を行う
10本ノック

　最後の非構造化データは、音データを扱います。人の声だけでも、音の高低や性別、年齢層など、様々な違いがあります。さらに世の中には、自然や生物が発する音や人工的な機械の音など、様々な音で溢れています。

　これらの音は、全て周波数で表現することができます。そして周波数で表現できるということは、それをもとにAIモデル開発などに繋げていくこともできるということです。しかしいきなりそこに進むのではなく、まずは基本を学びながら、音の知識と技術を身に付けていきましょう。それらの理解が深まると、提案の幅も広がっていきます。普段あまり見ることのない音の可視化についても、ここでしっかり学び、様々な角度から提案できるようになっていきましょう。

　音の分野は非常に奥が深く、ここですべてを説明することはできません。そのため、このノックを通じて、音に関しての基本的な知識や概念を理解していただくことに重きを置いています。理論の詳細にはあまり触れていませんので、一通りノックをした後に、気になる部分は調べてみると良いでしょう。このノックが終わった頃には、何を調べていけば良いかを理解できていると思います。

利用シーン

音の周波数分析や特定の音を認識するAIモデル開発において、基本的な前処理として必要となるでしょう。また、チャットボットのような音声認識にも一部応用できます。

前提条件

本章のノックでは、人物の声、携帯着信音が録音された音データを使用します。

■表：データ一覧

No.	ファイル名	概要
1	音声.mp3	音声データ
2	携帯電話着信音.mp3	携帯の着信音データ

⚾ ノック71：
音データを再生してみよう

それでは、さっそく、やっていきましょう。まずは、音データの再生をColaboratory上でやっていきます。

```python
import IPython.display as disp
disp.Audio('data/音声.mp3')
```

■図6-1：音声データの再生

IPython.displayを使うと、Colaboratory上で音声の再生が可能です。再生ボタンを押すと、「よろしく頼む」という男性の声が聞こえてくるかと思います。

音声データは1秒程度の音データであることもわかりますね。音が鳴るので周りに気を付けて再生してみましょう。では、もうひとつのデータを読み込んでみましょう。

```
disp.Audio('data/携帯電話着信音.mp3')
```

■図6-2：携帯電話着信音データの再生

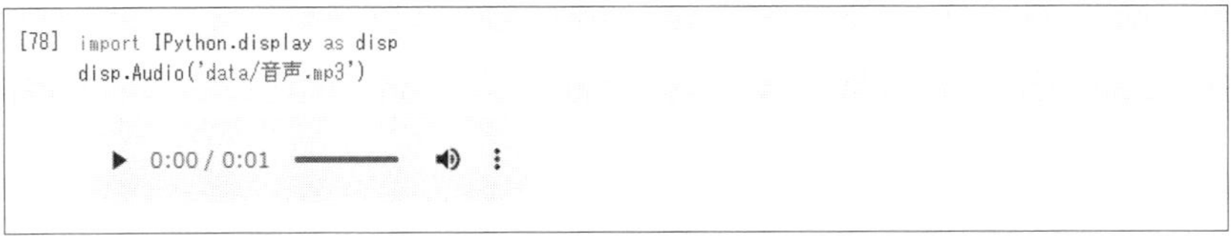

```
[78]  import IPython.display as disp
      disp.Audio('data/音声.mp3')


      ▶  0:00 / 0:01  ————        ◀))  ⋮
```

　先ほどと同様でファイル名のみが違います。こちらは、電話の着信音データとなっています。こちらは約2秒のデータであることがわかります。再生は非常に簡単にできますね。音の加工等をした際、確認する上で再生してみることはよくあるので覚えておきましょう。

　さて、再生はできましたが、一体このデータはどのようになっているのでしょうか。次ノックから、データの中身を確認していきます。

ノック72： 音データを読み込んでみよう

　それでは、いよいよデータの読み込みをしていきます。音を扱うライブラリは数多くあるのですが、今回はLibrosaというライブラリを使用していきます。それでは読み込んでいきましょう。

```
import librosa
audio1, sr1 = librosa.load('data/音声.mp3',sr=None)
print(audio1)
print(sr1)
```

■図6-3：音声データの読み込み

```
[80]  import librosa
      audio1, sr1 = librosa.load('data/音声.mp3',sr=None)
      print(audio1)
      print(sr1)

      /usr/local/lib/python3.7/dist-packages/librosa/core/audio.py:165: UserWarning: PySoundFile failed. Trying audioread instead.
        warnings.warn("PySoundFile failed. Trying audioread instead.")
      [ 0.         0.         0.        ... -0.00419617 -0.00418091
       -0.00402832]
      44100
```

　librosa.loadを使用することで、音データの読み込みが可能です。その際に、戻ってくる値は2つで、1つは音の数字データ、もう1つはサンプリングレートの値です。サンプリングレートとは、1秒間あたりにいくつのデータが詰まっているかというものになり、音質を左右するものになります。出力された値を見ると44100となっており、これは1秒間あたり44100個のデータという意味で、単位はHz（ヘルツ）です。ＣＤなどは一般的に44100Hzつまり、44.1kHzのサンプリングレートとなっています。音源には、あらかじめ決められたサンプリングレートで入っていますが、Librosaを使用する場合、sr=Noneを指定しないと、22050Hzで統一されてしまい、サンプリングレートが変化してしまうので、注意しましょう。肝心のデータに関しては、数字の羅列がnumpyのarrayとして取得できています。この辺は、画像と同じですね。では、データの形状や入っている数字の中身を確認していきましょう。

```
print(audio1.shape)
print(audio1.max())
print(audio1.min())
```

■図6-4：データ形状の確認

```
[81]  print(audio1.shape)
      print(audio1.max())
      print(audio1.min())

      (46080,)
      0.71460116
      -0.55914307
```

　shapeを使って形状を見てみると、46080件のデータであることがわかります。先ほどのサンプリングレートと照らし合わせて考えてみましょう。**ノック71**の際に音声データは約1秒であることを確認しています。今回、サンプリン

グレートは44100ですので、1秒で44100件になるはずです。そういう意味ですと、1秒程度のサンプル件数になっているのが確認できます。では、入っている数字はどのようになっているでしょうか。maxとminを見てみると、0.71469116、-0.55914307と、プラス、マイナスの値を持っています。後で可視化はしますが、+1から-1までの範囲の値で表現されます。ご存じの方もいらっしゃるかと思いますが、音は波であり、振動しています。そのため、+1から-1までの範囲を行ったり来たりする振動データとなっているのです。では、次に、電話の着信音データを読み込んでみましょう。

```
audio2, sr2 = librosa.load('data/携帯電話着信音.mp3',sr=None)
print(audio2)
print(sr2)
print(audio2.shape)
```

■図6-5：電話着信音データの読み込み

```
[82] audio2, sr2 = librosa.load('data/携帯電話着信音.mp3',sr=None)
    print(audio2)
    print(sr2)
    print(audio2.shape)

    /usr/local/lib/python3.7/dist-packages/librosa/core/audio.py:165: UserWarning: PySoundFile failed. Trying audioread instead.
      warnings.warn("PySoundFile failed. Trying audioread instead.")
    [ 0.          0.          0.         ... -0.00509644 -0.0040741
     -0.0032196 ]
    44100
    (101376,)
```

先ほどとほぼ同じですが、読み込むファイル名が携帯電話着信音.mp3になっています。また、合わせて、データの形状やサンプリングレートの出力も行っています。

サンプリングレートは先ほどと変わらず44100Hzであることがわかります。一方で、データ件数が、101376件となっています。**ノック71**で再生した際に、2秒程度でしたが、サンプリングレート44100×2で88200件ですので、2秒半程度のデータであることが分かりますね。このように、データ件数は、サンプリングレート×時間となっており、サンプリングレートが半分になるとデータ件数も半分になってしまいます。

では、続いて、音データを一部のみ抽出してみましょう。

⚾ ノック73：
音データの一部を取得してみよう

それでは、音データの一部を取得していきます。今後の可視化等で比較しやすくするために、両方のデータをきっちり1秒のデータに変えていきます。まずは、2秒以上あった携帯電話着信音のデータに関して、やってみましょう。

```
audio2, sr2 = librosa.load('data/携帯電話着信音.mp3',sr=None, offset=0, dura
tion=1)
print(audio2)
print(sr2)
print(audio2.shape)
```

■図6-6：電話着信音データ1秒間のみ読み込み

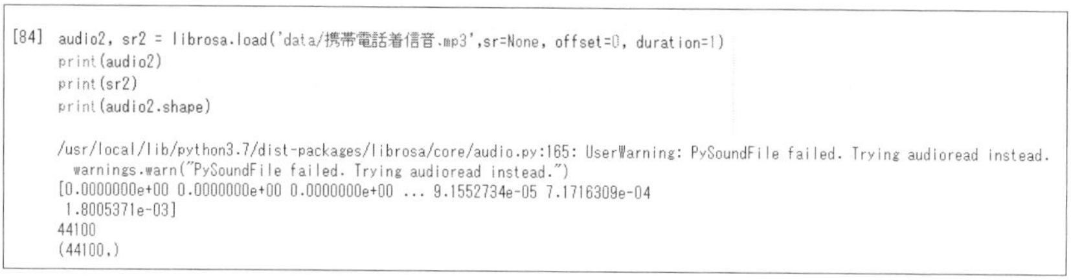

```
[84]  audio2, sr2 = librosa.load('data/携帯電話着信音.mp3',sr=None, offset=0, duration=1)
      print(audio2)
      print(sr2)
      print(audio2.shape)

      /usr/local/lib/python3.7/dist-packages/librosa/core/audio.py:165: UserWarning: PySoundFile failed. Trying audioread instead.
        warnings.warn("PySoundFile failed. Trying audioread instead.")
      [0.0000000e+00 0.0000000e+00 0.0000000e+00 ... 9.1552734e-05 7.1716309e-04
       1.8005371e-03]
      44100
      (44100,)
```

読み込み時に、offset、durationが用意されており、何秒から初めて、何秒間のデータにしたいかを指定できます。今回は、最初から1秒間を切り出しています。サンプリングレートは変わらず44100Hzで、データ件数が101376件だったものが44100件となっており、ぴったり1秒間のデータが取り出せていることがわかります。念のため再生してみましょう。

```
disp.Audio(data=audio2, rate=sr2)
```

■図6-7：切り出したデータの再生

```
[85]  disp.Audio(data=audio2, rate=sr2)

      ▶  0:00 / 0:01 ——————  🔊  ⋮
```

　先ほどまでは、ファイル名を指定してdisp.Audioを実行しましたが、読み込んだデータの再生も可能です。その際にサンプリングレートを正しく指定するのを忘れないでください。サンプリングレートが違うと、再生される時間が変わってしまいます。例えば、44100Hzよりも小さい値を指定すると、再生時間が延びてしまい元の音よりも間延びした音が再生されます。興味がある方は是非やってみてください。再生するとしっかり1秒間のデータが再生されることが確認できます。

　では、続いて、音声の方も、きっちりと1秒にしておきましょう。

```
audio1, sr1 = librosa.load('data/音声.mp3',sr=None, offset=0, duration=1)
disp.Audio(data=audio1, rate=sr1)
print(audio1.shape)
```

■図6-8：音声データ1秒間のみ読み込み

　先ほどとほぼ同じコードで指定したファイル名を音声.mp3にしています。データの形状は44100件となっており、きっちり1秒間のデータになっていることが確認できました。気になる方は、再生してみても良いでしょう。

⚾ ノック74：音データのサンプリングレートを変えてみよう

　では、続いて、サンプリングレートの変更を行いデータがどう変化するのかを見てみましょう。先ほどからデータ読み込み時にsr=Noneを指定し、音源のサンプリングレートを使用していました。まずは、読み込み時にsrを指定してみます。音声データに関して、44100Hzの半分である22050Hzで読み込んでみましょう。

```
audio1_sr22, sr1_sr22 = librosa.load('data/音声.mp3',sr=22050, offset=0, d
uration=1)
```
```
print(audio1_sr22)
```
```
print(sr1_sr22)
```
```
print(audio1_sr22.shape)
```

◤図6-9：22050Hzでのデータ読み込み

```
[87] audio1_sr22, sr1_sr22 = librosa.load('data/音声.mp3',sr=22050, offset=0, duration=1)
     print(audio1_sr22)
     print(cr1_sr22)
     print(audio1_sr22.shape)

     /usr/local/lib/python3.7/dist-packages/librosa/core/audio.py:165: UserWarning: PySoundFile failed. Trying audioread instead.
       warnings.warn("PySoundFile failed. Trying audioread instead.")
     [0.        0.        0.        ...  0.00226999 0.00197216 0.00245217]
     22050
     (22050,)
```

　サンプリングレートに22050を指定するだけで22050でのデータ読み込みが可能です。実際に出力されたサンプリングレートは22050を示しています。また、shapeでデータ形状の確認を行うとデータ件数は22050であることから、22050×1秒で22050件となっていることがわかります。このように、サンプリングレートを変えるとデータ件数が少なくなります。ＣＤのように音源が重視される場合は、44100Hzが使われますが、容量が大きいと困るケースは、サンプリングレートを落とすこともあります。人間が聞こえる周波数は20kHz程度までと言われています。実は、音として再現できる範囲は、サンプリングレートの半分の周波数であるという標本化定理が存在します。そういう意味では、44.1kHzであれば理論的には人間の可聴域が再現できると言われており、44.1kHzがひとつの目安になります。

　比較用に8000Hzというかなり小さいサンプリングレートも作成しておきましょう。これは携帯電話等のサンプリングレートとして使われていた有名な値です。

　今回は、読み込み時にサンプリングレートを指定するのではなく、読み込んだデータをリサンプリングしてみましょう。

```
audio1_sr8 = librosa.resample(y=audio1, orig_sr=sr1, target_sr=8000)
```
```
print(audio1_sr8)
```
```
print(audio1_sr8.shape)
```

■図6-10：8000Hzサンプリングレートデータの作成

```
[12] audio1_sr8 = librosa.resample(y=audio1, orig_sr=sr1, target_sr=8000)
     print(audio1_sr8)
     print(audio1_sr8.shape)

     [-6.2504793e-11 -4.6593673e-11 -1.3691157e-10 ...  2.2176565e-03
       2.0332159e-03  2.3386339e-03]
     (8000,)
```

resampleを用いて、元のデータ（audio1）、元のサンプリングレート（sr1）、変えたいサンプリングレート（8000）を指定します。データの形状を見ると8000件となっており、サンプリングレート8000に対して1秒間のデータなので8000×1秒でのデータ件数になっています。

ここで、最後にデータからそのままサンプリングレートを取得してみましょう。データ読み込み時にsr=Noneで指定して戻り値でサンプリングレートを確認しても良いのですが、データ容量が大きい場合には読み込みに時間がかかります。そういった場合に、サンプリングレートのみを確認したい場合も出てきますので覚えておきましょう。

```
librosa.get_samplerate('data/音声.mp3')
```

■図6-11：サンプリングレートの取得

```
[89] librosa.get_samplerate('data/音声.mp3')

     44100
```

get_samplerateでファイル名を指定すると、音源データのサンプリングレートが確認できます。音声データは、**ノック72**でも確認したように44100Hzでしたので、問題なく取得できたのが確認できました。

ここまでで、データの読み込みを行いつつ、サンプリングレートがデータ件数に関係していることを実感していただきました。ここからは実際にデータを可視化し、中身を確認していきましょう。

> ## ⚾ ノック75：
> ## 音データを可視化してみよう

データの羅列ではどんなデータなのかわからないので、まずは可視化しましょう。最初に、音声データの可視化をしてみます。

```
import librosa.display as libdisp
libdisp.waveshow(audio1, sr=sr1)
```

■ 図6-12：音声データの波形

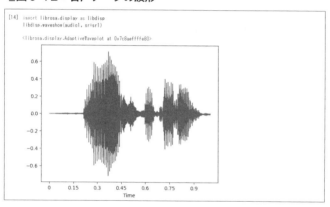

librosa.displayのwaveshowを用いると、波形データが可視化できます。指定するのはデータとサンプリングレートです。

いかがでしょうか。なんとなく似たような波形を見たことがある方もいらっしゃるのではないでしょうか。音声は、このようにプラス、マイナスに振動している波形データになっています。では、サンプリングレートを変えたデータも可視化してみます。まずは、22050Hzのデータからいきましょう。

```
libdisp.waveshow(audio1_sr22, sr=sr1_sr22)
```

■図6-13：22050Hzデータの波形

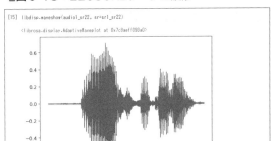

ほとんど波形に違いが見えないですが、時間が0.4から0.5の間の波形が少し変化しています。では、さらにサンプリングレートを絞った8000Hzのもので見てみましょう。

```
libdisp.waveshow(audio1_sr8, sr=8000)
```

■図6-14：8000Hzデータの波形

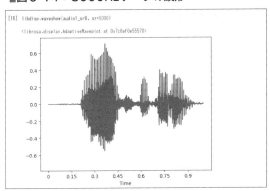

先ほどよりも顕著に、時間が0.4から0.5にある波形が小さくなっています。このように、サンプリングレートが小さくなることでデータが失われてしまいます。

では、最後に、電話の着信音も可視化してみましょう。

```
libdisp.waveshow(audio2, sr=sr2)
```

■図6-15：電話着信音データの波形

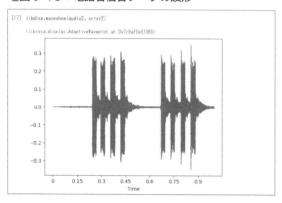

先ほどよりも波形が特徴的で、似たような波形が8回繰り返されていることがわかります。このように、音によって大きく波形が異なりますが、今回のケースのようにかなり特徴的な波形しか出ない場合は、波形を見ただけでは詳細がわかりません。

では、次のノックからは、それぞれのデータの特徴を掴んでいきましょう。

ノック76：
音データの大きさを取得してみよう

音の特徴のひとつとして音の大きさが挙げられると思います。では、音の大きさは波形のどの部分になるのでしょうか。

答えは、縦軸です。これは音の振幅と言い、この高さが大きいほど音が大きくなります。ただし、注意が必要なのは+1だけでなく-1も大きいという点です。そういった場合には、二乗して平均を取ってから平方根にします。これをroot mean square（RMS）と言います。RMSは、機械学習の精度評価の際に使うことがありますが、その場合も正解とどの程度ずれていたかがプラスにずれるケースとマイナスにずれるケースがあるため、二乗平均平方根にします。まずは、音声、電話着信音それぞれのデータに対してnumpyを使って計算してみましょう。

```
import numpy as np
audio1_rms = np.sqrt(np.mean(audio1**2))
audio2_rms = np.sqrt(np.mean(audio2**2))
print(audio1_rms)
print(audio2_rms)
```

■図6-16：データ全体に対してのRMS

```
[136] import numpy as np
      audio1_rms = np.sqrt(np.mean(audio1**2))
      audio2_rms = np.sqrt(np.mean(audio2**2))
      print(audio1_rms)
      print(audio2_rms)

      0.1171361
      0.079604335
```

　audio1のデータを二乗して、numpyのmeanで平均を出しています。さらにnp.sqrtで平方根を算出しています。これを見ると、audio1の方が大きくなっていますね。audio2は、耳に響く音ではありますが、音声の方が音量は大きいのは感覚的に合っています。しかし、全体に渡って平均を算出するとaudio2の波形のように、振動が激しい部分との差が大きい場合、0のような小さい値も平均の計算に含まれてしまいます。

　では、時間別に細かく切ってRMSを算出するのが良さそうですね。

　その場合、librosa.feature.rmsで簡単に計算できます。まずは、audio1に対してやってみましょう。

```
rms1 = librosa.feature.rms(y=audio1)
time1 = librosa.times_like(rms1, sr=sr1)
print(rms1.shape)
rms1
```

■図6-17：時間別のRMS算出

```
[137] rms1 = librosa.feature.rms(y=audio1)
      time1 = librosa.times_like(rms1, sr=sr1)
      print(rms1.shape)
      rms1

      (1, 87)
      array([[0.00000000e+00, 0.00000000e+00, 4.37028484e-06, 6.18391787e-05,
              3.26751062e-04, 9.28368943e-04, 1.43363478e-03, 2.11810740e-03,
              2.83041596e-03, 2.95364414e-03, 2.78270780e-03, 2.47695320e-03,
              2.14877655e-03, 2.37163389e-03, 2.54104170e-03, 2.70688650e-03,
              2.72346707e-03, 1.75012574e-02, 4.15570214e-02, 6.69913515e-02,
              8.92796218e-02, 1.18809842e-01, 1.51561290e-01, 1.74796283e-01,
              1.94208369e-01, 2.03803450e-01, 2.03455761e-01, 2.08877027e-01,
              2.23944884e-01, 2.33912095e-01, 2.52728373e-01, 2.57646590e-01,
              2.62712061e-01, 2.63533324e-01, 2.47948259e-01, 2.44444206e-01,
              2.12403446e-01, 1.78452849e-01, 1.47364303e-01, 9.61778387e-02,
              6.73959255e-02, 5.44459708e-02, 5.00177704e-02, 4.58629057e-02,
              4.36512977e-02, 4.05723900e-02, 3.09378877e-02, 2.19067428e-02,
              1.59059204e-02, 1.20766293e-02, 4.20553870e-02, 6.77456260e-02,
              8.71007740e-02, 1.05747357e-01, 1.02373637e-01, 8.81036669e-02,
              6.91893399e-02, 3.42926830e-02, 1.94472242e-02, 2.16082186e-02,
              5.62502295e-02, 1.05036572e-01, 1.27758026e-01, 1.41277358e-01,
              1.49730995e-01, 1.37486875e-01, 1.23453498e-01, 1.19356632e-01,
              1.19248765e-01, 1.24109551e-01, 1.41382888e-01, 1.48257077e-01,
              1.44536629e-01, 1.33351773e-01, 1.12941295e-01, 9.45512876e-02,
              7.19341338e-02, 5.47677055e-02, 4.26187739e-02, 2.85786409e-02,
              2.21760124e-02, 1.45471040e-02, 7.76437717e-03, 5.66619774e-03,
              5.13448566e-03, 5.17266989e-03, 4.01788624e-03]], dtype=float32)
```

　librosa.feature.rms、librosa.times_likeは、それぞれ縦軸になる時間別
RMS、横軸になる区切り時間のデータになります。shapeを見ると、87件のデー
タになっており、実際のデータはarray型で出力されています。これは何をして
いるかと言うと、512件ずつデータをスライドさせながら、2048件のデータを
取り出してRMSを算出しています。つまり、0番目の値は先頭から2048件の
データのRMS値になっており、次のデータは、データの最初から512件ずらし
て2048件のデータのRMS値を算出しています。データをオーバーラップさせ
ながら平均を取っていくのです。2048件のことをframe_length、512件のこ
とをhop_lengthで指定可能で、これはデータの範囲(窓)とデータをずらす幅と
考えれば良いです。このように、時間を区切ってスライドさせながら解析を行う
ことが多く、一般的には2048件とその1/4の512件という条件が使われるこ
とが多いです。今回のデータは、44100件ですので、512で割ると、86件と
なります。そこに+1を追加した87件になっています。

　それでは、電話の着信音も合わせて計算を行い、matplotlibを用いて可視化し
てみましょう。

```
import matplotlib.pyplot as plt
```

```
rms2 = librosa.feature.rms(y=audio2)
time2 = librosa.times_like(rms2, sr=sr2)
plt.plot(time1, rms1[0], label='audio1')
plt.plot(time2, rms2[0], label='audio2')
plt.legend()
```

■図6-18：RMSデータの可視化

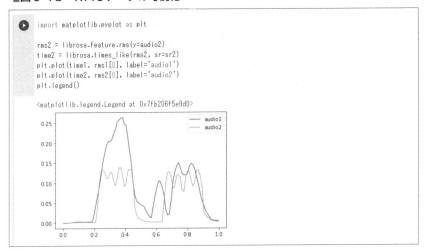

プログラムは、先ほどと同じなのであまり説明はいらないですね。データとサンプリングレートにaudio2、sr2を指定しています。その後、matplotlibで折れ線グラフを可視化しています。これを見ると、電話の着信音は、定期的にRMSの値が大きくなっており、ちょうど電話が鳴っているところに相当します。

では、次ノックからは音の大きさ以外の情報を分析していきましょう。

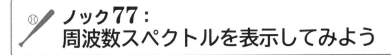

ノック77：
周波数スペクトルを表示してみよう

ここからさらに、音の本質に迫っていきます。音は、波であることをお伝えしましたが、もっと言うと、音は複数の周波数の波が組み合わさって出来ています。「〇〇の音はこのくらいの周波数だよ」などの議論がされるのはそのためです。高

い音は周波数が大きくより細かい波で、低い音は周波数が小さく、プラスからマイナスに変動する周期が長くなります。先ほどまで見てきた波形は、様々な周波数の波に分解でき、その分解の方法をフーリエ変換と呼びます。大学生になると必ずといっていいほど数学の授業でやります。フーリエ変換は、先ほどの複雑な波を様々な波で表現できるという非常に画期的な手法で、音以外にも加速度の振動データ等でも使えるので覚えておきましょう。細かい理論は置いておいて、フーリエ変換をするとこのようなことができるという点を押さえていきましょう。

　まずは、audio1についてやっていきます。一気にやってしまいますが、1つずつ説明するので安心してください。

```
fft = np.fft.fft(audio1)
n = fft.size
amp = np.abs(fft)
freq = np.fft.fftfreq(n, d=1 / sr1)
print(amp.shape)
print(freq.shape)
print(amp.max())
print(amp.min())
print(freq.max())
print(freq.min())
```

■図6-19：フーリエ変換

```
[160] fft = np.fft.fft(audio1)
      n = fft.size
      amp = np.abs(fft)
      freq = np.fft.fftfreq(n, d=1 / sr1)
      print(amp.shape)
      print(freq.shape)
      print(amp.max())
      print(amp.min())
      print(freq.max())
      print(freq.min())

      (44100,)
      (44100,)
      479.54122978552937
      4.57020163316075e-06
      22049.0
      -22050.0
```

　np.fft.fftに波形データを渡すと、一行でフーリエ変換が可能です。その後、サンプル件数としてnに44100件を代入しています。フーリエ変換の結果は、

絶対値を取ることで振幅スペクトルが得られます。2乗したものをパワースペクトルと呼びます。今回は、振幅スペクトルのみ計算しています。後程可視化しますが、このnp.fft.fftの絶対値は、周波数ごとの振幅の強さを示し、振幅スペクトルの縦軸に相当します。では、横軸はというと、freq = np.fft.fftfreq(n, d=1 / sr1)の部分で取得しています。細かい説明は割愛しますが、表現可能な周波数はサンプリングレートに依存するため、サンプル件数と同時にサンプリングレートを指定して周波数を取得しており、これが振幅スペクトルの横軸に相当します。値を見てみると、フーリエ変換の結果は、最大で479.5、最小で4.5となっていますね。絶対値を取っているので、強度は全て正の範囲になります。一方の周波数に関しては、-22050と22049になっています。これは、サンプリングレートの半分です。ここでも、**ノック74**で触れた標本化定理によって、サンプリングレートの半分の値までが有効な値となります。また、フーリエ変換は、プラスとマイナスで全く同じ値が入るという性質があります。これは複素共役が関係しています。ここでは細かい理論は置いておき、半分までのデータを使用すると覚えておきましょう。

それでは可視化していきます。

```
plt.figure(figsize=(10, 5))
plt.plot(freq[:n//2], amp[:n//2])
plt.xlabel('Frequency [Hz]')
plt.ylabel('Amplitude')
```

■図6-20：振幅スペクトルの可視化

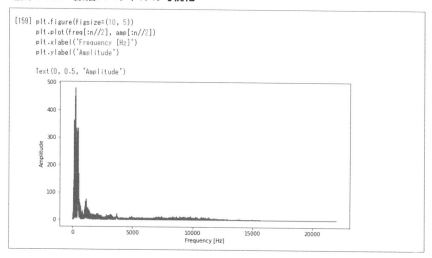

可視化には、matplotlibを使っています。データは、freqが横軸、ampが縦軸になります。ただし、データは半分で良いので2で割っていますが、小数点があるとエラーになるので、切り捨て除算をしています。

横軸に周波数、縦軸に振幅(絶対値)が可視化されます。つまり、これは波形データがどんな周波数の波の組み合わせでできているかを表すものです。少し見にくいですが、1000Hz以下の部分の強度が高く、1000Hz以下の波が多く含まれていることがわかります。

では、サンプリングレートを半分にしたデータではどのようになるでしょうか。

```python
fft = np.fft.fft(audio1_sr22)
n = fft.size
amp = np.abs(fft)
freq = np.fft.fftfreq(n, d=1 / sr1_sr22)
plt.figure(figsize=(10, 5))
plt.plot(freq[:n//2], amp[:n//2])
plt.xlabel('Frequency [Hz]')
plt.ylabel('Amplitude')
```

■図6-21：20050Hzデータでの振幅スペクトル

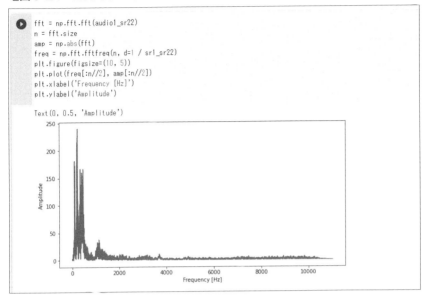

ほとんど同じですが、データをaudio1_sr22、sr1_sr22で指定しています。そうすると、横軸の範囲が先ほどに比べて半分になっています。これは、サンプリングレートが44100Hzの半分である22050Hzになったのが理由で、横軸も半分になります。先ほどのグラフもそうですが、可視化はしているものの2000Hz以上では特徴的なピークはあまり見られず、ほとんど2000Hz以下の周波数の波の組み合わせであることがわかります。人間の声は、性別によって違いはありますが、概ね数百Hz程度ですので、今回が男性の音声データであることを考えると感覚にあっていますね。

では、電話の着信音も確認してみましょう。

```
fft = np.fft.fft(audio2)
n = fft.size
amp = np.abs(fft)
freq = np.fft.fftfreq(n, d=1/sr2)

plt.figure(figsize=(10, 5))
plt.plot(freq[:n//2], amp[:n//2])
plt.xlabel('Frequency [Hz]')
```

```
plt.ylabel('Amplitude')
```

■図6-22：電話の着信音の振幅スペクトル

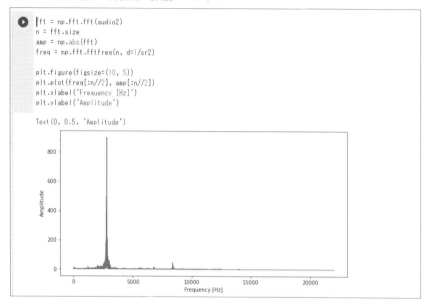

今回は、audio2ですので、データとサンプリングレートにaudio2、sr2を指定しています。

先ほどとは違い、2500Hz付近にひとつの特徴的なピークが見られます。このように、電話の着信音等は特徴が明確になります。環境音や人間の音声等は比較的広がりを持つことが多いです。

いかがでしょうか。データの違いがより明確になってきたのではないでしょうか。波形データでは見えなかったものが、フーリエ変換によって見えるようになることがあるので、データを受領したら必ずと言っていいほど可視化することになるでしょう。

ここで気になるのは、いつ、どの周波数が出てきたのかという時間の情報です。次のノックでは、音の大きさをRMSで出した時のように、時間で区切って見ていきましょう。

ノック78：
スペクトログラムを可視化してみよう

　それでは、先ほど全領域に渡って行ったフーリエ変換を、時間を区切って行っていきます。こういった周波数成分の時間変化をスペクトログラムと言い、こちらも音データでの解析や機械学習モデルの構築において、ほぼ必須の技術でしょう。時間を区切って短時間だけでフーリエ変換を行っていくのを、短時間フーリエ変換と言います。**ノック76**のlibrosa.feature.rmsでやった時のように、特定の大きさの窓をスライドさせながらフーリエ変換を行っていきます。一般的には、2048の窓に対して、1/4の512をスライド幅に設定することが多く、librosaの短時間フーリエ変換も、初期値が2048、512に設定されています。では、さっそく、やっていきましょう。まずは描画の手前までやっていきます。

```
stft = librosa.stft(audio1)
amps = np.abs(stft)
spectrogram = librosa.amplitude_to_db(amps)
print(stft.shape)
print(amps.shape)
print(spectrogram.shape)
```

■図6-23：スペクトログラムデータの作成

```
stft = librosa.stft(audio1)
amps = np.abs(stft)
spectrogram = librosa.amplitude_to_db(amps)
print(stft.shape)
print(amps.shape)
print(spectrogram.shape)

(1025, 87)
(1025, 87)
(1025, 87)
```

　librosa.stftで短時間フーリエ変換を行っています。stftはShort-time Fourier transformを意味します。その後、**ノック77**の時と同様に絶対値を取得しています。スペクトログラムはデシベルで表示するので、librosa.amplitude_to_dbで振幅からデシベルに変換しています。
　データの形状を見ると、どのデータも1025×87のデータであることがわかります。時間が87区切りになっており、これは**ノック76**のRMSを算出したとき

と同じです。1025は、周波数成分を分割した値で、窓の大きさ2048を2で割って1を足した数字になります。ここを細かくしたい場合は、短時間フーリエ変換の際の窓の大きさを、少し大きくする必要があります。では、可視化してみましょう。

```
plt.figure(figsize=(10, 5))
librosa.display.specshow(spectrogram, sr=sr1, x_axis='time', y_axis='hz',
cmap='magma')
bar = plt.colorbar()
bar.ax.set_ylabel('db')
```

■図6-24：スペクトログラム

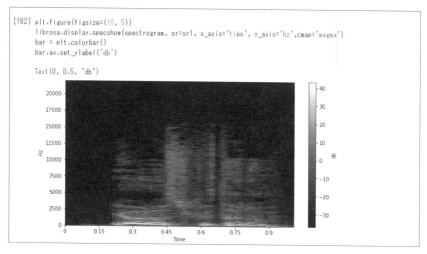

複数行ありますが、描画の部分はlibrosa.display.specshowの部分です。先ほど作成したスペクトログラムのデータを渡しつつ、サンプリングレートも指定します。それ以外は軸や色の指定です。薄い色ほどデシベルが大きいことを表します。

広範囲に広がっていますが、1000Hz以下の特に下部分が薄い色を示しており、デシベルが大きいことがわかります。波形データと比較すると分かりやすいですね。では、電話の着信音もやってみましょう。

```
plt.figure(figsize=(10, 5))
stft = librosa.stft(audio2)
```

```
amps = np.abs(stft)
spectrogram = librosa.amplitude_to_db(amps)
librosa.display.specshow(spectrogram, sr=sr2, x_axis='time', y_axis='hz',
cmap='magma')
bar = plt.colorbar()
bar.ax.set_ylabel('db')
```

■図6-25：電話着信音のスペクトログラム

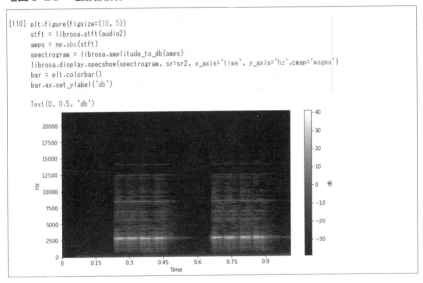

プログラムはほぼ同じで、渡しているデータをaudio2に変えています。スペクトログラムを見ると、**図6-24**とは大きく違い、2500Hz付近でデシベルが非常に大きくなっているのがわかります。

このように、スペクトログラムを見ることで、時間に対してどの周波数の音が多いかがわかります。人間の音声と電話着信音のように完全にわかりやすいデータでは、**ノック77**の振幅スペクトルの傾向と変わりませんが、話している最中に電話の着信音が混ざっている場合、振幅スペクトルだけでは特徴が掴めませんので、スペクトログラムを見る必要があります。また、今回はスペクトログラムを可視化しましたが、メルスペクトログラムというメル尺度を用いた可視化もあります。実は、人間の音の知覚は、低周波ほど正確で高周波数はさほど捉えられていません。そういった特徴に変換した尺度をメル尺度と言い、低周波ほど周波

数軸の間隔が狭く、高周波ほど間隔が広くなっています。音声認識等では良く使われています。ここでは触れませんが、librosa.feature.melspectrogramを使用した後、librosa.amplitude_to_dbを行い、そして可視化すれば確認できますので、是非挑戦してみてください。

　いかがでしたか。ここまでで音に関しての理解が少し進んだのではないでしょうか。音は、波形データであり、それを周波数成分に分解して考えていくことが重要ですので、しっかり覚えておきましょう。

　最後の2本は、音の高さや長さを変える遊びノックと保存を行います。頭を柔らかくして楽しんでみてください。

> ## ノック79：
> ## 音の高さや長さを変えてみよう

　ここまでのノックとは一転して、理論や理屈を抜いた楽しい遊びを行います。ここでは、音の高さや長さを変えてみましょう。まずは、復習も兼ねて音声データを読み込んで、Colaboratory上で再生して元の音声を確認しておきましょう。合わせてデータの形状も出力しておきます。

```
audio1, sr1 = librosa.load('data/音声.mp3',sr=None)
print(audio1.shape)
disp.Audio(data=audio1, rate=sr1)
```

■図6-26：音声データの読み込みと再生

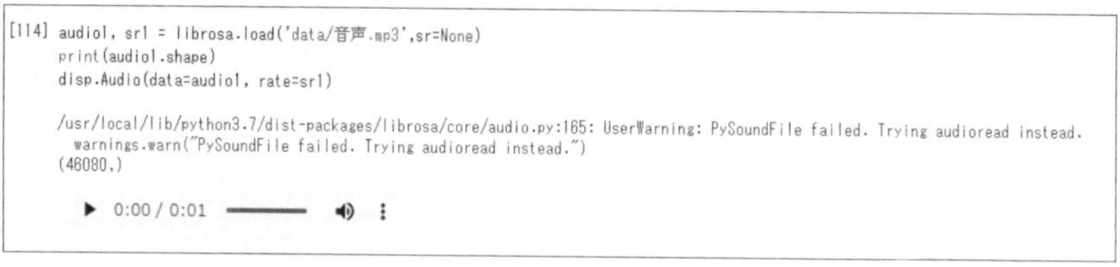

```
[114] audio1, sr1 = librosa.load('data/音声.mp3',sr=None)
      print(audio1.shape)
      disp.Audio(data=audio1, rate=sr1)

      /usr/local/lib/python3.7/dist-packages/librosa/core/audio.py:165: UserWarning: PySoundFile failed. Trying audioread instead.
        warnings.warn("PySoundFile failed. Trying audioread instead.")
      (46080,)

      ▶  0:00 / 0:01  ───────    ◀))  ⋮
```

　特に、特定の長さに切らず全データを読み込んでいます。では、まず、音声の高さ（ピッチ）を変えてみましょう。

```
audio1_pitch = librosa.effects.pitch_shift(y=audio1, sr=sr1, n_steps=10)
print(audio1_pitch.shape)
disp.Audio(data=audio1_pitch, rate=sr1)
```

■図6-27：高い音への変換

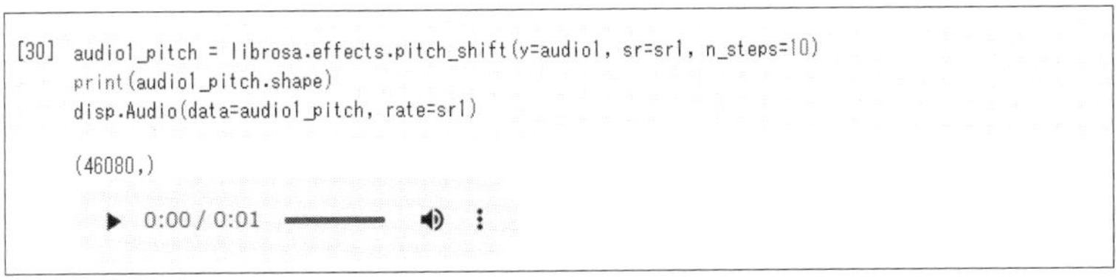

```
[30]  audio1_pitch = librosa.effects.pitch_shift(y=audio1, sr=sr1, n_steps=10)
      print(audio1_pitch.shape)
      disp.Audio(data=audio1_pitch, rate=sr1)

      (46080,)

      ▶ 0:00 / 0:01 ━━━━━━  ◀)) ⋮
```

　librosa.effects.pitch_shiftで、データ(audio1)、サンプリングレート(sr1)、ピッチのステップ数(10)を指定します。再生すると男性の声が高くなっているのがわかりますね。では、低くしてみましょう。

```
audio1_pitch = librosa.effects.pitch_shift(audio1, sr1,-5)
disp.Audio(data=audio1_pitch, rate=sr1)
```

■図6-28：低い音への変換

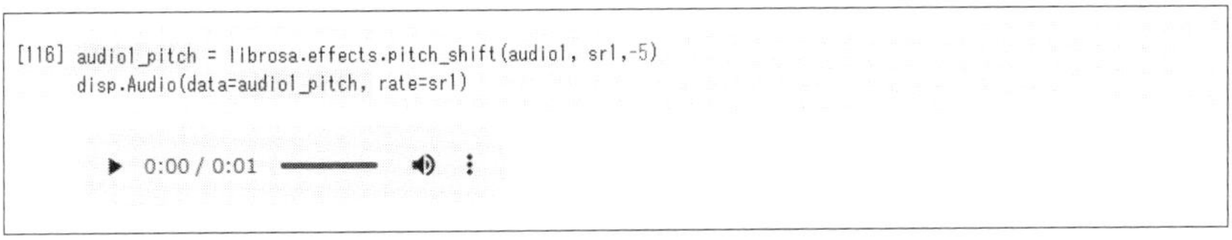

```
[118] audio1_pitch = librosa.effects.pitch_shift(audio1, sr1,-5)
      disp.Audio(data=audio1_pitch, rate=sr1)

      ▶ 0:00 / 0:01 ━━━━━━  ◀)) ⋮
```

　ピッチのステップ数に-5のようにマイナスの値を指定することでピッチを下げることができ、低音に変化します。再生すると、どこかで聞いたことがあるようなかなり低い音が聞こえてきませんか。このように、ピッチを変えることで、音の高さを変えることができます。ピッチを変えただけなので、データの形状に変化はありません。

　では、続いて音の長さを変えていきましょう。

　音の長さは電話の着信音のデータを使います。まずは、先ほどと同様に、普通に読み込みを行い、再生してみましょう。

```
audio2, sr2 = librosa.load('data/携帯電話着信音.mp3',sr=None)
print(audio2.shape)
disp.Audio(data=audio2, rate=sr2)
```

■図6-29：電話着信音の読み込みと再生

```
[117] audio2, sr2 = librosa.load('data/携帯電話着信音.mp3',sr=None)
      print(audio2.shape)
      disp.Audio(data=audio2, rate=sr2)

      /usr/local/lib/python3.7/dist-packages/librosa/core/audio.py:165: UserWarning: PySoundFile failed. Trying audioread instead.
        warnings.warn("PySoundFile failed. Trying audioread instead.")
      (101376,)

      ▶  0:00 / 0:02 ───────    🔊  ⋮
```

　こちらも特にデータを区切らずに読み込んでいるので、再生時間は2秒を示し、データ件数は101376件になっています。

　では、時間を長く間延びさせてみましょう。

```
audio2_time = librosa.effects.time_stretch(y=audio2, rate=0.5)
print(audio2_time.shape)
disp.Audio(data=audio2_time, rate=sr2)
```

■図6-30：時間の間延び

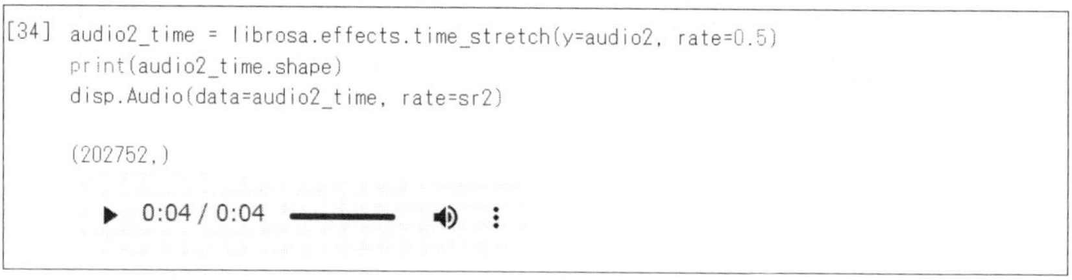

```
[34]  audio2_time = librosa.effects.time_stretch(y=audio2, rate=0.5)
      print(audio2_time.shape)
      disp.Audio(data=audio2_time, rate=sr2)

      (202752,)

      ▶  0:04 / 0:04 ───────    🔊  ⋮
```

　librosa.effects.time_stretchを使うことで時間を変化させることができます。0.5が時間を変えたいrateになります。1より大きければスピードアップ、1未満であればスピードダウンです。0.5に指定したので時間が倍になっていますね。再生すると着信音が間延びしています。データ件数もそれに伴って2倍に増えています。

　では、逆に時間を短縮させてみましょう。

```
audio2_time = librosa.effects.time_stretch(y=audio2, rate=2)
print(audio2_time.shape)
disp.Audio(data=audio2_time, rate=sr2)
```

■図6-31：時間の短縮

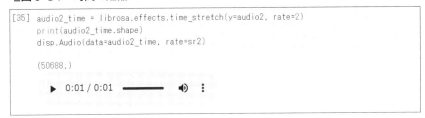

先ほどと違って、rateに2を指定しています。その結果、サンプル件数は、オリジナルのデータの半分になっています。再生すると、かなり着信音がせわしなく流れます。

いかがでしたでしょうか。これまでの難解なノックとは違い、音の高さや長さを変える作業は少しでも楽しめたのではないでしょうか。

では、最後に、画像の際と同じように音データの保存をして終わりにしましょう。

⚾🏏 ノック80： 音データを保存しよう

それでは、音に関しての最後のノック、保存をしていきます。ここでは、wav形式への保存を行います。wav形式は、非圧縮形式のデータとなります。音楽等でよく使われるmp3形式は、非可逆圧縮形式であり圧縮時に情報を落としてしまうため分析や機械学習等のモデル構築の際にはあまり使いません。その代わり容量が小さくて済むため、音楽データとして広く利用されています。では、さっそく、**ノック79**で最後に作成したaudio2_timeデータをwav形式で保存してみましょう。

```
import soundfile as sf


sr = 44100
sf.write('data/audio2_time.wav', audio2_time, sr)
```

■図6-32：wav形式での保存

```
[114] import soundfile as sf

      sr = 44100
      sf.write('data/audio2_time.wav', audio2_time, sr)
```

soundfileというライブラリを使用します。writeを使用すれば保存ができます。保存時にはサンプリングレートを指定する必要があります。これでdataフォルダ内に保存ができました。では、保存したデータを読み込んで確認してみましょう。

```
audio_read, sr_read = librosa.load('data/audio2_time.wav',sr=None)
print(audio_read.shape)
print(sr_read)
disp.Audio(data=audio_read, rate=sr_read)
```

■図6-33：保存したデータの確認

```
[119] audio_read, sr_read = librosa.load('data/audio2_time.wav',sr=None)
      print(audio_read.shape)
      print(sr_read)
      disp.Audio(data=audio_read, rate=sr_read)

      (50688,)
      44100

      ▶  0:01 / 0:01  ——————  🔊  ⋮
```

　読み込み、再生ともにもう大丈夫ですね。データ件数が**ノック79**の最後のデータなのでデータ件数が50688件です。サンプリングレートは、44100となっており、保存時に指定した値と同じですね。再生すると、**ノック79**の最後のセル実行時の音と同じ音が再生されると思います。

　これで、音データの10本は終了です。また、それと同時に非構造化データの30本が終わりました。いかがでしたか。非構造化データも読み込んでしまえばただの数値データです。ただし、言語で言えば形態素解析、画像だとアフィン変換、音だとフーリエ変換など、それぞれのデータによって扱い方が異なり、少し専門的な知識が必要になるケースが多いです。ここで取り扱ったものよりも専門的な部分に関しては、データを扱う際に調べながら取り組んでいくことになるでしょう。

　しかし、データは数値の集まりです。どのようなデータ構造になっていて、フーリエ変換などの特殊な処理をした際に、どのようなデータになったのか。それを確認しながら、理論的な知識を入れていくと、理解が早いと思います。今回の30本を通して、そういった意味での基本は身に付いたのではないでしょうか。まだまだ、習得するものは多いですが、最初の一歩は間違いなく踏み出せたと思います。

　第3部では、発展編として、地理空間データの加工と、特殊なデータの対処法に取り組んでいきます。そこまで身に付ければ、もうどんな現場に行っても怖くはないでしょう。残すところあと20本です。最後までやり切って、どんなデータが来ても落ち着いてこなせるようにしておきましょう。

第3部
地理空間データの加工と
特殊なデータ加工

　第1部では、身近でよく扱われる**構造化データ**に触れながら、項目を意識した加工と可視化を学んできました。その中でExcelや時系列データなど、特徴的なデータも扱うことで、苦労するポイントや効果的な可視化も身に付けてきました。

　第2部では、言語、画像、音を扱い、普段見ることの無いデータの中身を実際に見ながら、**非構造化データ**がどのような仕組みの基に成り立っているかを学びました。それらを加工、可視化する中で、非構造化データでも十分に中身をイメージでき、意図した形に加工できるということに気付いていただけたのではないでしょうか。

　ここまでは基礎の部分に力を入れ、まずはどのような種類のデータがきても、無理なく処理できるようになることを意識してノックを行ってきました。実際、ここまでの知識と技術を身に付けていれば、現場に出てもそれほど慌てることはないでしょう。

　さて、ここからは**一歩踏み込んだデータ加工**を行っていきます。地理空間データの加工や、少し特殊なパターンのデータを扱いますので、ここからはデータ形式への理解、加工の部分に重きを置いています。

　まずは**第7章**で、地理空間データを用いて、PythonにおけるGIS（地理情報システム）の扱い方を学んでいきましょう。これまでの章では、単一のデータ形式の加工・可視化を扱ってきましたが、現代社会では複数のデータ形式を組み合わせることでデータを効率良く管理・活用する場面が多くあります。その代表例がGISデータであるShapefileとなっています。

　これまでのExcelファイルや、画像、音声データと比べると実データへの馴染みが薄いと思いますが、GISデータは現代社会を支える重要なデータであり、日常生活における「気象情報」、「カーナビゲーションシステム」のようなものから

「商業施設のエリアマーケティング」や「国勢調査」のようなデータ分析の場面でも活用されています。GISデータの構造を理解し活用方法を身につけることで、より多様な市場で活躍できるエンジニアになれることでしょう。

　そして第8章では、少し特殊なデータを扱ってみましょう。これまでも特徴的なデータは扱ってきましたが、それとは別の、稀に必要となる特殊パターンも経験しておきましょう。現場は、あらゆる想定外が起こります。それでも、一度でも経験していれば対応力が変わってきますので、ここで学ぶこともきっと役に立つはずです。

　いよいよ、加工・可視化100本ノックも大詰めです。このノックを無事に乗り越えて、さらに一歩進んだ知識と技術を身に付けましょう。

第3部で取り扱うPythonライブラリ

データ加工：pandas, numpy, geopandas, shapely, osgeo, shapefile, python-docx, moviepy, opencv-python, pdfminer.six,python-pptx

データ可視化：matplotlib, japanmap, folium, plotly, tqdm

画像：opencv

その他：PyYAML, requests, toml

## 第7章

地理空間データの加工・可視化を行う10本ノック

　地理空間データの活用場所と聞くと私生活で使うような、気象データを用いた「天気予報サービス」や、現在地から目的地への最適移動経路を提案してくれる「ナビゲーションサービス」を思い浮かべる人が多いと思います。実際にそれらの場所で地理空間データが活用されていますが、より多くの市場で使用される、または使用可能なデータとなっており、例えばデータ分析においては「商圏分析」や「適地選定」に用いられ、AI予測であれば「感染症の感染予測マップ」や「不動産売買の適正価格予測」などに活用されています。

　概要は後述しますが、地理空間データは**ラスターデータ**と**ベクターデータ**の2種類に大別されます。本章では後者のデータを扱っていきます。今までのデータと比べ扱いが難しいデータとなりますが、頑張っていきましょう。

ノック81：地理空間データの形式を理解しよう
ノック82：読み込んだデータを確認しよう
ノック83：都道府県名を住所から抽出しよう
ノック84：価格の分布を可視化してみよう
ノック85：ポイントを表示してみよう
ノック86：地図上にポイントを表示してみよう
ノック87：インタラクティブな地図を作成してみよう
ノック88：作成した地図を保存してみよう
ノック89：座標変換してみよう
ノック90：座標間の距離を計算しよう

利用シーン

　地理空間データは幅広い分野で活用されるビッグデータでありながら、公的機関が一般に公開しているとても有用なデータとなっています。

　エリアマーケティングにおける商圏分析、適地選定、顧客分析、防災・災害対策におけるBCP（事業継続計画）、掃除ロボットの制御や紛失防止タグのような屋内測位技術など、様々なデータと組み合わせることが可能な応用力の高いデータとなっています。

前提条件

　本章のノックでは、国土交通省の国土数値情報で公開されている**平成30年度の地価公示データ**を使用します。公示価格とは、地価公示法に基づき国や都道府県が毎年決定している土地の価格のことです。

　第3部の冒頭で出てきたShapefileとは複数のファイルから構成されており、dbf shx shpの3種のファイルが必須となっています（**図7-1**）。

■図7-1：shapefileのイメージ

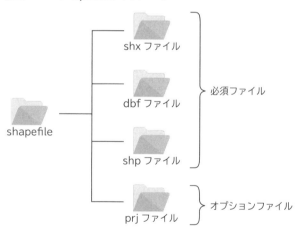

　次に示す「表：データ一覧」を見てください。1-○から始まるファイルが今回扱うShapefileを構成するファイルとなります。prjファイルはオプションファイ

ルとなるため存在せずとも動作はしますが、座標系を定める重要なファイルです。また、ほとんど紹介のみになりますが、2のファイルはShapefileとは異なるGeoJSONと呼ばれるファイル形式になります。1、2共にベクターデータのファイルとなり、同様のデータ情報が格納されていますが、前者は公的機関等で用いられることが多い代表的な標準形式であり、後者は通常のJSONと同様に処理することが可能な形式かつ、国土情報ウェブマッピングシステム等の地図表示に対応したWebアプリが多数存在することが利点となっています。

　見慣れないファイル形式が多数あると思いますが、本章を進めながら少しずつ慣れていきましょう。

■表：データ一覧

No.	ファイル名	概要
1-1	L01-18.dbf	GISで表示できる属性情報リストのファイル
1-2	L01-18.shx	ジオメトリのインデックス情報を格納するファイル
1-3	L01-18.shp	ジオメトリの情報を格納する主なファイル
1-4	L01-18.prj	shpファイルの座標を定義するファイル
2	L01-18.geojson	上記GISデータの異なるフォーマット JSONをもとに記述されている

出典：「第2.4版2018年（平成30年）更新　地価公示」（国土数値情報ダウンロードサイト）
（https://nlftp.mlit.go.jp/ksj/gml/datalist/KsjTmplt-L01-v2_4.html）

ノック81：地理空間データの形式を理解しよう

　前章までのようにデータの読み込みから始めたいところですが、もう少し地理空間データの特徴や用語について押さえておきましょう。

　まずは、**Shapefile**からです。Shapefileとは複数のファイルからなるGISデータのフォーマットの1つであり、建物や道路の位置や形状、属性情報を持つベクターデータを格納するためのファイル形式です。

　次に、**GIS**とは**地理情報システム**(GIS：Geographic Information System)の略称であり、地理空間データを総合的に管理・加工し、可視化や分析をする仕組みを指します。

　また、GISデータは**ラスターデータ**と**ベクターデータ**の2種に大別されます。

　ラスターデータとは地表を画像のように格子状に分割し、ピクセルごとに値を持っているデータとなっています。このピクセル座標を地理座標に置き換えることでピクセル1つ1つをテーブルデータとして扱うことができます。

　対して**ベクターデータ**とは点、線、ポリゴン（面）の3種の要素から構成されています。例えば、地図上で目的地に指したピンがベクターデータにおける点と同様のものとなります。**図7-2**にある通り、「点は1つの座標」、「線は2つ以上の座標」、「ポリゴン（面）は3つ以上の座標から構成されており、複数の線により閉じている」必要があります。点は位置情報、線は経路情報、ポリゴンは範囲情報に対応していると考えれば分かりやすいかもしれません。

■**図7-2：ベクターデータのイメージ**

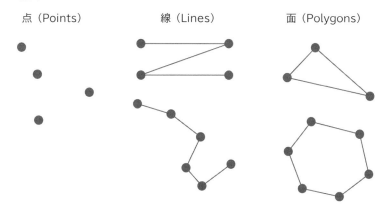

点（Points）　　　線（Lines）　　　面（Polygons）

　ラスターデータを用いた可視化は実際の地形を画像として表現するため、衛星写真や空中写真をラスターデータとして利用することが多く、1つ1つの地形や建造物に対しより詳細で特徴を捉えたデータを扱うことができます。しかし、ピクセル数や個々のピクセルの持つ情報量がデータ量に直結することから処理時間の問題や、大規模な可視化による解析が難しい側面があります。

　ベクターデータを用いた可視化は点、線、ポリゴンを用いた数的処理により表現するため、少ないデータ量で情報量の多い可視化を行うことができます。また、ベクターデータはピクセルではないことから、スケールに依存せず、縮尺による情報の歪みが発生することがありません。しかし、連続的な色彩表現や、ラスターデータのような画像による詳細表現は苦手としています。**図7-3**のような地形図などはベクターデータを用いて作成することができます。

■図7-3：地形図の例

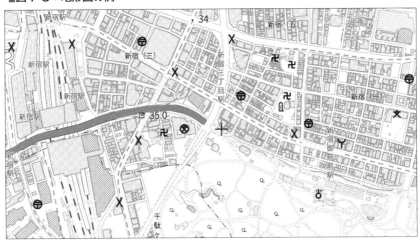

出典：国土地理院　地理院地図Vector

　どちらのデータも得意・不得意があるため目的に応じて併用されることも多く、データの特徴を正しく捉えることで、表現できる幅が広がっていきます。

　前述の通り、本章ではベクターデータを扱い加工・可視化を行っていきます。それではデータを読み込み、確認していきましょう。

　これまではpandasを用いてデータを読み込んできましたが、Shapefileはgeopandasという地理情報データをDataFrameのように扱うことのできるライブラリを用いて読み込みます。

```
import geopandas as gpd
gdf_master = gpd.read_file('data/L01-18.shp')
gdf_master
```

■図7-4：ファイルの読み込み結果(Shapefile)

```
[3] import geopandas as gpd
    gdf_master = gpd.read_file('data/L01-18.shp')
    gdf_master
```

	L01_001	L01_002	L01_003	L01_004	L01_005	L01_006	L01_007	L01_008	L01_009	L01_010	...	L01_118	L01_119	L01_120	L01_121	L01_122	L01_123
0	005	002	005	002	2018	65100	1	false	false	false	...	10000000000000	10000000000000	10000000000000	10000000000000	10000000000000	10000010000000
1	000	002	000	002	2018	40200	1	false	false	false	...	10000000000000	10000000000000	10000000000000	10000000000000	10000000000000	10000010000000
2	005	001	005	001	2018	131000	1	false	false	false	...	10000000000000	10000000000000	10011000000000	10011000000000	10000000000000	10000000000000
3	000	001	000	001	2018	42000	1	false	false	false	...	10000000000000	10000000000000	10000000000000	10000000000000	10000000000000	10000000000000
4	000	003	000	003	2018	38200	1	false	false	false	...	10000000000000	10000000000000	10000000000000	10000000000000	10000000000000	10000000000000
...	...	...	...	...	...	...	...	...	...	...	...	...	...	...	...	...	...
25983	000	003	000	003	2018	14600	1	false	false	false	...	00000000000000	00000000000000	00000000000000	00000000000000	00000000000000	00000000000000
25984	000	001	000	001	2018	10600	1	false	false	false	...	10000000000000	10000000000000	10000000000000	11100000000000	10000000000000	10000000000000
25985	005	001	005	001	2018	25500	1	false	false	false	...	10000000000000	20000000000000	10000000000000	10000000000000	10000000000000	10000000000000
25986	000	003	000	003	2018	10300	1	false	false	false	...	10000000000000	10000000000000	10000000000000	10000000000000	10000000000000	10000000000000
25987	000	002	000	002	2018	12300	1	false	false	false	...	10000000000000	10000000000000	10000000000000	10000000000000	10000000000000	10000000000000

25988 rows × 127 columns

Shapefileをgeopandasで読み込むときはread_fileメソッドを使用し、shpファイルのパスを指定します。Shapefileの構成要素のうち、shpファイルのみを指定していることを疑問に思う読者がいるかもしれません。これはgeopandasの特徴の一つで、同一のディレクトリ内にShapefileに必要なファイル(**dbf, shx, shp**)を配置しておけば、shpファイルを指定するだけでジオメトリと属性情報をGeoDataFrame形式として読み込むことができます。

また、読み込んだジオメトリは「geometry」列に格納されています。確認してみましょう。

```
gdf_master['geometry']
```

■図7-5：geometryの確認

```
[4] gdf_master['geometry']

    0        POINT (124.14933 24.34700)
    1        POINT (124.15515 24.34429)
    2        POINT (124.15802 24.33948)
    3        POINT (124.16232 24.33711)
    4        POINT (124.17377 24.34110)
                        ...
    25983    POINT (144.99874 43.55283)
    25984    POINT (145.56593 43.31827)
    25985    POINT (145.58215 43.33246)
    25986    POINT (145.58364 43.32447)
    25987    POINT (145.60059 43.33091)
    Name: geometry, Length: 25988, dtype: geometry
```

図7-5にあるようにジオメトリのデータ型はgeometryであることも確認できます。ジオメトリは「POINT, LINE, POLYGON」のいずれかのクラスとして格納され、これは図7-2にある点、線、面にそれぞれ対応しています。今回のデータはgeometryの各セルにPOINTとして1点の座標情報が格納されています。

最後に、GeoJSON形式のファイルも読み込んでみましょう。Shapefileを読み込める代表的なライブラリにはpyshpもありますが、こちらはGeoJSONを読み込むことができないため、GeoJSONも扱えることはgeopandasの利点とも言えるでしょう。

```
gdf_json = gpd.read_file('data/L01-18.geojson')
gdf_json
```

■図7-6：ファイルの読み込み結果（GeoJSON）

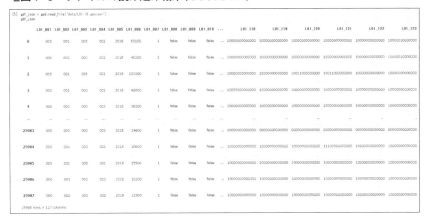

GeoJSON形式もread_fileメソッドを使用することでデータの読み込みを行えます。gdf_jsonの内容とgdf_masterの内容を比べてみると同じGeoDataFrameであることがわかりますね。次のノックでは実際にこのGeoDataFrameの内容を確認していきましょう。

ノック82： 読み込んだデータを確認しよう

このノックでは実際に読み込んだGeoDataFrameの内容を確認し、使用したいデータのみを抽出してみましょう。まずはデータの基本的な情報から確認するために、GeoDataFrameのレコード件数から見てみます。これにはDataFrameを扱う時と同様の関数を使用します。

```
len(gdf_master)
```

■図7-7：GeoDataFrameのデータ数

```
[6]  len(gdf_master)

     25988
```

DataFrameのレコード件数はlen関数によって出力できることを覚えているでしょうか？ 不安になった読者は**ノック1**を確認してください。このデータのレコード件数は25988であることがわかりました。このデータは各レコードにつき1箇所の公示価格についてのデータとなっているので、日本全国25988箇所のデータを持つことがわかります。

次にカラムの種類と数を確認してみましょう。こちらも**ノック2**と同様の方法で確認することができます。

```
gdf_master.columns
```

■図7-8：カラム名とカラム数

```
[7]  gdf_master.columns

     Index(['L01_001', 'L01_002', 'L01_003', 'L01_004', 'L01_005', 'L01_006',
            'L01_007', 'L01_008', 'L01_009', 'L01_010',
            ...
            'L01_118', 'L01_119', 'L01_120', 'L01_121', 'L01_122', 'L01_123',
            'L01_124', 'L01_125', 'L01_126', 'geometry'],
           dtype='object', length=127)
```

このデータはカラム名が「L01_○○」から始まっているものが126種に加え、ジオメトリが1種、合計で127個のカラムが存在します。「L01_○○」については対応する属性名が国土数値情報ダウンロードサイトに書かれていますので、詳しくはそちらを参考にしてください。(https://nlftp.mlit.go.jp/ksj/gml/datalist/KsjTmplt-L01-v2_4.html)

今回は「**公示価格、住所、ジオメトリ**」を扱いたいので、対応する「**L01_006, L01_023, geometry**」の3種類を抽出し、分かりやすいカラム名に変更してあげましょう。**ノック22**でreplace関数による文字列置換を活用したカラム名の変更方法を学びましたが、ここではrename関数を使用してカラム名の変更をしてみます。

```
gdf = gdf_master[['L01_006', 'L01_023', 'geometry']].rename(columns={'
L01_006': 'advertised_price', 'L01_023': 'address'})
gdf
```

■図7-9：データの抽出とカラム名の変更

```
[8] gdf = gdf_master[['L01_006', 'L01_023', 'geometry']].rename(columns={'L01_006': 'advertised_price', 'L01_023': 'address'})
    gdf
```

	advertised_price	address	geometry
0	65100	沖縄県　石垣市新栄町７０番１２	POINT (124.14933 24.34700)
1	40200	沖縄県　石垣市字新川喜田盛１４番１	POINT (124.15515 24.34429)
2	131000	沖縄県　石垣市字大川中ノ八カ２０７番３	POINT (124.15802 24.33948)
3	42000	沖縄県　石垣市字登野城村内１０４番３	POINT (124.16232 24.33711)
4	38200	沖縄県　石垣市字平得西原１２９番３	POINT (124.17377 24.34110)
...	...	...	...
25983	14600	北海道　標津郡中標津町東２１条南１０丁目１０番	POINT (144.99874 43.55283)
25984	10600	北海道　根室市西浜町３丁目１９３番１外	POINT (145.56593 43.31827)
25985	25500	北海道　根室市常盤町３丁目６番３	POINT (145.58215 43.33246)
25986	10300	北海道　根室市宝林町１丁目７０番２	POINT (145.58364 43.32447)
25987	12300	北海道　根室市明治町２丁目８３番	POINT (145.60059 43.33091)

25988 rows × 3 columns

`gdf_master[['L01_006', 'L01_023', 'geometry']]` で対応するカラム名のデータを抽出します。次に、抽出したデータに対しrename関数を用いてカラム名の変更を行っています。**ノック22**のように一括で文字列を置換したい時はreplace関数、個々で異なる置換をしたい時はrename関数と覚えておくと迷いなく関数が使えると思います。

　ここまでの処理で分かる通り、GeoDataFrameに対しDataFramを加工する際と同様の関数やメソッドを使用することができます。ここまでのノックでDataFrameの扱い方を学んできた読者ならば直感的にGeoDataFrameを扱うことができると思います。意欲的な読者はこれまでのノックで学んだ知識を活かし、様々な加工を行ってみましょう。

ノック83：
都道府県名を住所から抽出しよう

　実際に地図を用いた可視化をする前に、データの全体像を可視化により確認したいと思います。このノックでは下準備とこれまでのノックの復習も兼ねて、「address」から都道府県名を抽出し新たなカラム「都道府県」を作成します。データ加工を学んだ皆さんならば、文字列の抽出はできるはずです。まずは、抽出したい文字列が満たすべき条件を考えてみましょう。

```
import re

def extract_prefecture(address):

    match = re.search(r'([^\d]+?[都道府県])', address)
    if match:
        return match.group(1)
    else:
        return None

gdf['都道府県'] = gdf['address'].apply(extract_prefecture)

gdf['都道府県']
```

■図7-10：都道府県の抽出例①

```
[9]  import re

    def extract_prefecture(address):

        match = re.search(r'([^\d]+?[都道府県])', address)
        if match:
            return match.group(1)
        else:
            return None

    gdf['都道府県'] = gdf['address'].apply(extract_prefecture)

    gdf['都道府県']

    0        沖縄県
    1        沖縄県
    2        沖縄県
    3        沖縄県
    4        沖縄県
            ...
    25983    北海道
    25984    北海道
    25985    北海道
    25986    北海道
    25987    北海道
    Name: 都道府県, Length: 25988, dtype: object
```

標準ライブラリのreをインポートして、パターンに該当する部分を抽出しています。

ノック52でも説明した通り正規表現はとても有用ですが、非常に深い内容なため、詳細な解説は省き何をしているかのみを説明します。

まずは作成した関数extract_prefecture の説明です。searchメソッドで第一引数の条件を満たすものを第二引数から抽出します。次にif文を使用し、対象が存在する場合は match.group(1) により都道府県名を抽出します。対象が存在しない、つまりFalseの場合は None とします。searchメソッドの第一引数「r'([^\d]+?[都道府県])' 」は、『数字以外の文字が出現し、最初に「都」か「道」か「府」か「県」が現れるまで』という条件を正規表現で表しています。

次に、apply関数を使用して作成した関数処理を gdf['address'] に対して実行し、新しいカラム「'都道府県' 」に格納します。以上が処理の説明となりますが、この処理で正確に都道府県名を抽出できたでしょうか？　確認してみましょう。

```
print(gdf['都道府県'].unique())
print(gdf['都道府県'].nunique())
```

■図7-11：出力の確認①

```
[10]  print(gdf['都道府県'].unique())
      print(gdf['都道府県'].nunique())

      ['沖縄県' '鹿児島県' '長崎県' '佐賀県' '熊本県' '福岡県' '宮崎県' '山口県' '大分県' '島根県' '広島県' '愛媛県'
       '高知県' '鳥取県' '岡山県' '香川県' '徳島県' '兵庫県' '京都' '和歌山県' '大阪府' '福井県' '奈良県' '滋賀県'
       '三重県' '石川県' '岐阜県' '愛知県' '富山県' '静岡県' '長野県' '新潟県' '山梨県' '群馬県' '埼玉県' '神奈川県'
       '東京都' '栃木県' '福島県' '山形県' '茨城県' '千葉県' '秋田県' '北海道' '青森県' '宮城県' '岩手県']
      47
```

　unique関数を用いることでカラム「都道府県」のデータを重複が無いように出力することができます。また、nunique関数によりその数を確認することもできます。これで47都道府県が出力されていることが確認できました。しかし、都道府県名はどうでしょうか？　注意深い読者は気がついていると思いますが、本来ならば「京都府」で出力されるデータが「京都」になっています。これは京都府という文字列に「都」が含まれていることが原因と考えられます。実際、都道府県名に「都」か「道」か「府」か「県」が含まれるものは「京都府」のみです。一見正確に出力されているように見えても、イレギュラーな要素により望んだ処理が行われない可能性は常にあります。必ず出力の全体を確認する癖を付けるようにしましょう。

　では、「京都府」を考慮したコードに修正するにはどのような処理を行えばよいでしょうか？　よく考えて修正してみましょう。

```python
def extract_prefecture(address):

    match = re.search('東京都|北海道|(?:京都|大阪)府|.{2,3}県', address)
    if match:
        return match.group()
    else:
        return None

gdf['都道府県'] = gdf['address'].apply(extract_prefecture)

gdf['都道府県']
```

■図7-12：都道府県の抽出例②

```
[11] def extract_prefecture(address):

         match = re.search('東京都|北海道|(?:京都|大阪)府|.{2,3}県', address)
         if match:
             return match.group()
         else:
             return None

     gdf['都道府県'] = gdf['address'].apply(extract_prefecture)

     gdf['都道府県']

     0           沖縄県
     1           沖縄県
     2           沖縄県
     3           沖縄県
     4           沖縄県
                 ...
     25983       北海道
     25984       北海道
     25985       北海道
     25986       北海道
     25987       北海道
     Name: 都道府県, Length: 25988, dtype: object
```

　searchメソッドの第一引数を「' 東京都|北海道|(?: 京都|大阪) 府|. {2,3} 県'」に変更してあります。これは「東京都」、「北海道」、「京都府、大阪府」、「その他の県」と4パターンに分割し、都道府県名を正確に抽出できるよう条件設定をしてあります。条件の設定は1通りではないので読者自身で考えてみてもいいかもしれません。

　さらに、「市区町村」を抽出したい時はどのような条件設定をすれば良いでしょうか？　今回は都道府県名のみが必要な情報のため割愛しますが、正規表現を用いることにより一見難しそうな条件でも記述できることがわかったことと思います。こちらも意欲的な読者は取り組んでみましょう。

　最後に**図7-11**と同様のコードを実行し、出力を確認しましょう。

■図7-13：出力の確認②

```
[12] print(gdf['都道府県'].unique())
     print(gdf['都道府県'].nunique())

     ['沖縄県' '鹿児島県' '長崎県' '佐賀県' '熊本県' '福岡県' '宮崎県' '山口県' '大分県' '島根県' '広島県' '愛媛県'
      '高知県' '鳥取県' '岡山県' '香川県' '徳島県' '兵庫県' '和歌山県' '大阪府' '福井県' '奈良県' '滋賀県'
      '三重県' '石川県' '岐阜県' '愛知県' '富山県' '静岡県' '長野県' '新潟県' '山梨県' '群馬県' '埼玉県' '神奈川県'
      '東京都' '栃木県' '福島県' '山形県' '茨城県' '千葉県' '秋田県' '北海道' '青森県' '宮城県' '岩手県']
     47
```

　条件を変更したので正確に出力されていることが確認できました。繰り返しになりますが、一部の出力確認のみでデータの整合性を決めず、必ず出力の全体を確認する癖を付けるようにしましょう。

　このノックでは可視化に向けた、文字列の加工を復習しました。文字列から効率よく必要な情報を抽出することは多種多様なデータに対して行う基本的な処理となります。ここまでの内容が不安な読者は4章を復習しておきましょう。

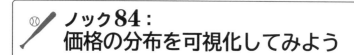

ノック84：
価格の分布を可視化してみよう

　ノック83で作成した都道府県名を使用して、都道府県ごとの平均公示価格を可視化してみましょう。ライブラリのmatplotlibを使用して可視化します。matplotlibの使い方には慣れてきましたか？　ではノック18のようなシンプルな棒グラフを作成してみましょう。復習も兼ねてgroupby関数を活用します。

```
!pip install japanize-matplotlib
import matplotlib.pyplot as plt
import japanize_matplotlib

gdf['advertised_price'] = gdf['advertised_price'].astype(int)
gdf_avg = gdf.groupby('都道府県')['advertised_price'].mean().reset_index()

plt.figure(figsize=(10, 9))
plt.barh(gdf_avg['都道府県'], gdf_avg['advertised_price'])
plt.title('各都道府県の平均公示価格')
plt.xlabel('平均公示価格')
plt.ylabel('都道府県')
plt.show()
```

■図7-14：都道府県ごとの平均公示価格

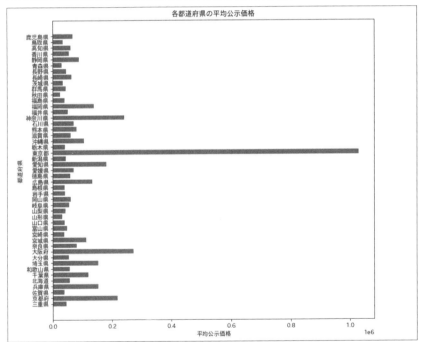

　ノック14と同様に、japanize-matplotlibをpipでインストールします。そして groupby関数を使用して「都道府県ごとの平均公示価格」をgdf_avgに格納します。可視化では横向きの棒グラフを用いたいのでbarhメソッドを使用します。groupby関数を用いているのでシンプルなコードで集計の可視化が出来ました。集計した結果を可視化する際はgroupby関数が非常に有用ですので覚えておきましょう。

　グラフを見ると、東京都の公示価格が著しく高いことが分かります。首都圏近郊の神奈川県や、関西地方の京都府や大阪府も他県と比較すると高いように見えます。

　このノックではmatplotlibを用いた簡単な可視化を復習しました。groupby関数を用いることで別途集計したデータを作成せず、スムーズに可視化が行えることを感じてもらえましたか？　ここまでの内容が不安な読者は類似した内容を**ノック17**でも扱っていますので、復習しておきましょう。次からいよいよジオメトリデータを用いた可視化に入っていきます。

⚾🏏 ノック85：
ポイントを表示してみよう

　このノックではジオメトリの情報を用いた可視化をしてみましょう。geopandasにはmatplotlibのplotメソッドが予め入っているため、可視化のみならばmatplotlibのインポートは不要です。まずは公示価格の全量を可視化してみましょう。

```
gdf.plot(column = 'advertised_price')
```

■図7-15：POINTの可視化

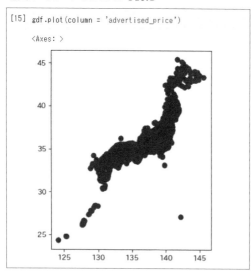

　たった1行でデータを可視化することができました。グラフ上のx軸、y軸はそれぞれジオメトリの POINT(x, y) に対応し、データの存在を点として描画していることが確認できます。今回のデータでは確認することはできませんが、ジオメトリがLINEの場合は線が描画されます。また、今回のデータは47都道府県分が存在していたので点の集合が日本地図のような形になっていることも確認できます。

　次に、少し条件を加えて公示価格が500000円以上のデータを選択し、価格による色の濃淡を付けてみましょう。plotメソッドのオプションである「cmap」を使用することで色を選択することができます。

```
from matplotlib.colors import Normalize

norm = Normalize(vmin=0, vmax=1e6)

gdf_over = gdf[gdf['advertised_price'] > 500000]
gdf_over.plot(column = 'advertised_price',
              cmap = 'Purples',
              norm = norm,
              legend = True)
```

■図7-16：条件設定をした可視化

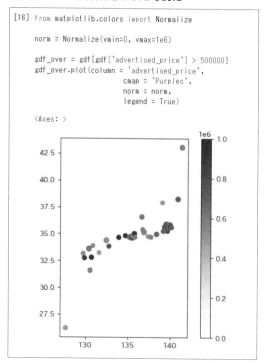

今回は色の濃淡をわかりやすくするため、matplotlibのNormalizeを使用し、カラーマップの濃淡の上限と下限を設定しました。「vmin=0, vmax=1e6」とは下限が0、上限が1e6であることを意味しています。また、plotメソッドのオプションは色の設定として「cmap = 'Purples'」、色の変化幅を「norm = norm」、カラーバーの有無を「legend = True」で設定しています。データの分布が一点に集中している場合などは色幅を狭く設定することで色の変化を意図的に激しくすることができます。頻繁に行うことではないですが、覚えておくと便利でしょう。

出力を確認すると首都圏や関西地方に500,000円以上の土地が集中していることがわかります。これは**ノック84**で確認した都道府県ごとの平均公示価格が高い地域と類似していると考えることができますね。

ノック86：
地図上にポイントを表示してみよう

　ノック85ではジオメトリの持つ座標情報から公示価格のデータをプロットしてみました。今回のデータはデータ数が多いことからデータをプロットするだけで日本の大体どのあたりのデータかを把握することができましたが、実際のデータは世界中のまばらなデータなことや、データ数が少なくジオメトリ情報をプロットするだけでは位置情報が分かりづらいことが多々あります。このノックでは実際に日本地図上にジオメトリ情報をプロットし、より位置情報が分かりやすい可視化をしていきましょう。

　日本地図はjapanmapというライブラリからポリゴンデータを読み込み、GeoDataFrame形式に変換することで前回と同様にplotメソッドで可視化することができます。それでは実際に可視化してみましょう。

```
!pip install japanmap
from shapely.geometry import Polygon
from japanmap import get_data, pref_points

fig, ax = plt.subplots(1,1, figsize=(8, 8))
japan_poly = [Polygon(points) for points in pref_points(get_data())]
gdf_japan = gpd.GeoDataFrame(crs = 'epsg: 4612', geometry=japan_poly)

gdf_japan.plot(color = 'darkgray', ax = ax)

gdf_over.plot(column = 'advertised_price',
                    cmap = 'Purples',
                    norm = norm,
                    legend = True,
                    ax = ax,
                    s = 7)

plt.title('各都道府県の平均公示価格')
plt.show()
```

■ 図7-17：地図上の可視化

```
[17] !pip install japanmap
     from shapely.geometry import Polygon
     from japanmap import get_data, pref_points

     fig, ax = plt.subplots(1,1, figsize=(8, 8))
     japan_poly = [Polygon(points) for points in pref_points(get_data())]
     gdf_japan = gpd.GeoDataFrame(crs = 'epsg: 4612', geometry=japan_poly)

     gdf_japan.plot(color = 'darkgray', ax = ax)

     gdf_over.plot(column = 'advertised_price',
                   cmap = 'Purples',
                   norm = norm,
                   legend = True,
                   ax = ax,
                   s = 7)


     plt.title('各都道府県の平均公示価格')
     plt.show()

     Collecting japanmap
       Downloading japanmap-0.2.0-py3-none-any.whl (170 kB)
                                                     ─────────── 170.6/170.6 kB 3.2 MB/s eta 0:00:00
     Requirement already satisfied: Pillow<10.0,>=9.2 in /usr/local/lib/python3.10/dist-packages (from japanmap) (9.4.0)
     Requirement already satisfied: opencv-python<5.0,>=4.6 in /usr/local/lib/python3.10/dist-packages (from japanmap) (4.8.0.76)
     Requirement already satisfied: numpy>=1.21.2 in /usr/local/lib/python3.10/dist-packages (from opencv-python<5.0,>=4.6->japanmap) (1.23.5)
     Installing collected packages: japanmap
     Successfully installed japanmap-0.2.0
```

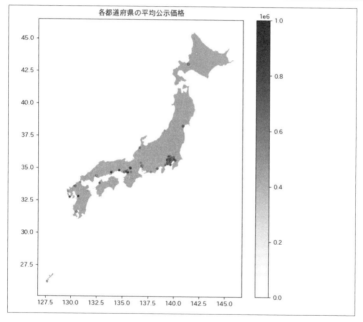

Japanmapライブラリは事前にpipでインストールしておきましょう。
ShapelyのPolygonメソッドは読み込んだ日本地図のデータをポリゴン形式に
するために使用します。日本地図と公示価格データは重ねて表示したいことから
表示用のfigureと表示先のaxisを事前に設定しておきます。「japan_poly」は

pref_points(get_data())で読み込んだ座標データをPolygon()でポリゴンに変換し、「gdf_japan」はそのポリゴンデータをGeoDataFrameメソッドでGeoDataFrame形式に変換しています。japan_polyは一つ一つが各都道府県のポリゴンデータになっているため、総数は47です。例えば、「japan_poly[0]」と実行すれば北海道の地図が出力されます。

■図7-18：データ変換のイメージ

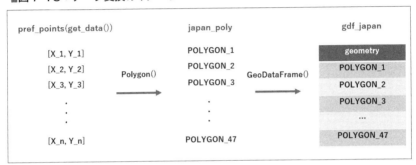

「crs = 'epsg: 4612'」は座標参照系を指定するオプションです。座標参照系についてはノック89で説明しますので今は名前だけ覚えておいてください。

可視化するデータはノック84で作成した公示価格が500,000より大きいgdf_overです。オプションの「s = 7」はプロットされる点のサイズとなっています。

「gdf_japan」の後に「gdf_over」を可視化する処理を記述していますが、この順番が逆になるとプロットされた点の上を覆いかぶさるように日本地図が可視化されてしますので注意が必要です。可視化する処理は記述された順番に上に重なっていくと覚えておきましょう。

これで日本地図上にデータを可視化することができました。**図7-16**と比較すると、位置情報を明確に捉えられることがわかると思います。例えば、**図7-16**で東北地方にあった一点は**図7-17**で確認すると「宮城県」の土地であり、さらに仙台の土地であることもわかるようになりました。

ノック87：
インタラクティブな地図を
作成してみよう

　ノック86ではジオメトリに基づく公示価格を日本地図上に可視化してみました。データの位置情報がわかりやすくなりましたが、これはあくまでもデータを表示した画像であり、私達が普段使っている位置情報サービスはもっとインタラクティブなものかと思います。Pythonではfoliumというライブラリを活用することでオープンソースの地図上にデータを表示でき、インタラクティブな地図を作成することもできます。それではさっそく可視化していきましょう。

```
import folium


f_map = folium.Map(location=(35.6905, 139.6995), zoom_start=15)
folium.GeoJson(gdf.to_json()).add_to(f_map)
f_map
```

🏷図7-19：新宿駅周辺の土地データ

　foliumライブラリはOpenStreetMap上にジオメトリデータを可視化することに優れています。最初に、Mapメソッドで表示させる地図の中心座標「location」と、その縮尺レベル「zoom_start」を指定します。今回は新宿駅の座標「（経度、緯度）＝（35.6905, 139.6995）」を指定しました。次に、GeoJsonメソッドにより一度JSON形式に戻したGeoDataFrameをGeoJSON形式として読み込

み、f_map上に表示させます。7章の冒頭で説明した通り、GeoJSON形式はこのような地図表示を目的としたWebアプリ（OpenStreetMap）に対応していることが多い形式となっています。

　作成した地図は拡大縮小はもちろん、マウスカーソルでドラッグすることで任意の場所に移動することができます。

　ここまでに行ったmatplotlibを活用した「画像による可視化」と、foliumを活用した「マップ上による可視化」を目的に応じて使い分けられるようになれば業務での活用の幅が広がるでしょう。

⚾ ノック88：
作成した地図を保存してみよう

　ノック87では実際にWebアプリケーションを活用し、地図上にジオメトリデータで可視化してみました。foliumは非常に便利ですが、使用する際に毎回Google Colaboratoryを起動してコードを実行するのは手間だと思います。このノックでは作成した地図の保存方法とその使い方を学び、Webブラウザ上で表示させられるようになりましょう。

```
f_map.save('data/shinjuku_station_map.html')
```

■図7-20：地理位データの保存

```
[20] f_map.save('data/shinjuku_station_map.html')
```

　ノック87で作成した「f_map」にsaveメソッドを使用することでhtmlファイルとしてデータを保存することができます。ファイルパスは本章で使用している「'data/shinjuku_station_map.html'」を指定しましょう。これによりGoogle Drive内にデータが保存されます。このhtmlファイルはWebブラウザ上で内容を表示することが可能なファイル形式となっています。

■図7-21：データの使用

ドライブ上から保存したファイル「shinjuku_station_map.html」を 右クリック>アプリで開く< > Google Chromeを左クリック することで、**ノック86**の出力と同様の地図が表示されます。Google Chromeが選択肢にない場合は、htmlファイルをダウンロードしてからブラウザで開いてみてください。

ここまでのノックが地理空間データ理解への必須知識と、基本的な可視化となります。ここから先の2本は、より地理空間データへの理解を深めたい読者が対象となります。具体的には、**ノック86**で触れた「座標参照系」を理解するための2本となります。それでは最後の2本に進んでいきましょう。

> ## ⚾ ノック89：
> ## 座標変換してみよう

ここまでのノックではベクターデータのもつジオメトリ情報「POINT」を可視化するための座標情報として扱ってきましたが、このPOINTとは一体何の座標なのでしょうか？　説明をしていませんでしたが、これは「JGD2000の緯度経度座標であるEPSG4612」となっています。これを理解することが座標変換の意味を知るための一歩となります。少し難しい話となりますがこれから先の内容を何

度も読み込み、自分の目的に応じた座標変換ができるようになりましょう。

　私達が普段使用している平面地図上の座標は緯度経度で表されることが多いと思います。しかし、道の長さや土地の面積を計算して求める際は利便上、緯度経度ではなく、メートル法を使用したい場面が多いです。このように地図上に座標をプロットする場合は「緯度経度」、計算に用いる場合は「メートル法」、と用途に合わせて相互に変換していくことが座標変換の大きな目的であり、**地理空間データの醍醐味**とも言えるでしょう。まずは、代表的な３つの座標系を押さえましょう。

・地理座標系（緯度経度）
・平面直角座標系（メートル法）
・UTM座標（メートル法）

①地理座標系
　緯度経度は地球儀をイメージすると分かりやすいと思います。全世界を分割せず、１つの座標系で表現できることが最大の利点となっています。しかし、球面上で使用する座標系であるため、面積や長さを求める時にそのまま座標を使用すると、場所による縮尺の歪みが発生してしまいます。地球儀で考えると、南極や北極の付近と赤道では縮尺が全く違うことが想像できると思います。

②平面直角座標系
　日本を19個に分割し、平面上でメートル法を用いて表現される座標系です。分割することで表現の精度は向上しますが、19分割したことで全国を１つの座標系で表すことができません。詳しくは国土地理院のサイトを参考にしてください。
　（わかりやすい平面直角座標系：https://www.gsi.go.jp/sokuchikijun/jpc.html）

③UTM座標
　全世界を経度６度ごとに縦分割し、平面上でメートル法を用いて表現される座標系です。日本は52N、53N、54Nの３座標系によりほぼ全土をカバーすることができます。UTM座標はこの３つの中で最も精度とカバー範囲が両立されている座標系となっています。

以上が代表的な座標系となります。

最後に**EPSGコード**も押さえておきましょう。EPSGコードとは、GIS上で使用される要素に必要なパラメータを1つにまとめ、そのパラメータ同士を区別するためのIDとなっています。例えば、GISで使用される要素には、座標参照系や本初子午線などがあります。ここでは、EPSGコードが決まると対応する座標系が定まる程度の理解で大丈夫です。EPSGコードは数千種類存在するため、気になる読者は是非調べてみてください。

それでは今回使用しているデータの座標参照系を調べてみましょう。

```
gdf.crs
```

■図7-22：座標参照系の確認

```
[21] gdf.crs

     <Geographic 2D CRS: EPSG:4612>
     Name: JGD2000
     Axis Info [ellipsoidal]:
     - Lat[north]: Geodetic latitude (degree)
     - Lon[east]: Geodetic longitude (degree)
     Area of Use:
     - name: Japan - onshore and offshore.
     - bounds: (122.38, 17.09, 157.65, 46.05)
     Datum: Japanese Geodetic Datum 2000
     - Ellipsoid: GRS 1980
     - Prime Meridian: Greenwich
```

GeoDataFrameの持つ座標参照系はcrsメソッドを使用することで簡単に出力することができます。このデータは「EPSG:4612」というEPSGコードを持っていることが確認できました。このEPSGコードの意味は参照座標系が「緯度経度」であり、「JGD2000」という2000年に測定された座標系ということになります。このEPSG:4612は地理空間データを扱う際によく目にするEPSGコードですので、頭の片隅に入れておきましょう。

それでは経度緯度をUTM座標に変換していきましょう。

```
from osgeo import ogr, osr
import shapefile


src_srs = osr.SpatialReference()
```

```
dst_srs = osr.SpatialReference()
src_srs.ImportFromEPSG(4612)
dst_srs.ImportFromEPSG(3100)
transform = osr.CoordinateTransformation(src_srs, dst_srs)

src_advertised_price = shapefile.Reader('data/L01-18.shp')
shps_advertised_price = src_advertised_price.shapes()

utm_list = []
for shp in shps_advertised_price :
    utm_point = list(map(lambda point: transform.TransformPoint(point[1], 
point[0])[:2], shp.points))
    utm_list.append(utm_point)

utm_list
```

■図7-23：座標変換

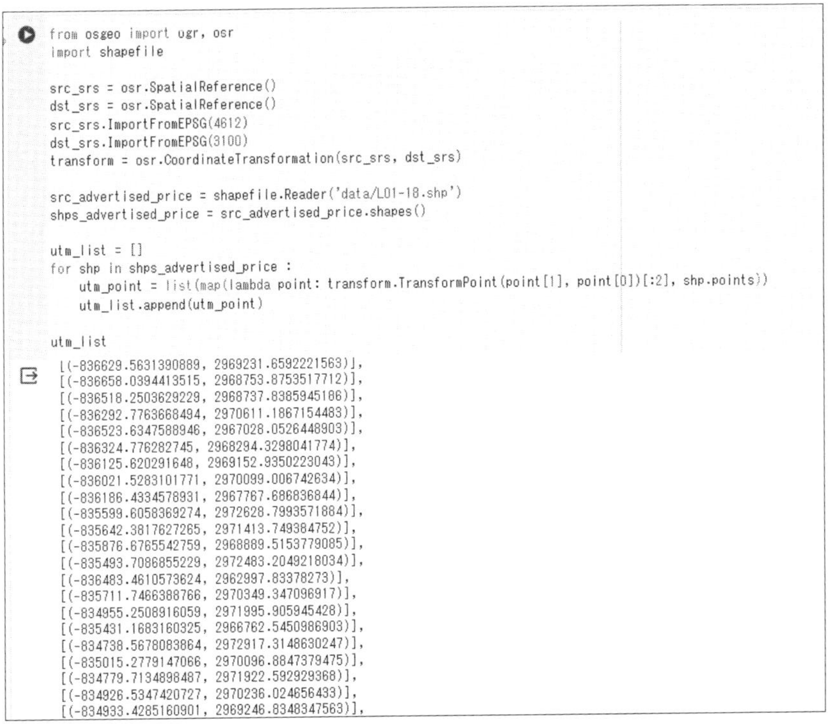

```
from osgeo import ogr, osr
import shapefile

src_srs = osr.SpatialReference()
dst_srs = osr.SpatialReference()
src_srs.ImportFromEPSG(4612)
dst_srs.ImportFromEPSG(3100)
transform = osr.CoordinateTransformation(src_srs, dst_srs)

src_advertised_price = shapefile.Reader('data/L01-18.shp')
shps_advertised_price = src_advertised_price.shapes()

utm_list = []
for shp in shps_advertised_price :
    utm_point = list(map(lambda point: transform.TransformPoint(point[1], point[0])[:2], shp.points))
    utm_list.append(utm_point)

utm_list

[[(-836629.5631390889, 2969231.6592221563)],
 [(-836658.0394413515, 2968753.8753517712)],
 [(-836518.2503629229, 2968737.8385945186)],
 [(-836292.7763668494, 2970611.1867154483)],
 [(-836523.6347588946, 2967028.0526448903)],
 [(-836324.776282745, 2968294.3298041774)],
 [(-836125.620291648, 2969152.9350223043)],
 [(-836021.5283101771, 2970099.006742634)],
 [(-836186.4334578931, 2967767.686836844)],
 [(-835599.6058369274, 2972628.7993571884)],
 [(-835642.3817627265, 2971413.749384752)],
 [(-835876.6765542759, 2968889.5153779085)],
 [(-835493.7086855229, 2972483.2049218034)],
 [(-836483.4610573624, 2962997.83378273)],
 [(-835711.7466388766, 2970349.347096917)],
 [(-834955.2508916059, 2971995.905945428)],
 [(-835431.1683160325, 2966762.5450986903)],
 [(-834738.5678083864, 2972917.3148630247)],
 [(-835015.2779147066, 2970096.8847379475)],
 [(-834779.7134898487, 2971922.592929368)],
 [(-834926.5347420727, 2970236.024656433)],
 [(-834933.4285160901, 2969246.8348347563)],
```

osgeoライブラリとshapefileライブラリをインポートします。前者は座標変換の実行に使い、後者はshpファイルの読み込みに使用します。

まずはSpatialReferenceメソッドを使用し、座標系を保持する箱を作ります。srcは変換前、dstは変換後を指します。次に、ImportFromEPSGメソッドを使用し、対象の座標系を指定します。今回は変換前が4612であり、変換後は3100に変換したいため、各値を指定します。そして、CoordinateTransformationメソッドを使用し、4612から3100への座標変換式をtransformへ保存します。

実際に座標変換式を使用するために、元のジオメトリデータを用意しましょう。Shapefileライブラリを用いることでジオメトリデータを「shps_advertised_price」に格納します。

最後に、座標変換式をTransformPointメソッドにより実行し、「utm_list」に保存します。以上が緯度経度からUTM座標への変換でした。日本国内のデータだけでも様々なEPSGコードが存在するため、読者自身で様々な変換を試してみてください。

ノック90：座標間の距離を計算しよう

このノックでは実際に座標間の距離を計算してみます。**ノック89**で座標変換したUTM座標を使用して計算することもできますが、今回はgeopandasのdistanceメソッドを使ってみましょう。

```
from shapely import Point

point = Point(35.6905, 139.6995)
point = gpd.GeoDataFrame(geometry=[point], crs=2451)

gdf.to_crs(2451).distance(point.geometry[0])
```

■図7-24：距離の計算

```
[23] from shapely import Point

     point = Point(35.6905, 139.6995)
     point = gpd.GeoDataFrame(geometry=[point], crs=2451)

     gdf.to_crs(2451).distance(point.geometry[0])

     0          2.003618e+06
     1          2.003388e+06
     2          2.003547e+06
     3          2.003406e+06
     4          2.002222e+06
                 ...
     25983      9.481466e+05
     25984      9.498923e+05
     25985      9.519374e+05
     25986      9.512600e+05
     25987      9.526173e+05
     Length: 25988, dtype: float64
```

　Pointメソッドは新宿駅の座標をジオメトリにするために使用します。distanceメソッドは地理座標系に対応していないため、「crs=2451」を設定し、平面直角座標9系と呼ばれる座標参照系のEPSGコードを指定します。この座標参照系は「関東、福島」の地域をカバーしています。また、distanceメソッドは指定した配列に対し、1対1の行単位で距離計算をするため、geometry[0]で1つのgeometryを指定しています。座標間の距離計算は座標変換とその参照座標系に大きく依存するため、精度を求めるならばGISデータへの理解度が求められます。

　ノック89、90では馴染みのない用語や考え方が多数出てきたと思いますが、地理情報データを扱うためにはどうしても事前知識が必要となります。まずは**ノック90**で使用したプログラムのEPSGコードを変更し、様々な座標参照系に触れてみることから始めてみましょう。各座標参照系の特徴を捉えられる様になることを目標とし学習を続ければ、理解が進むと思います。

　7章では地理空間データのデータ構造を理解することからはじめ、簡単なデータ加工とデータ全体の分布を可視化し、ジオメトリ情報を用いた可視化に取り組みました。可視化にもmatplotlibのような画像としての可視化や、foliumを使

用した実際の地図上にデータをプロットする可視化の2種類を学びました。最後に、座標変換と座標間の距離計算についての基礎知識を知ると共に、実際の計算処理を実行してみました。

　本章の内容を理解し扱えるようになれば、アプリケーション開発やデータ分析、機械学習など様々な場所で「**GISデータを活用してみよう**」という考えが技術の選択肢に入ることと思います。今回は都合上、OpenStreetMapのみしか地図表示に対応したWebアプリを紹介できませんでしたが、世界では様々なオープンソースのWebアプリが活用されています。さらに深く学びたい読者は是非、専門書などで紹介しきれなかった知識や技術を学んでみてください。

第8章
特殊な加工・可視化を行う
10本ノック

　これまでの90本のノックで、大半のデータパターンに対する加工と可視化を行ってきました。そういう意味では、王道の加工と可視化は一通り行ったと言えるかもしれません。ここまで経験していれば、技術の引き出しとしてはかなりのものだと言えます。

　いよいよ終わりが見えてきましたが、実はまだ知ってほしいことが残っています。稀に発生する特殊なパターンも見ておいた方が、きっと今後の皆さんの役に立つと思うのです。使う機会はそれほどないかもしれませんし、場合によってはよく使うことになるかもしれません。そのようなパターンも経験してさらに一回り成長することで、100本ノックの総仕上げとしましょう。

ノック91：大容量CSVデータを扱ってみよう

ノック92：Json形式のファイルを扱ってみよう

ノック93：Webからデータを取得してみよう

ノック94：configファイルを扱ってみよう

ノック95：動画ファイルを音声ファイルへ変換してみよう

ノック96：動画ファイルを画像ファイルへ分割してみよう

ノック97：PowerPointやWordファイルを読み込んでみよう

ノック98：PDFデータを読み込んでみよう

ノック99：インタラクティブなグラフを作成してみよう

ノック100：3次元グラフを作成してみよう

利用シーン

　本章では色々なデータパターンを扱うため、利用シーンも様々です。例えば大容量CSVデータは、ミリ秒単位や秒単位で長時間出力されたセンサーデータや、後の利用をよく考えずに追記され続けて巨大になったデータファイルなど。Json形式の扱いであればWebサイトやSNSのAPIにリクエストしてデータ収集を開始する状況。その他にも実在するシステムの設定ファイルを読み込むケース、PDFやPowerPoint、Wordに埋め込まれたテキストを自動抽出してDB化や機械学習に利用するケース、動画ファイルを利用したAI開発などを行うケースで本章の知識が役に立つでしょう。また、インタラクティブな可視化は報告資料としてだけでなく、プレゼンや分析でも大いに役立つことでしょう。

前提条件

　ノック91は大容量ファイルを扱うことを目的としていますが、ここで扱うファイルは、実際にエラーが発生するような大容量のものではありません。大容量ファイルと見立てて処理を行います。ノック92で使用するjsonファイル、ノック94で使用するconfigファイル、ノック97及びノック98で使用するサンプルファイルは、必要最低限の情報のみ保持しています。ノック93では、worldtimeapi.orgというサイトにhttpリクエストを送信してデータを取得します。ノック100では、irisデータセットをロードして使用します。

■表：データ一覧

No.	ファイル名	概要
1	person_count_out_0001_202101 11509.csv	人数カウントデータ（1秒単位）（地下） ※第3章で使用した中の1ファイル
2	column_oriented.json	jsonファイル（列指向）
3	index_oriented.json	jsonファイル（インデックス指向）
4	table_oriented.json	jsonファイル（テーブル指向）
5	config.yaml	configファイル（yaml形式）
6	config.toml	configファイル（toml形式）

7	sample_video.mp4	動画から音と画像に変換するためのファイル
8	サンプル_PDF.pdf	PDFからテキストを抽出するためのサンプルファイル
9	サンプル_PowerPoint.pptx	PowerPointからテキストを抽出するためのサンプルファイル
10	サンプル_Word.docx	Wordからテキストを抽出するためのサンプルファイル

ノック91： 大容量CSVデータを扱ってみよう

　これまで様々なデータを扱ってきましたが、そこまでサイズが大きいデータはありませんでした。しかし実際にデータを扱う状況になると、必ずしも小さいデータだけを扱う訳ではなく、時には巨大なデータを処理する状況もあるでしょう。

　しかし容量無制限に処理できるものではないので、メモリ容量との兼ね合いなども考慮しつつ、工夫する必要がでてきます。そこで、いつも通り実装すると処理できないような大容量ファイルを扱うことを想定して、処理を行ってみましょう。

　実際に大容量ファイルを扱うと長時間かかってしまう場合もあるので、ここでは第3章で使用した1個の時系列データを、大容量データと仮定して使用しましょう。データが小さくても、コードの書き方と結果を見れば、十分イメージが伝わると思います。

　まずはデータのイメージを掴んでいただくために、今までと同様の読み込み方でファイルを読んでみましょう。

```
import pandas as pd
df = pd.read_csv('data/person_count_out_0001_2021011509.csv')
df
```

■図8-1 データの確認

```
[4]  import pandas as pd
     df = pd.read_csv('data/person_count_out_0001_2021011509.csv')
     df

          id  place          receive_time  sensor_num  in1  out1  state1  in2  out2  state2
     0     0      1  2021-01-15 09:00:00.144         2  508    73       0   73   508       0
     1     1      1  2021-01-15 09:00:01.146         2  508    73       0   73   508       0
     2     2      1  2021-01-15 09:00:02.161         2  508    73       0   73   508       0
     3     3      1  2021-01-15 09:00:03.176         2  508    73       0   73   508       0
     4     4      1  2021-01-15 09:00:04.192         2  508    73       0   73   508       0
   ...   ...    ...                    ...       ...  ...   ...     ...  ...   ...     ...
  3535  3535      1  2021-01-15 09:59:55.054         2  782   156       0  156   782       0
  3536  3536      1   2021-01-15 09:59:56.07         2  782   156       0  156   782       0
  3537  3537      1  2021-01-15 09:59:57.085         2  782   156       0  156   782       0
  3538  3538      1  2021-01-15 09:59:58.101         2  782   156       0  156   782       0
  3539  3539      1  2021-01-15 09:59:59.116         2  782   156       0  156   782       0
  3540 rows × 10 columns
```

　今回はデータが小さいため問題なく読み込むことができますが、もしこれが数
100万〜数1000万行以上のデータだった場合、pandas.read_csvで一括で読
み込もうとすると、OOMエラーでプログラムが終了してしまうでしょう。OOM
エラーはメモリー不足によるエラーのことを指します。

　それを回避するために、引数で行数を指定して読み込むことができます。実際
にやってみましょう。

```
for df in pd.read_csv('data/person_count_out_0001_2021011509.csv', chunks
ize=512):
    print(df.shape)
```

■図8-2 chunksizeを指定した読み込み

```
[5]  for df in pd.read_csv('data/person_count_out_0001_2021011509.csv', chunksize=512):
         print(df.shape)

     (512, 10)
     (512, 10)
     (512, 10)
     (512, 10)
     (512, 10)
     (512, 10)
     (468, 10)
```

　引数のchunksizeを明示的に指定すると、指定した行数ごとにcsvファイルを読み込むことができます。今回はchunksizeを512としました。出力結果を見ると、512行ごとにデータが読み込まれていることがわかります。

　chunkごとの読み込みができることは確認できたので、次は読み込んだデータに対して何らかの処理を行った上で、別のファイルに保存してみましょう。

```
i = 0
for df in pd.read_csv('data/person_count_out_0001_2021011509.csv', chunks
ize=64):
  df['processd_per_chunk'] = True
  df.to_csv('data/processed_big_data.csv', mode='a', index=False, header=
i == 0)
  i += 1
```

■図8-3 chunkごとに処理を実行

```
[9]  i = 0
     for df in pd.read_csv('data/person_count_out_0001_2021011509.csv', chunksize=64):
         df['processd_per_chunk'] = True
         df.to_csv('data/processed_big_data.csv', mode='a', index=False, header=i == 0)
         i += 1
```

　これは、person_count_out_0001_2021011509.csvのデータをchunksizeを指定して読み込み、processed_per_chunkカラムを追加してprocessed_big_data.csvに保存していくプログラムです。

　同じファイルに追記して保存するためには、pandas.DataFrame.to_csvメソッドの引数で mode='a' と指定する必要があります。このaはappendのaを表しています。

　もうひとつ気をつける点は、読み込みと違って出力ではheaderの有無を明示的に指定する必要があるということです。header=i == 0と指定することで、i == 0、すなわち1chunk目のみheader有りで出力するようにし、2chunk目以降はheaderなしで出力するようにしています。

　それでは出力したファイルを読み込んで、結果を確認してみましょう

```
df = pd.read_csv('data/processed_big_data.csv')
df
```

■図8-4 結果の確認

```
[10]  df = pd.read_csv('data/processed_big_data.csv')
      df
```

	id	place	receive_time	sensor_num	in1	out1	state1	in2	out2	state2	processd_per_chunk
0	0	1	2021-01-15 09:00:00.144	2	508	73	0	73	508	0	True
1	1	1	2021-01-15 09:00:01.146	2	508	73	0	73	508	0	True
2	2	1	2021-01-15 09:00:02.161	2	508	73	0	73	508	0	True
3	3	1	2021-01-15 09:00:03.176	2	508	73	0	73	508	0	True
4	4	1	2021-01-15 09:00:04.192	2	508	73	0	73	508	0	True

　件数を見ると、正しく追記できていることが確認できます。また、processed_per_chunkカラムが追加されていることから、処理した内容が正しく出力されていることもわかりますね。今回は件数の少ないデータを扱っている為、イメージが十分ではないかもしれませんが、実際にエラーが発生した際に慌てることの無いよう、頭の片隅に入れておくとよいでしょう。

⚾ ノック92：
Json形式のファイルを扱ってみよう

　これまで扱ってきたデータは、非構造化データを除けば、csv形式のものが中心でした。実際、csvファイルの読み込みや加工のイメージは、十分にできているのではないでしょうか。

　ではここで、少し違った形式のファイルも扱ってみましょう。実際の現場でもおそらく見ることになるであろうJson形式のファイルです。JsonはJavaScript Object Notationの略で、元々はJavaScript用に開発されたものですが、その使い勝手の良さからPythonなど他の言語でも多く利用されています。{"キー名"："値"}という構成が基本になるのですが、特徴的なのは、その構成を維持したままさらに複雑なデータを表現できるという点です。

　実際にデータを見ながら説明するのがよいでしょう。では、はじめに、pd.read_jsonを使用してjsonファイルを読み込んでみましょう。

```
pd.read_json('data/column_oriented.json')
```

■図8-5 ファイルの読み込み

```
[13]  pd.read_json('data/column_oriented.json')

        id  value
   0    1      1
   1    2     10
   2    3    100
```

読み込んだファイルの作りを見ると、縦にインデックス、横にカラムがあり、これまで扱ってきたcsv形式と同じような作りに見えます。

では、読み込む前の状態も見ておきましょう。

```
!cat data/column_oriented.json
```

■図8-6 列指向のファイル構造

```
[14]  !cat data/column_oriented.json

      {"id":{"0":1,"1":2,"2":3},"value":{"0":1,"1":10,"2":100}}
```

catコマンドでファイルを指定して、ファイルの中身を画面に出力しました。いかがですか？これまで見てきたcsv形式とは、明らかに異なるデータの持ち方をしています。先程説明した {"キー名":"値"} という構成ですが、よく見ると入れ子になっています。最初のキーである "id" に対する値が {} の中に複数あり、その中の最初のキー "0" に対して値は 1 を設定しています。このような構造を列指向のJsonファイルといい、pd.read_jsonメソッドでシンプルに読み込むことができます。

もうひとつよくある構造として、インデックス指向のJsonファイルがあります。次のファイルの中身を、catコマンドで覗いてみましょう。

```
!cat data/index_oriented.json
```

323

■図8-7 インデックス指向のファイル構造

```
[15]  !cat data/index_oriented.json

      {"0":{"id":1,"value":1},"1":{"id":2,"value":10},"2":{"id":3,"value":100}}
```

{"キー名":"値"} という構造ではありますが、入れ子の一番外側のキーは、インデックスを表していますね。"0" というインデックスに対して、"id" に 1 、"value" に 1 を設定しています。

では、こちらも同様にpd.read_jsonで読み込んでみましょう。

```
pd.read_json('data/index_oriented.json')
```

■図8-8 ファイルの読み込み

```
[16]  pd.read_json('data/index_oriented.json')

              0    1     2
      id      1    2     3
      value   1   10   100
```

読み込むことはできましたが、縦横が逆になっていますね。この場合、引数に orient='index' を指定することで、正しく読み込むことができます。

```
pd.read_json('data/index_oriented.json', orient='index')
```

■図8-9 orientを指定したファイルの読み込み

```
[17]  pd.read_json('data/index_oriented.json', orient='index')

            id   value
      0     1      1
      1     2     10
      2     3    100
```

　縦横が正しくなりました。このようにインデックス指向のJsonファイルの場合、orientの指定が必要であることを覚えておきましょう。

　ではもう1つ、少し特殊な構造のJsonファイルを扱ってみましょう。RDBのテーブルをJsonファイルにダンプする際に見られる構造で、テーブル指向な構造と言えます。

```
!cat data/table_oriented.json
```

■図8-10 ファイル構造の確認

```
[18] !cat data/table_oriented.json
    {"schema":{"fields":[{"name":"index","type":"integer"},{"name":"id","type":"integer"},{"name":"value","type":"integer"}],"primaryKey":["index"],"pandas_version":"0.20.0"},"data":[{"index":0,"id":1,"value":1},{"
```

　catコマンドで中身を見ると、テーブル定義がいくつもの入れ子で設定されています。これもまずは、pd.read_jsonでそのまま読み込んでみましょう。

```
pd.read_json('data/table_oriented.json')
```

■図8-11 ファイルの読み込み

```
[19]  pd.read_json('data/table_oriented.json')
      ---------------------------------------------------------------------------
      ValueError                                Traceback (most recent call last)
      <ipython-input-19-86c6ffd25887> in <module>()
      ----> 1 pd.read_json('data/table_oriented.json')

                                 ── ♢ 10 frames ──────────
      /usr/local/lib/python3.7/dist-packages/pandas/core/internals/construction.py in extract_index(data)
          399             if have_dicts:
          400                 raise ValueError(
      --> 401                     "Mixing dicts with non-Series may lead to ambiguous ordering."
          402                 )
          403

      ValueError: Mixing dicts with non-Series may lead to ambiguous ordering.

      SEARCH STACK OVERFLOW
```

　読み込みでエラーが発生しました。Jsonの構造を読み取ることができていないようです。この場合の解消方法も非常に単純で、引数に orient='table' を指定するだけです。

```
pd.read_json('data/table_oriented.json', orient='table')
```

■図8-12 orientを指定したファイルの読み込み

```
[20]  pd.read_json('data/table_oriented.json', orient='table')

        id  value
    0   1     1
    1   2    10
    2   3   100
```

　読み込んでみると、これまでと同様のデータであることがわかります。このように、Json形式には様々な構造が存在するため、読み込む際は注意が必要です。今回紹介した以外にもpandas.read_jsonで読み込めるJson構造がありますので、もう少し触ってみたい方は調べてみてください。

ノック93：
Webからデータを取得してみよう

　Json形式でのデータのやりとりは様々な場面で行われます。例えば、Web APIに対してリクエストをhttp送信した際に、サーバがクライアントに結果を送信するケースでは、Json形式が使われる場合が多いです。このときクライアントが受信したデータを、どのように扱えば良いのかを見ていきましょう。

　次のコードは、worldtimeapi.orgというサイトにhttpリクエストを送信し、東京の時刻等の情報を取得して、コンテンツを表示するものです。

```
import requests
response = requests.get('https://worldtimeapi.org/api/timezone/Asia/Tokyo')
response.content
```

■図8-13 httpリクエストの結果を表示

```
[21] import requests
     response = requests.get('https://worldtimeapi.org/api/timezone/Asia/Tokyo')
     response.content

     b'{"abbreviation":"JST","client_ip":"35.204.230.215","datetime":"2021-06-19T08:08:06.004192+09:00","day_of_week":6,"day_of_year":170,"dst":false,"dst_from":null,"dst_offset":0,"dst_until":null,"raw_offset
```

今回はhttpリクエストを扱うパッケージとして、requestsを使用しています。結果を見ると、Json形式のデータであることがわかります。

このままの状態ではまだ使いづらいため、辞書に変換しましょう。辞書はdictionaryを略してdict型といわれ、キーとオブジェクトの組合せを要素にもつことができます。

```
result = response.json()
result
```

■図8-14 辞書に変換

```
[22]  result = response.json()
      result

      {'abbreviation': 'JST',
       'client_ip': '35.204.230.215',
       'datetime': '2021-06-19T08:08:06.004192+09:00',
       'day_of_week': 6,
       'day_of_year': 170,
       'dst': False,
       'dst_from': None,
       'dst_offset': 0,
       'dst_until': None,
       'raw_offset': 32400,
       'timezone': 'Asia/Tokyo',
       'unixtime': 1624057686,
       'utc_datetime': '2021-06-18T23:08:06.004192+00:00',
       'utc_offset': '+09:00',
       'week_number': 24}
```

jsonメソッドを呼び出すだけで、dict型に変換できました。キーと値の関係性が見やすくなりましたね。

さらにこれをpandas.Seriesに変換してみましょう。

```
pd.Series(result)
```

327

■図8-15 pandas.Series型へ変換

```
[23]  pd.Series(result)

      abbreviation                              JST
      client_ip                      35.204.230.215
      datetime        2021-06-19T08:08:06.004192+09:00
      day_of_week                                 6
      day_of_year                               170
      dst                                     False
      dst_from                                 None
      dst_offset                                  0
      dst_until                                None
      raw_offset                              32400
      timezone                           Asia/Tokyo
      unixtime                           1624057686
      utc_datetime    2021-06-18T23:08:06.004192+00:00
      utc_offset                              +09:00
      week_number                                24
      dtype: object
```

　pd.Seriesに引数を渡すだけで、無事に変換できました。これでpandasの機能を利用して、簡単にデータを抽出できますね。
　では、取得結果を保存しておきましょう。

```
import json


with open('data/response.json', mode='w') as f:
  json.dump(result, f)
```

■図8-16 結果の保存

```
[24]  import json

      with open('data/response.json', mode='w') as f:
        json.dump(result, f)
```

　jsonをインポートし、出力ファイル名を指定して、mode='w' の書き込みモードでオープンします。json.dumpには先程のSeriesのデータを渡しています。これでファイルを保存できました。

　定期的にリクエストを実行し、結果を1つのファイルに追記したい場合は、

Json文字列に変換して出力すると良いでしょう。その場合、次のようなコードとなります。

```
import time

for _ in range(4):
 response = requests.get('https://worldtimeapi.org/api/timezone/Asia/Toky
o')
 with open('data/responses.txt', mode='a') as f:
   res = response.json()
   f.write(f'{json.dumps(res)}¥n')
 time.sleep(1)
```

■図8-17 複数結果の保存

```
[28]  import time

      for _ in range(4):
        response = requests.get('https://worldtimeapi.org/api/timezone/Asia/Tokyo')
        with open('data/responses.txt', mode='a') as f:
          res = response.json()
          f.write(f'{json.dumps(res)}¥n')
        time.sleep(1)
```

1秒置きに同じurlへhttpリクエストを送信し、同じファイルに結果を追記する処理を4回繰り返しています。timeをインポートしてtime.sleep(1)を入れることで、1秒置きの処理となります。出力時の違いは、mode='a' の追記モードである点です。

出力したデータを確認してみましょう。

```
!cat data/responses.txt
```

■図8-18 出力の確認

```
[29] !cat data/responses.txt
     [{"abbreviation": "JST", "client_ip": "35.204.230.215", "datetime": "2021-06-19T08:10:26.135511+09:00", "day_of_week": 6, "day_of_year": 170, "dst": false, "dst_from": null,
     [{"abbreviation": "JST", "client_ip": "35.204.230.215", "datetime": "2021-06-19T08:10:43.602065+09:00", "day_of_week": 6, "day_of_year": 170, "dst": false, "dst_from": null,
     [{"abbreviation": "JST", "client_ip": "35.204.230.215", "datetime": "2021-06-19T08:10:43.664552+09:00", "day_of_week": 6, "day_of_year": 170, "dst": false, "dst_from": null,
     [{"abbreviation": "JST", "client_ip": "35.204.230.215", "datetime": "2021-06-19T08:10:44.781392+09:00", "day_of_week": 6, "day_of_year": 170, "dst": false, "dst_from": null,
```

4回分の結果がJson形式で綺麗に出力できていますね。このように整理して

持っておくことで、後で使用する際の扱いやすさが格段に違ってきますので、意識しておくとよいでしょう。

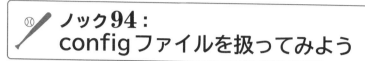

ノック94： configファイルを扱ってみよう

ノック93で扱ったJson形式は複雑な構造も表現できるという点で、とても便利でよく用いられますが、人間が読むのには適していないこともわかりました。実際、人間が直接読み書きするようなファイルは、Jsonではない別の形で作られる場合が多いです。

そこで、本ノックでは人間が直接読み書きすることが多いconfigファイルを扱いましょう。configファイルとは設定ファイルのことで、yamlやiniなど様々な形式がありますが、今回はyamlとtomlを扱ってみましょう。アプリケーション開発でよく利用されるDockerの設定ファイルは、docker-compose.yamlとしてよく利用されています。

ではまず、catコマンドでyamlファイルの中身を確認し、構造を見てみましょう。

```
!cat config.yml
```

■図8-19 ファイル構造の確認

```
[24]  !cat config.yml

     dataset:
       name: pseudo
       path: data/images_by_py/
     use_gpu: true
```

ここではファイルの拡張子がyamlではなくymlとなっていますが、yamlと書くこともできます。皆さんを取り巻く環境で拡張子が指定されている場合は、それに合わせてよいでしょう。

表示されたデータを見ると、datasetの中にnameとpathという項目があり、それぞれの値が横に定義されています。そしてdatasetと同じ並びにuse_gpuという項目が定義されています。人間の目で見て、分かりやすい構造ですね。

それでは、ファイルを読み込んでみましょう。

```
import yaml
with open('config.yml', mode='r') as f:
 config = yaml.safe_load(f)
config
```

■図8-20 ファイルの読み込み

```
[22] import yaml
     with open('config.yml', mode='r') as f:
        config = yaml.safe_load(f)
     config

     {'dataset': {'name': 'pseudo', 'path': 'data/images_by_py/'}, 'use_gpu': True}
```

yamlをインポートし、with openでファイルを開いてsafe_loadで読み込んでいます。コードがよくわからない場合は、**ノック51**を読み返してみてください。結果を見ると、Json形式で保持していることがわかります。

では続いて、tomlファイルも扱ってみましょう。こちらも先にcatコマンドで構造を確認しておきます。

```
!cat config.toml
```

■図8-21 ファイル構造の確認

```
[35] !cat config.toml

     use_gpu = true

     [dataset]
     name = "pseudo"
     path = "data/images_by_py/"
```

書き方の細かいルールが違うだけで、yamlと似たような構成であることがわかります。では、tomlファイルも読み込んでみましょう。

```
import toml
with open('config.toml', mode='r') as f:
```

```
config = toml.load(f)
config
```

■図8-22 ファイルの読み込み

```
[36]  import toml
      with open('config.toml', mode='r') as f:
        config = toml.load(f)
      config

      {'dataset': {'name': 'pseudo', 'path': 'data/images_by_py/'}, 'use_gpu': True}
```

　tomlパッケージをインポートして使用することで、同様に読み込むことができました。Json形式でデータが保持されていることがわかりますね。このように、configファイルでは複数の項目が定義され、その数に決まりがないことから、読み込んだデータはJson形式で保持されるのです。

　今回はyaml形式とtoml形式のconfigファイルを扱いました。その他の形式のファイルも書き方のルールが少し違うものの、基本的には似たような構造をしています。余力がある方は、どのような形式があり、どう処理するのか調べてみてください。

ノック95：
動画ファイルを音声ファイルへ変換してみよう

　6章では音データの扱い方を学びましたが、音のデータはどのように用意するのがよいでしょう。音楽データであれば最初から音声形式でファイルが作られていますが、それ以外の音データを扱う場合は、データをどう用意するかも考えておく必要があります。専用の録音機器を使用できる分には問題ありませんが、それが無い場合は、やはり動画ファイルから音だけを抽出するのが早いでしょう。

　ここでは、動画ファイルを音声ファイルへ変換する処理を行ってみます。

```
from moviepy.editor import VideoFileClip
```

```
video_clip = VideoFileClip('data/sample_video.mp4')
video_clip.audio.write_audiofile('data/audio_by_py.mp3')
```

■図8-23 音声への変換

```
[39]  from moviepy.editor import VideoFileClip

      video_clip = VideoFileClip('data/sample_video.mp4')
      video_clip.audio.write_audiofile('data/audio_by_py.mp3')

      [MoviePy] Writing audio in data/audio_by_py.mp3
      100%|██████████| 288/288 [00:00<00:00, 1189.51it/s][MoviePy] Done.
```

　moviepyというパッケージのVideoFileClipを使用しています。mp4形式の動画ファイルから、mp3形式の音声ファイルに変換して出力しています。

　動画を音に変換する方法として、以下のやり方もあります。

```
!ffmpeg -i data/sample_video.mp4 -y -hide_banner -loglevel error data/aud
io_by_ffmpeg.mp3
```

■図8-24 音声への変換

```
[40]  !ffmpeg -i data/sample_video.mp4 -y -hide_banner -loglevel error data/audio_by_ffmpeg.mp3
```

　ffmpegというフリーソフトウェアを使用しています。こちらも多くのコーデックに対応していることから、幅広く利用されています。ここでは引数として-iで元動画ファイル、-yで出力ファイルが存在する場合に上書き、-hide_bannerでCopyrightなどの非表示、-loglevel errorで画面に出力されるログをエラーのみに指定、最後に出力する音声ファイル名を指定しました。
　どちらのやり方も比較的簡単ですね。では、音声ファイルの出力結果を確認しましょう。

```
!ls data/*.mp3
```

■図8-25 出力の確認

```
[41]  !ls data/*.mp3

      data/audio_by_ffmpeg.mp3  data/audio_by_py.mp3
```

　無事に出力されていることが確認できました。出力されたファイルを直接再生してもよいですし、余力がある方は**ノック71**の方法で再生してみてください。

ノック96：
動画ファイルを画像ファイルへ分割して
みよう

　5章では画像ファイルを扱う方法を学びました。昨今では画像データは簡単に手に入りますが、実用を考えると、動画から切り出して使いたい場面もあるのではないでしょうか。ここでは、動画ファイルを複数の画像ファイルに分割する処理を行っていきます。

　では早速、動画から画像を出力する処理を、一気に書いてしまいましょう。5章と同じく、OpenCVを使用します。

```python
import cv2
from tqdm import trange
import os

cap = cv2.VideoCapture('data/sample_video.mp4')
img_dir = 'data/images_by_py/'
os.makedirs(img_dir, exist_ok=1)
n = int(cap.get(cv2.CAP_PROP_FRAME_COUNT))

for i in trange(n):
  success, img = cap.read()
  if not success:
    continue
  cv2.imwrite(f'{img_dir}/{i:04}.png', img)
```

■図8-26 画像への分割

```
[42]  import cv2
      from tqdm import trange
      import os

      cap = cv2.VideoCapture('data/sample_video.mp4')
      img_dir = 'data/images_by_py/'
      os.makedirs(img_dir, exist_ok=1)
      n = int(cap.get(cv2.CAP_PROP_FRAME_COUNT))

      for i in trange(n):
        success, img = cap.read()
        if not success:
          continue
        cv2.imwrite(f'{img_dir}/{i:04}.png', img)

      100%|████████████| 389/389 [00:10<00:00, 38.68it/s]
```

　tqdmパッケージを使用すると処理の進捗状況を可視化できます。必須ではありませんが、待ち時間が長い処理では進捗把握も大事になってきますので、入れておくとよいでしょう。動画ファイルを読み込み、画像ファイルを出力するフォルダを作成して、動画ファイルのフレーム数を取得しています。取得したフレーム数分の繰り返しにはtrangeを使用していますが、これにより進捗が可視化されています。フレーム単位で画像を読み込み、失敗した場合は何もせず、成功した場合は画像ファイルで出力しています。ファイル名はフレーム番号を4桁で設定しています。

　では、出力結果を確認してみましょう。

```
ls data/images_by_py
```

■図8-27 出力の確認

```
[43]  ls data/images_by_py

      0000.png  0049.png  0098.png  0147.png  0196.png  0245.png  0294.png  0343.png
      0001.png  0050.png  0099.png  0148.png  0197.png  0246.png  0295.png  0344.png
      0002.png  0051.png  0100.png  0149.png  0198.png  0247.png  0296.png  0345.png
      0003.png  0052.png  0101.png  0150.png  0199.png  0248.png  0297.png  0346.png
      0004.png  0053.png  0102.png  0151.png  0200.png  0249.png  0298.png  0347.png
      0005.png  0054.png  0103.png  0152.png  0201.png  0250.png  0299.png  0348.png
      0006.png  0055.png  0104.png  0153.png  0202.png  0251.png  0300.png  0349.png
      0007.png  0056.png  0105.png  0154.png  0203.png  0252.png  0301.png  0350.png
      0008.png  0057.png  0106.png  0155.png  0204.png  0253.png  0302.png  0351.png
      0009.png  0058.png  0107.png  0156.png  0205.png  0254.png  0303.png  0352.png
      0010.png  0059.png  0108.png  0157.png  0206.png  0255.png  0304.png  0353.png
      0011.png  0060.png  0109.png  0158.png  0207.png  0256.png  0305.png  0354.png
      0012.png  0061.png  0110.png  0159.png  0208.png  0257.png  0306.png  0355.png
      0013.png  0062.png  0111.png  0160.png  0209.png  0258.png  0307.png  0356.png
      0014.png  0063.png  0112.png  0161.png  0210.png  0259.png  0308.png  0357.png
      0015.png  0064.png  0113.png  0162.png  0211.png  0260.png  0309.png  0358.png
      0016.png  0065.png  0114.png  0163.png  0212.png  0261.png  0310.png  0359.png
      0017.png  0066.png  0115.png  0164.png  0213.png  0262.png  0311.png  0360.png
      0018.png  0067.png  0116.png  0165.png  0214.png  0263.png  0312.png  0361.png
      0019.png  0068.png  0117.png  0166.png  0215.png  0264.png  0313.png  0362.png
      0020.png  0069.png  0118.png  0167.png  0216.png  0265.png  0314.png  0363.png
      0021.png  0070.png  0119.png  0168.png  0217.png  0266.png  0315.png  0364.png
      0022.png  0071.png  0120.png  0169.png  0218.png  0267.png  0316.png  0365.png
      0023.png  0072.png  0121.png  0170.png  0219.png  0268.png  0317.png  0366.png
      0024.png  0073.png  0122.png  0171.png  0220.png  0269.png  0318.png  0367.png
      0025.png  0074.png  0123.png  0172.png  0221.png  0270.png  0319.png  0368.png
      0026.png  0075.png  0124.png  0173.png  0222.png  0271.png  0320.png  0369.png
```

　フレーム単位で画像ファイルが出力されていることが確認できました。今回は全フレームでファイルを出力していますが、出力する数を減らしたい場合は、フレームカウントのiが一定のタイミングで出力するようなif文を入れるのがよいでしょう。例えば、iを30で割った余りが0の場合、ファイルを出力するといった処理です。

　実はこの処理も、音声データと同じくffmpegを使用して行うことができます。実際に書いてみましょう。

```
!mkdir data/images_by_ffmpeg
!ffmpeg -i data/sample_video.mp4 -y -hide_banner -loglevel error data/ima
ges_by_ffmpeg/%04d.png
```

■図8-28 画像への分割

```
[44]   !mkdir data/images_by_ffmpeg
       !ffmpeg -i data/sample_video.mp4 -y -hide_banner -loglevel error data/images_by_ffmpeg/%04d.png
```

　フォルダを作成してからffmpegで画像への変換を行っています。引数は**ノック95**と同様で、ファイル名の部分だけが異なります。非常にシンプルに書くことができましたね。
　ではこちらも、結果を確認してみましょう。

```
!ls data/images_by_ffmpeg/
```

■図8-29 出力の確認

```
   !ls data/images_by_ffmpeg/

   0001.png  0050.png  0099.png  0148.png  0197.png  0246.png  0295.png  0344.png
   0002.png  0051.png  0100.png  0149.png  0198.png  0247.png  0296.png  0345.png
   0003.png  0052.png  0101.png  0150.png  0199.png  0248.png  0297.png  0346.png
   0004.png  0053.png  0102.png  0151.png  0200.png  0249.png  0298.png  0347.png
   0005.png  0054.png  0103.png  0152.png  0201.png  0250.png  0299.png  0348.png
   0006.png  0055.png  0104.png  0153.png  0202.png  0251.png  0300.png  0349.png
   0007.png  0056.png  0105.png  0154.png  0203.png  0252.png  0301.png  0350.png
   0008.png  0057.png  0106.png  0155.png  0204.png  0253.png  0302.png  0351.png
   0009.png  0058.png  0107.png  0156.png  0205.png  0254.png  0303.png  0352.png
   0010.png  0059.png  0108.png  0157.png  0206.png  0255.png  0304.png  0353.png
   0011.png  0060.png  0109.png  0158.png  0207.png  0256.png  0305.png  0354.png
   0012.png  0061.png  0110.png  0159.png  0208.png  0257.png  0306.png  0355.png
   0013.png  0062.png  0111.png  0160.png  0209.png  0258.png  0307.png  0356.png
   0014.png  0063.png  0112.png  0161.png  0210.png  0259.png  0308.png  0357.png
   0015.png  0064.png  0113.png  0162.png  0211.png  0260.png  0309.png  0358.png
   0016.png  0065.png  0114.png  0163.png  0212.png  0261.png  0310.png  0359.png
   0017.png  0066.png  0115.png  0164.png  0213.png  0262.png  0311.png  0360.png
   0018.png  0067.png  0116.png  0165.png  0214.png  0263.png  0312.png  0361.png
   0019.png  0068.png  0117.png  0166.png  0215.png  0264.png  0313.png  0362.png
   0020.png  0069.png  0118.png  0167.png  0216.png  0265.png  0314.png  0363.png
   0021.png  0070.png  0119.png  0168.png  0217.png  0266.png  0315.png  0364.png
   0022.png  0071.png  0120.png  0169.png  0218.png  0267.png  0316.png  0365.png
   0023.png  0072.png  0121.png  0170.png  0219.png  0268.png  0317.png  0366.png
   0024.png  0073.png  0122.png  0171.png  0220.png  0269.png  0318.png  0367.png
   0025.png  0074.png  0123.png  0172.png  0221.png  0270.png  0319.png  0368.png
   0026.png  0075.png  0124.png  0173.png  0222.png  0271.png  0320.png  0369.png
```

　フレーム単位のファイルが出力されていますね。動画に対する画像認識を行う場合、実際は画像に切り出してから行うものもあります。そのようなケースでも今回の処理が役に立つでしょう。

ノック97：
PowerPointやWordファイルを読み込んでみよう

　それでは、ここからは、皆さんが一度は使ったことがある身近なデータを扱っていきます。**ノック97**ではPowerPoint、Wordファイルを、**ノック98**ではPDFファイルを取り扱います。身近なデータなのに、最後に取り扱うのには理由があります。それは、コンピュータでデータとして扱うのには困難なデータであるからです。このようなデータは、データ分析プロジェクトやAIプロジェクトにおいて、データ品質が悪いデータと考えられ、できるだけ使用は控えることが重要です。しかし、人間によっては使いやすいデータであり、データ資源として活用したいという声はよく耳にします。困難なデータではありますが、どこかで遭遇するデータですので、簡単に取り扱います。まずは、PowerPoint、Wordをやっていきます。最初に、モジュールのインストールからです。

```
!pip install python-pptx
!pip install python-docx
```

■図8-30：python-pptx、python-docxのインストール

```
  !pip install python-pptx
  !pip install python-docx

Collecting python-pptx
  Downloading https://files.pythonhosted.org/packages/53/ed/547be9730350509253bc7d76631a8ffcd1a62dda4d7482fb25d369696e37/python-pptx-0.6.19.tar.gz (9.3MB)
     |████████████████████████████████| 9.3MB 8.7MB/s
Requirement already satisfied: lxml>=3.1.0 in /usr/local/lib/python3.7/dist-packages (from python-pptx) (4.2.6)
Requirement already satisfied: Pillow>=3.3.2 in /usr/local/lib/python3.7/dist-packages (from python-pptx) (7.1.2)
Collecting XlsxWriter>=0.5.7
  Downloading https://files.pythonhosted.org/packages/2c/ce/74fd8d630a5b82ea0c8f08a5978f741c2655a36c3d6e02f73a0f084377e6/XlsxWriter-1.4.3-py2.py3-none-any.whl (148kB)
     |████████████████████████████████| 153kB 60.1MB/s
Building wheels for collected packages: python-pptx
  Building wheel for python-pptx (setup.py) ... done
  Created wheel for python-pptx: filename=python_pptx-0.6.19-cp37-none-any.whl size=469953 sha256=d0da023bfbe7bb66049c487f92fe23dde9d7e1590d394a6b89799b054d31ab40
  Stored in directory: /root/.cache/pip/wheels/94/ef/02/9357c6781fbe3fee0e5e04bad23904d096e39d420423519631
Successfully built python-pptx
Installing collected packages: XlsxWriter, python-pptx
Successfully installed XlsxWriter-1.4.3 python-pptx-0.6.19
Collecting python-docx
  Downloading https://files.pythonhosted.org/packages/0b/a0/52729ce4aa026f31b74cc877be1d11e4ddeaa361dc7aebec140171644b33/python-docx-0.8.11.tar.gz (5.6MB)
     |████████████████████████████████| 5.6MB 11.3MB/s
Requirement already satisfied: lxml>=2.3.2 in /usr/local/lib/python3.7/dist-packages (from python-docx) (4.2.6)
Building wheels for collected packages: python-docx
  Building wheel for python-docx (setup.py) ... done
  Created wheel for python-docx: filename=python_docx-0.8.11-cp37-none-any.whl size=184508 sha256=f074b481683818a080360308044a5c7277a928853584b9fe6a2ae33a610ca848
  Stored in directory: /root/.cache/pip/wheels/a6/90/f1/a7cb70b38633ae04e7fb963b1c70f63fd6fc01c075b0230adc
Successfully built python-docx
Installing collected packages: python-docx
Successfully installed python-docx-0.8.11
```

　PowerPoint、Wordは、python-pptx、python-docxモジュールがあります。これまでと同様にpipを使ってインストールしています。
　それでは、最初にPowerPointを読み込んでいきます。

```
import pptx
pptx_data = pptx.Presentation('data/サンプル_PowerPoint.pptx')
len(pptx_data.slides)
```

■図8-31：PowerPointファイルの読み込み

```
[47]  import pptx
      pptx_data = pptx.Presentation('data/サンプル_PowerPoint.pptx')
      len(pptx_data.slides)

      2
```

　まずは、pptx.Presentationで読み込みを行い、pptx_dataという変数に格納しています。ここから、pptx_slidesでスライドのページ毎の情報を取得できます。今回のPowerPointは2ページなので、長さは2で出力されています。それでは、まずは1ページ目を取得してさらに細かく見ていきましょう。

```
sld_0 = pptx_data.slides[0]
shp_sld_0 = sld_0.shapes
len(shp_sld_0)
```

■図8-32：1ページ目の取得

```
[48]  sld_0 = pptx_data.slides[0]
      shp_sld_0 = sld_0.shapes
      len(shp_sld_0)

      3
```

　スライドのshapesでさらに細かい情報を取得できます。これを見ると、シェイプは3とあります。これは、PowerPointに含まれているテキストボックス等が3つあるということです。それでは、1つテキストを取得してみましょう。

```
print(shp_sld_0[0].text)
print(shp_sld_0[0].has_text_frame)
```

■図8-33：テキストの取得

```
[49]  print(shp_sld_0[0].text)
      print(shp_sld_0[0].has_text_frame)

      サンプルテキスト Font 18
      True
```

.textでシェイプの中の情報が取得できます。今回は、左上にあるテキストが出力されています。参考までに、シェイプの中身がテキストかどうかを判別する仕組みもあり、.has_text_frameで、テキストの場合はTrueで返ってきます。

では、ここまでの実践結果をもとに、全文のテキストを取得しましょう。

```
pptx_data = pptx.Presentation('data/サンプル_PowerPoint.pptx')
texts = []
for slide in pptx_data.slides:
    for shape in slide.shapes:
        if shape.has_text_frame:
            texts.append(shape.text)
print(texts)
```

■図8-34：PowerPointの全テキスト情報の取得

```
[50]  pptx_data = pptx.Presentation('data/サンプル_PowerPoint.pptx')
      texts = []
      for slide in pptx_data.slides:
          for shape in slide.shapes:
              if shape.has_text_frame:
                  texts.append(shape.text)
      print(texts)

      ['サンプルテキスト Font 18', 'サンプルテキスト¥nFont 28', 'サンプル', '2枚目サンプルテキスト Font 18', '2枚目サンプルテキスト¥nFont 28', '', '']
```

textsというリストに、結果を格納しています。ここまでに、ひとつひとつ見てきたので、動作のイメージは湧きますね。

この結果、1枚目の左上、右上、左下、という順番で取得できています。2枚目に関しては、図形の中に文字がないので、空の文字が返ってきています。このように、PowerPointであっても文字列の取得は可能となっています。

では、続いてWordに関してやっていきます。こちらは、paragraphという単位で取得していきます。

```
import docx
```

```
docx_data = docx.Document('data/サンプル_Word.docx')
len(docx_data.paragraphs)
```

■図8-35：Wordのparagraphの取得

```
[51] import docx
     docx_data = docx.Document('data/サンプル_Word.docx')
     len(docx_data.paragraphs)

     3
```

PowerPointと同じような形で取得できます。.paragraphsで、段落毎に取得可能です。段落は、改行が分割の目印になっているようです。今回は、改行が3個あるので、長さは3となっています。

では、まずはparagraphの1つ目に対してtextを取得していきます。

```
docx_data.paragraphs[0].text
```

■図8-36：テキストの取得

```
[52] docx_data.paragraphs[0].text
     'これは、サンプルテキストです。そして、これが一つめの段落になっています。いろいろ読み込んでいきましょう。'
```

PowerPointの時と同様に、.textを用いるとテキストの取得が可能です。それでは、全データの取得をしていきましょう。

```
texts = []
for paragraph in docx_data.paragraphs:
    texts.append(paragraph.text)
print(texts)
```

■図8-37：Wordの全テキスト情報の取得

```
[53] texts = []
     for paragraph in docx_data.paragraphs:
         texts.append(paragraph.text)
     print(texts)
     ['これは、サンプルテキストです。そして、これが一つめの段落になっています。いろいろ読み込んでいきましょう。', '続いて、これが二つ目の段落になっています。', 'これが三つめの段落です。']
```

341

こちらも、これまでのセル実行結果を組み合わせることで可能ですね。このように、テキストデータが取得できます。いかがでしょうか。意外に簡単だと思われた方もいらっしゃるかと思います。ただ、特にPowerPointは、短文のテキストが様々な場所に埋め込まれており、コンピュータが扱いやすいデータではないので、活用には工夫が必要なケースが多いでしょう。

今回は、データの読み込みのみを扱いましたが、PowerPointやWordをプログラムで作成することができるのがこのモジュールの強みです。興味がある方は挑戦してみてください。

ノック98：PDFデータを読み込んでみよう

さて、続いてPDFデータの取得をやってみます。PDFデータは非常に読み込みにくいデータの1つで、データ形式が非常に複雑で上手くいかないことも多いです。言うまでもなくですが、手書きで書かれたデータの読み込みはほぼ不可能で、コンピュータで作成したPDFデータが対象となります。PDFの読み込みは少し複雑なので、詳細な説明は割愛し、こういったプログラムを書けばPDFデータを読み込めるということを体験してもらえればと思います。それでは、まずはモジュールのインストールです。

```
!pip install pdfminer.six
```

図8-38：pdfminerのインストール

```
[54] !pip install pdfminer.six

     Collecting pdfminer.six
       Downloading https://files.pythonhosted.org/packages/93/f3/4fec7dabe8802ebec46141345bf714cd1fc7d93cb74ddde917e4b6d97d88/pdfminer.six-20201018-py3-none-any.whl (5.6MB)
         |████████████████████████████████| 5.6MB 12.8MB/s
     Requirement already satisfied: chardet; python_version > "3.0" in /usr/local/lib/python3.7/dist-packages (from pdfminer.six) (3.0.4)
     Requirement already satisfied: sortedcontainers in /usr/local/lib/python3.7/dist-packages (from pdfminer.six) (2.4.0)
     Collecting cryptography
       Downloading https://files.pythonhosted.org/packages/b2/26/7af637e6a7e87258b963f1731c5982fb31cd507f0d90d91836e446955d02/cryptography-3.4.7-cp36-abi3-manylinux2014_x86_64.whl (3.2MB)
         |████████████████████████████████| 3.2MB 52.0MB/s
     Requirement already satisfied: cffi>=1.12 in /usr/local/lib/python3.7/dist-packages (from cryptography->pdfminer.six) (1.14.5)
     Requirement already satisfied: pycparser in /usr/local/lib/python3.7/dist-packages (from cffi>=1.12->cryptography->pdfminer.six) (2.20)
     Installing collected packages: cryptography, pdfminer.six
     Successfully installed cryptography-3.4.7 pdfminer.six-20201018
```

これまでと同様にpipでインストールします。これで準備が整ったので、まずはモジュールをインポートしていきます。

```
from pdfminer.pdfinterp import PDFResourceManager, PDFPageInterpreter
from pdfminer.converter import TextConverter
```

```
from pdfminer.pdfpage import PDFPage
from pdfminer.layout import LAParams
```

■図8-39：各種モジュールのインポート

```
[55] from pdfminer.pdfinterp import PDFResourceManager, PDFPageInterpreter
     from pdfminer.converter import TextConverter
     from pdfminer.pdfpage import PDFPage
     from pdfminer.layout import LAParams
```

インポートするモジュールがたくさんあって驚かれた方もいらっしゃるかと思います。

1行目のPDFResourceManagerはPDF内のリソースの管理、PDFPageInterpreterは取得したページを解析するためのモジュールです。2行目のTextConverterはテキストを取り出す機能、3行目のPDFPageはPDFを1ページずつ取得するためのモジュールで、4行目のLAParamsはPDFレイアウトのパラメータを保持しています。では、ここから読み込んでいきます。pdfminerでは、あらかじめ読み取った情報を保存するテキストファイルを開いておいて、そこに読み込み結果を書き込む形です。

```
pdf_data = open('data/サンプル_PDF.pdf', 'rb')
txt_file = 'data/サンプル_PDF.txt'
out_data = open(txt_file, mode='w')

rscmgr = PDFResourceManager()
laprms = LAParams()
device = TextConverter(rscmgr, out_data, laparams=laprms)
itprtr = PDFPageInterpreter(rscmgr, device)

for page in PDFPage.get_pages(pdf_data):
    itprtr.process_page(page)

out_data.close()
device.close()
pdf_data.close()
```

◤図8-40：PDFデータの読み込みと保存

```
[57]  pdf_data = open('data/サンプル_PDF.pdf', 'rb')
      txt_file = 'data/サンプル_PDF.txt'
      out_data = open(txt_file, mode='w')

      rscmgr = PDFResourceManager()
      laprms = LAParams()
      device = TextConverter(rscmgr, out_data, laparams=laprms)
      itprtr = PDFPageInterpreter(rscmgr, device)

      for page in PDFPage.get_pages(pdf_data):
          itprtr.process_page(page)

      out_data.close()
      device.close()
      pdf_data.close()
```

　PDFResourceManager()やLAParams()を定義し、それをTextConverterに渡しています。さらに、そのTextConvertをPDFPageInterpreterに渡しています。get_pagesでページ毎に情報を取得し、「サンプルPDF.txt」というテキストファイルに出力しています。最後に、開いておいたものをcloseで閉じて終了です。閉じる作業が面倒な方はwithの使用も可能なので覚えておきましょう。それでは、出力したPDFテキスト情報の読み込みを行いましょう。

```
with open('data/サンプル_PDF.txt', mode='r') as f:
    content = f.read()
print(content)
```

■図8-41：出力したPDFテキスト情報の読み込み

```
[58] with open('data/サンプル_PDF.txt', mode='r') as f:
       content = f.read()
     print(content)

     これは、サンプルテキストです。そして、これが一つめの段落になっています。いろいろ

     読み込んでいきましょう。

     続いて、これが二つ目の段落になっています。

     これが三つめの段落です。




     ここから 2 ページ目です。

     2 ページ目二つ目の段落です。
```

　こちらは、with openで読み込んでいます。出力すると、しっかりPDFの中にあったテキストが読み込めていますね。

　今回のサンプルデータは読み込めますが、読み込めないデータもあるのでその場合は画像認識等で文字起こしをする必要があるので注意しましょう。

ノック99：
インタラクティブなグラフを作成してみよう

　さて、最後の2本は少し特殊な可視化に挑戦していきます。それは、インタラクティブな可視化と3次元プロットです。これまでは、静的なグラフを作成してきましたが、もう少し拡大して見たいなど、グラフを動かしたくなることはあるかと思います。そこで、plotlyというモジュールを使ってインタラクティブな可視化をやっていきます。今回は、折れ線グラフのみ取り扱い、**ノック100**で少しだけ散布図に触れます。

　まずは、3章や**ノック91**で用いた時系列データを使用します。念のため、読み込んでデータを確認しておきましょう。

```
import pandas as pd
df = pd.read_csv('data/person_count_out_0001_2021011509.csv')
df.head()
```

■図8-42：時系列データの読み込み

```
[59] import pandas as pd
     df = pd.read_csv('data/person_count_out_0001_2021011509.csv')
     df.head()
```

	id	place	receive_time	sensor_num	in1	out1	state1	in2	out2	state2
0	0	1	2021-01-15 09:00:00.144	2	508	73	0	73	508	0
1	1	1	2021-01-15 09:00:01.146	2	508	73	0	73	508	0
2	2	1	2021-01-15 09:00:02.161	2	508	73	0	73	508	0
3	3	1	2021-01-15 09:00:03.176	2	508	73	0	73	508	0
4	4	1	2021-01-15 09:00:04.192	2	508	73	0	73	508	0

　ここまでやってきた方には簡単な作業ですね。では、plotlyによる可視化をしていきます。まずは、in1列を折れ線グラフで作成します。

```
import plotly.express as px
fig = px.line(x=df['receive_time'], y=df['in1'])
fig.show()
```

■図8-43：インタラクティブな折れ線グラフ①

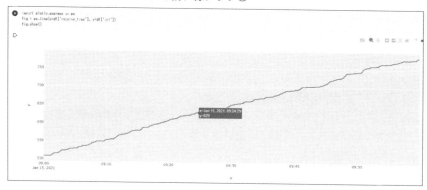

plotly.expressというモジュールを読み込んでいます。expressは、plotly

をさらに高度に使いやすくしたモジュールです。lineに、x、yを指定するだけで折れ線グラフが可視化できます。matplotlibやseabornとほぼ変わらない手軽さです。一方で、出力されたグラフの上にカーソルを置くと、その点のデータをインタラクティブに見ることができます。また、範囲を指定すると拡大することができ、ダブルクリックで元の全体グラフに戻ります。いろいろと触ってみてください。では、続いてin1とout1を同時に可視化してみましょう。まずは、縦持ちデータへの変換をします。

```
df_v = pd.melt(df[['receive_time','in1','out1']], id_vars=['receive_tim
e'], var_name="変数名",value_name="値")
df_v.head()
```

■図8-44：縦持ちへの変換

```
[61] df_v = pd.melt(df[['receive_time','in1','out1']], id_vars=['receive_time'], var_name="変数名",value_name="値")
     df_v.head()
```

	receive_time	変数名	値
0	2021-01-15 09:00:00.144	in1	508
1	2021-01-15 09:00:01.146	in1	508
2	2021-01-15 09:00:02.161	in1	508
3	2021-01-15 09:00:03.176	in1	508
4	2021-01-15 09:00:04.192	in1	508

meltを用いることで縦持ちへの変換が可能でしたね。これで、in1、out1が変数名に格納されます。それでは、可視化してみましょう。

```
fig = px.line(df_v, x='receive_time', y='値', color='変数名')
fig.show()
```

■図8-45：in1、out1のインタラクティブグラフ

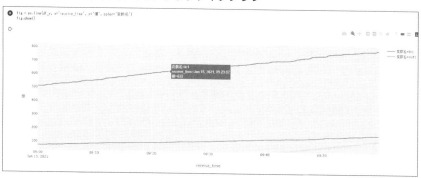

　こちらも、seabornのような指定の仕方で可視化できます。こちらも、先ほどと同様にインタラクティブなグラフとなっています。若干、引数の指定の仕方を変えていて、先ほどは、x、yにデータ毎渡していましたが、今回はデータを先に渡しつつ、x、y、colorに列名を指定する方法で渡しています。どちらのやり方でも動作するということを覚えておきましょう。凡例をクリックすると、選択した凡例のデータを非表示にすることができます。こちらもいろいろと触ってみると良いでしょう。

　いかがでしょうか。これまでと同じくらいシンプルなプログラムで、インタラクティブなグラフが実現できますね。探索的なデータ分析等では使用することになるかと思います。また、こういったグラフの集まりをダッシュボードと言います。ダッシュボードは、フィルタ機能等も加えられ、時間帯で絞り込めるようにと分析の幅をさらに広げられます。そういった場合には、Dashというモジュールもあるので興味のある方は調べてみてください。また、昨今では、Tableau等のBIツールによって可視化の幅が大きく広がっているので、投資できる方は、そういったツールを利用して作業の効率化を検討してみてもよいでしょう。

ノック100：
3次元グラフを作成してみよう

　それでは、いよいよ最後のノックです。最後は3次元グラフの作成です。3次元グラフは情報が多くなり、可視化しても解釈が難しかったりするため、使用には注意が必要です。しかし、例えば、3変数程度の変数であれば関係性を可視化

してみたいという場合はあります。そこで、3次元の可視化の出番です。3次元
グラフにおいてはインタラクティブが必須で、いろんな角度から見ることで何か
しらの知見を得ることができるかもしれません。

　今回は、アヤメのデータを用いて可視化していきます。まずは、データを読み
込んでいきます。可視化モジュールのseabornのデータセットを読み込みます。

```
import seaborn as sns
df_iris = sns.load_dataset('iris')
df_iris.head()
```

■図8-46：アヤメデータの読み込み

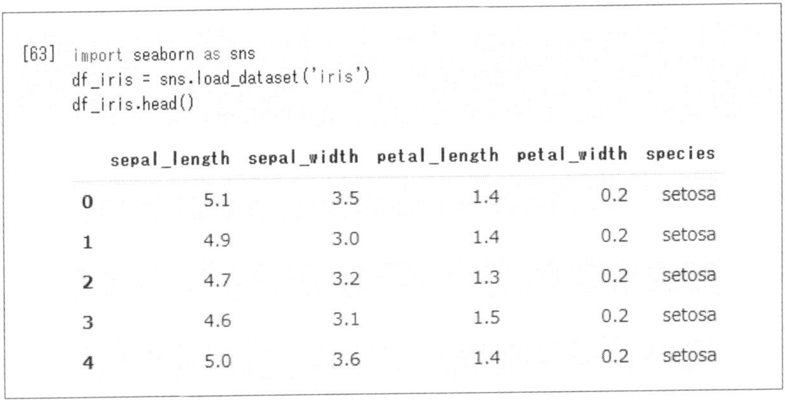

```
[63] import seaborn as sns
     df_iris = sns.load_dataset('iris')
     df_iris.head()
```

	sepal_length	sepal_width	petal_length	petal_width	species
0	5.1	3.5	1.4	0.2	setosa
1	4.9	3.0	1.4	0.2	setosa
2	4.7	3.2	1.3	0.2	setosa
3	4.6	3.1	1.5	0.2	setosa
4	5.0	3.6	1.4	0.2	setosa

　アヤメのデータは、4変数で、花弁、がく片の長さ、幅のデータです。それによっ
て、アヤメ3種類がspeciesに格納されています。機械学習の初学習の際にお世
話になる非常に代表的なデータです。

　まずは、2次元の散布図で可視化してみましょう。ここもplotlyで可視化します。

```
fig = px.scatter(df_iris, x='sepal_length', y='sepal_width', color='speci
es')
fig.show()
```

■図8-47：がく片の散布図

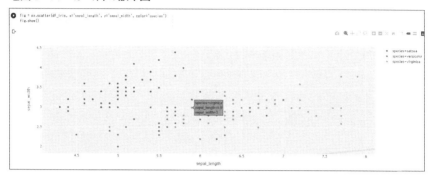

こちらも非常にシンプルですね。scatterで、データ、x、y、colorを指定すれば可視化が可能です。こちらも、カーソルをデータの上に置くことでデータの値が見られます。

では、次にこの情報にpetal_widthを追加して3次元グラフにしてみます。

```
fig = px.scatter_3d(df_iris, x='sepal_length', y='sepal_width', z='petal_
width', color='species')
fig.show()
```

■図8-48：3次元グラフの可視化

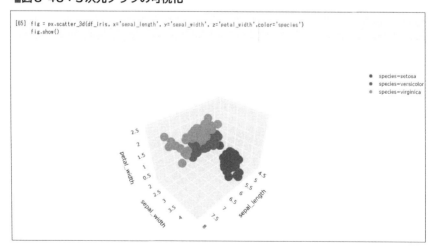

　scatter_3dで3次元グラフが可視化できます。これまでのx、yにzを加えて指定します。このグラフは、拡大・縮小に加えて回転も可能です。角度によっては、綺麗に色が分かれていて、アヤメを分類する際の特徴が見えてきますね。ここでは扱いませんが、3次元グラフは、面や線も追加することができます。**ノック100**の冒頭でも述べたように、3次元グラフは、情報過多に陥りがちで、見る人のスキルに依存する部分も多いです。そのため、2次元で分かりやすく表現できるのであればそれが最も良いグラフなので、極力3次元グラフは使用せずに、本当に必要な時にだけ使用するようにしましょう。

　以上で本章の10本ノックが終了し、それと同時に100本全てのノックが終了しました。本章で扱ったケースは、頻繁に使われるものではないかもしれません。しかし、現場に入るようになると、急に相談されてそのまま対応することになる、というのもよくある話です。人が足りないから駆り出されるのではなく、本当に相談したい相手だと思われることが大事です。ここまでのノックを受け続けてきた皆さんは、その姿に近づいているのではないでしょうか。

　第3部では、構造化や非構造化という括りから外れて、地理空間や特殊なパターンに対応するためのノックを行ってきました。実践する力を養うのも大事だが、その前に基礎をしっかり身に付けることもまた大事である、という考えのもと、本書のノックを組み立ててきました。この先皆さんがどのような道を歩んでいくのか、私達は知ることができませんが、本書で身に付けた知識と技術は、これからの皆さんをきっと助けてくれるものだと確信しています。本当にお疲れ様でした。

放課後練
AIを活用した
データ加工・可視化

　データ加工・可視化100本ノックお疲れ様でした。これまでのノックをこなした読者ならば、データごとの特徴に応じた加工・可視化の基本的な技術が身についたことと思います。実際の実務や現場でデータを活用する際に、そのデータに合った加工・可視化スキルを持っていることはあなたの強みになるでしょう。しかしながら、実務では時折、自分自身のスキルでは難しい加工処理をしなければならないことや、知らない形式のデータを扱わなければならないことがあります。私達が扱うデータの形式は変わらずとも、技術は常に進化していくし、成果を出せば出すほど求められるスキルレベルも上がっていきます。読者はこのような状況に出くわした時にどのような方法を取りますか？　昨今、様々な場所で大規模言語モデル（LLM）が活躍しています。何かを調べたりする時に使用している読者も多いと思います。

　そこで、この放課後ノックではLLMを活用した代表的なサービス、ChatGPTを活用しデータの加工・可視化を行うコードの生成を行っていきます。ここまでの100本とは異なり、放課後ノックで扱う内容はさらに特殊な加工技術を学ぶのではなく、前半ではより良いコードを生成させるための基本的なプロンプトエンジニアリング技術、後半ではさらにプラグインを利用した加工・可視化方法を学んでいきます。

　前半で扱うプロンプトエンジニアリングはChatGPTを活用するにあたって、切っても切り離せない技術です。ただChatGPTに質問するのではなく、プロンプトの型を学ぶことでより効率よく、精度の高い出力を生成させることができるようになるでしょう。前半の内容を押さえることができればコードの生成だけではなく、業務やプライベートでもChatGPTを活用できることでしょう。

そして、後半ではChatGPT4のプラグインを使用したデータ加工と可視化を行います。プラグインは有償ですが、データ分析がノーコードで実現できるという点で、非常に進化を感じられる技術であると言えます。皆さんの知識と技術の引き出しを増やすために、どのようなことができるのか体験してみましょう。

放課後練で取り扱うPythonライブラリ

データ加工：Pandas
可視化：Matplotlib、Seaborn
言語：MeCab、Spacy

※注意事項※

　Web上に公開されているChatGPTは、**入力された情報をシステム改善のために学習データとして利用する可能性があります**。個人情報及び、機密情報を入力として与えることは避けましょう。また、情報漏洩に繋がりかねない情報も入力として与えることは避けたほうが良いでしょう。

第9章
ChatGPTを用いたデータ加工・可視化を行う20本ノック

　この章では実際にChatGPTを活用し、データの加工・可視化を行っていきます。新しい加工・可視化技術を学ぶことより、加工・可視化へのChatGPTの活用技術(プロンプトエンジニアリング)に焦点を当てています。よって、ノック109、110以外に特別新しい加工は出てきません。

　前半10本はChatGPT3.5を使用してプロンプトエンジニアリングの型を学んで行きましょう。最初の5本では基本的なプロンプトエンジニアリング技術を学び、次の5本は自然言語処理を通してプロンプトの作り方を学んでいきます。自然言語処理と聞くと聞き慣れない読者は身構えてしまうかもしれませんが、私達はすでに自然言語処理に触れています。それはノック54で使用したMeCabによる形態素解析です。自然言語処理技術は目まぐるしい速度で進歩しており、最新の技術を常に実装したり活用することは難しいですが、MeCabのようなライブラリやChatGPTのような生成AIを通して手軽に技術を活用することはできます。そして後半10本でChatGPT4を使用したプロンプトエンジニアリングを実践してみましょう。ここまでくるとデータ分析をノーコードで行うことができ、ツールの更なる進化を体感できます。

　それではさっそくノックを始めていきましょう。

　放課後ノック101：ChatGPTを使用してみよう
　放課後ノック102：数値データの差分を計算してみよう
　放課後ノック103：統計量を確認してみよう
　放課後ノック104：時系列の可視化をしてみよう
　放課後ノック105：データの分布をヒストグラムで可視化してみよう
　放課後ノック106：プロンプトを工夫してみよう
　放課後ノック107：文章を単語分割してみよう
　放課後ノック108：単語の使用頻度を可視化してみよう
　放課後ノック109：文書からエンティティ抽出をしてみよう
　放課後ノック110：エンティティをハイライトで可視化してみよう

放課後ノック111：ChatGPT4を使用してみよう
放課後ノック112：ChatGPT4でデータを読み込んでみよう
放課後ノック113：ChatGPT4を使ってデータを加工しよう
放課後ノック114：ChatGPT4で統計量を確認してみよう
放課後ノック115：ChatGPT4でデータの分布を可視化してみよう
放課後ノック116：ChatGPT4で集計してみよう
放課後ノック117：ChatGPT4でグラフを作成してみよう
放課後ノック118：ChatGPT4でデータをCSV出力してみよう
放課後ノック119：ChatGPT4を使ってテキストデータの分析をやってみよう
放課後ノック120：ChatGPT4を使って画像データの加工をやってみよう

利用シーン

　ChatGPTを活用しコード生成を行うことは、自分の知っている加工・可視化の効率を高めるために使用したり、知らない技術に対しても技術の説明、処理方針の提案をさせたりすることができます。

■ 前提条件

　本章では前半に**ノック49**で作成したデータフレーム「data_analytics」をcsvファイルにしたもの、後半に**ノック53**で作成したデータフレーム「booklist」をcsvファイルにしたもの、さらにアンケートデータと画像データを使用します。

　「receive_time.csv」は、対象エリアを通行した人数を1秒でカウントしたデータです。当該エリアでの人流調査は約1ヶ月にわたって行われています。データについて詳しく知りたい方は、国土交通省のサイトをご覧ください。

■人流オープンデータ説明資料

https://www.geospatial.jp/ckan/dataset/human-flow-marunouchi/
resource/e8a89d51-515b-4de8-9d27-885bc2b3bd31?inner_span=True

■表：データ一覧

No.	ファイル名	概要
1	receive_time.csv	人数カウントデータ （1秒単位）（地下）
2	Hashire_merosu.csv	**ノック55**で作成した「走れメロス（青空文庫より）」の加工データ
3	survey.csv	アンケートデータ
4	sample.jpg	9のボードが掛かれている画像データ

放課後ノック101：
ChatGPTを使用してみよう

　ChatGPTを活用していくにあたり、まずはChatGPTとは何かから学んでいきましょう。ChatGPTとはOpenAIにより2022年11月に公開された、**大規**

模言語モデルによるチャットボットを使用できるWebサービスの一つです。

📑図9-1：ChatGPTとは何ですか？

(ChatGPT: https://chat.openai.com/)

　ChatGPTはユーザーが入力した質問や指示に対する回答の生成を行ってくれます。ChatGPTが一気に注目された理由の一つに「チャット形式の対話を通し、様々な分野の質問に対し回答を生成できることを始め、プロンプトの工夫により文章の要約や翻訳、アイデア出しやプログラミングのコード生成などの多種多様なタスクをこなせる」ことがあります。本章ではこの「アイデア出しとプログラミングのコード生成」に着目していきましょう。ChatGPTはとても便利な反面、本章の冒頭にある注意事項に気をつけなければならないことや、ChatGPT3.5が学習で用いているデータは2022年1月までのものであり、最新の情報が含まれていないという欠点も存在します。（※再学習によりカットオフ以降の情報を含む回答を生成する場合もあります）

　ChatGPTのGPTとはGenerative Pre-trained Transformerの略称であり、デコーダ構成のTransformerを事前学習させた言語モデルの一種になります。言語モデルとは人間が使用する言葉（自然言語）をコンピュータに理解させ、テキストを生成させるためのアルゴリズムを指します。本章ではChatGPTの活用に焦点を当てているため、モデルそのものの詳細な説明は省略します。自然言語処理に興味がある読者は是非専門書を手に取ってみてください。

　それではさっそくChatGPTを使用してみましょう。まずは、OpenAIの
ChatGPTのURL(https://chat.openai.com/)にアクセスし、ログインしま
しょう。初めて利用する読者は「Sing up」からアカウントを作成してください。
　また、詳しいChatGPTのアカウント作成方法や、有料利用については巻末の
Appendixを参照してください。
　入力は画面下部から行うことができます。例として「あなたができることを教え
てください！」と入力してみましょう。

あなたができることを教えてください！

■図9-2：あなたができることを教えてください！

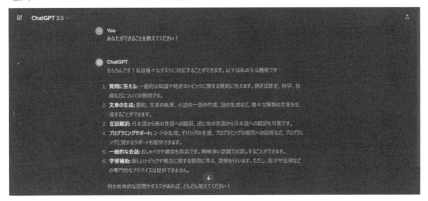

　6つのタスク例を回答してくれました。また、この入力のことを**プロンプト**と
呼びます。頻繁に使う用語なので覚えておきましょう。

　ChatGPTにもう一つ質問してみましょう。

犬の種類を調べるのに便利な日本語のサイトを5つ教えて下さい。サイト名とURLをあわせて回答して
下さい。

📑図9-3：ChatGPTの回答例①

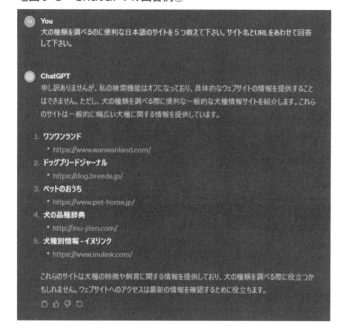

　指示通り、具体的なサイト名とそのURLを回答してくれました。私達が手作業で調べ、リスト化するより簡単で早いと感じるでしょう。しかし、この出力は果たして正しい回答なのでしょうか？　一見正しく見えますが、誤っている点があります。それは「ドッグブリードジャーナル」というサイト名です。筆者が調べた限り、この名前と一致するサイトを確認することはできませんでした。また、出力されたURLのうち3以外のものは存在しないURLでした。このようにChatGPTは誤った情報や、存在しない情報を出力する場合があります。そのため、私達は出力された情報に対して自分たちで確認し、その情報源が信頼に足りるものなのかをチェックする必要があります。誤った回答をしてしまう原因は様々ありますが、正解確率が低い代表的な質問は

　・外部の情報を参照して答える質問
　・数的処理を必要とする質問
　・専門性が極端に高い質問

などがあります。

　今回の質問は１つ目の条件に当てはまりますね。本章を通して私達が求める回答を出力させるためのプロンプト作成技術も学んでいきましょう。

> ⚾ 🏏 **放課後ノック102：**
> **数値データの差分を計算してみよう**

　まずは、データフレームを読み込むところから始めましょう。csvファイルの読み込みはできると思いますが、試しにChatGPTに質問してみましょう。

pythonを使用し、csvファイルをデータフレームとして読み込むコードを書いて下さい。

■図9-4：csvファイルを読み込むプロンプト

You
pythonを使用し、csvファイルをデータフレームとして読み込むコードを書いて下さい。

ChatGPT
もちろんです。PythonでCSVファイルをデータフレームとして読み込むためには、通常は `pandas` ライブラリを使用します。以下は、`pandas` を使ってCSVファイルを読み込む基本的なコードです。

まず、`pandas` ライブラリをインストールします（インストールされていない場合）：

```bash
pip install pandas
```

次に、以下のようなPythonコードを使用してCSVファイルをデータフレームとして読み込みます：

```python
import pandas as pd

# CSVファイルのパスを指定
csv_file_path = 'your_file.csv'  # ファイルの実際のパスに変更してください

# CSVファイルをデータフレームとして読み込む
df = pd.read_csv(csv_file_path)

# データフレームの内容を表示
print(df)
```

このコードでは、`pd.read_csv()` メソッドを使用してCSVファイルをデータフレームとして読み込んでいます。`csv_file_path` 変数に読み込むCSVファイルの実際のパスを指定してください。データフ

　具体的なコードの出力がされました。ChatGPTにより生成されたコードは、右上の「Copy code」をクリックすることでクリップボードにコピーされます。（※これは執筆時2024年1月時点の仕様であり、将来的に変更される可能性があります。）

　私達が望む最適な生成コードの極論は「コピー＆ペーストするだけで正しく動くコード」ですが、今回はプロンプトに「pandasをインストールしていること」と「具体的なcsvファイル名」を記述しなかったため、「ライブラリのインストール指示」、「ファイルパスの変更」の2点が理想の出力と異なっていると思います。また、コード生成を指示した場合は**使用しているメソッドや関数の説明まで出力される**ことが多いです。コードを実行する前に説明を読んでおくことで、このコードに誤りがないかある程度把握することができます。実際にColaboratoryにコードをペーストし、ファイルパスを変更して実行してみましょう。

```python
import pandas as pd

# CSVファイルのパスを指定
csv_file_path = 'data/receive_time.csv'

# CSVファイルをデータフレームとして読み込む
df = pd.read_csv(csv_file_path)

# データフレームの内容を表示
print(df)
```

図9-5：csvファイルの読み込み①

```
[3]    import pandas as pd

       # CSVファイルのパスを指定
       csv_file_path = 'data/receive_time.csv'

       # CSVファイルをデータフレームとして読み込む
       df = pd.read_csv(csv_file_path)

       # データフレームの内容を表示
       print(df)


             receive_time_sec    in1      out1
       0      2021-01-20 00:00:40  12109.0  11302.0
       1      2021-01-20 00:00:41  12109.0  11302.0
       2      2021-01-20 00:00:42  12109.0  11302.0
       3      2021-01-20 00:00:43  12109.0  11302.0
       4      2021-01-20 00:00:44  12109.0  11302.0
       ...           ...          ...      ...
       259072 2021-01-22 23:58:32  21150.0  19675.0
       259073 2021-01-22 23:58:33  21150.0  19675.0
       259074 2021-01-22 23:58:34  21150.0  19675.0
       259075 2021-01-22 23:58:35  21150.0  19675.0
       259076 2021-01-22 23:58:36  21150.0  19675.0

       [259077 rows x 3 columns]
```

　データフレームを正しく読み込み、表示させることができました。しかし、データフレームの表示が崩れてしまっていますね。細かい点ですが、データフレームの中身を確認する際にprint関数を使用すると表のような状態ではなく、データがそのまま出力されてしまいます。これは、print()を外し「df」だけにするか、又は「display」に変更すれば解決されます。

　さらに、忘れている読者もいると思いますが、このデータの時系列部分「receive_time_sec」はdatetime型に変更しなくてはならなかったはずです。

　このコードを、プロンプトを工夫することで修正していきましょう。生成されたコードについて修正と追加したい点は下記の3つです。

1. ファイルパスを変更せずに使用したい
2. 時系列データをdatetime型にしたい
3. データフレームを綺麗に表示させたい

これらの条件が満たされるようにプロンプトを書いてみましょう。

時系列情報を持つcsvファイルがあります。

csvファイルをデータフレームとして読み込む関数をpythonで書いて下さい。その関数の引数は、対象のファイルパスとdatetime型として読み込みたい列のカラム名の2つです。

対象のファイルパスは'data/receive_time.csv'、datetime型として読み込みたい列のカラム名は'receive_time_sec'です。datetime型に変更する時はオプションを指定しないで下さい。

コードの最後に作成したデータフレームの内容をdisplayを使用して表示して下さい。

■図9-6：修正したプロンプト①

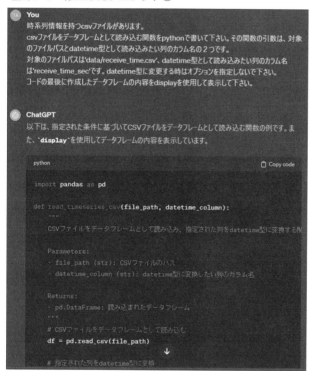

```
    Parameters:
    - file_path (str): CSVファイルのパス
    - datetime_column (str): datetime型に変換したい列のカラム名

    Returns:
    - pd.DataFrame: 読み込まれたデータフレーム

    # CSVファイルをデータフレームとして読み込む
    df = pd.read_csv(file_path)

    # 指定された列をdatetime型に変換
    df[datetime_column] = pd.to_datetime(df[datetime_column])

    return df

# 対象のファイルパスとdatetime型として読み込みたい列のカラム名を指定
file_path = 'data/receive_time.csv'
datetime_column_name = 'receive_time_sec'

# 関数を使用してデータフレームを作成
df_result = read_timeseries_csv(file_path, datetime_column_name)

# データフレームの内容を表示
display(df_result)
```

このコードでは、`pd.read_csv`でCSVファイルをデータフレームとして読み込み、
`pd.to_datetime`で指定された列をdatetime型に変換しています。最後に`display`を使用
してデータフレームの内容を表示しています。

　プロンプトにファイルパスとdatetime型に変更したいカラムのカラム名を与
えたことで①②は解決しました。「receive_time_sec」には1秒ごとに時間が格
納されていますので、オプションのunitを指定する必要はありません。修正前の
プロンプトとの大きな違いは「関数による記述の指示」となります。第3部までの
100本ノックでは基本的に加工処理を関数化してきませんでしたが、ChatGPT
によって生成されたコードは私達の手で細かい修正を行ってから実行することが
多いため、メンテナンス性の高い関数を用いたコードで生成させた方が良いでしょ
う。実際にコードを実行して確認しましょう。

```
import pandas as pd


def read_timeseries_csv(file_path, datetime_column):
    """
    CSVファイルをデータフレームとして読み込み、指定された列をdatetime型に変換する関数。
```

```
    Parameters:
    - file_path (str): CSVファイルのパス
    - datetime_column (str): datetime型に変換したい列のカラム名

    Returns:
    - pd.DataFrame: 読み込まれたデータフレーム
    """
    # CSVファイルをデータフレームとして読み込む
    df = pd.read_csv(file_path)

    # 指定された列をdatetime型に変換
    df[datetime_column] = pd.to_datetime(df[datetime_column])

    return df

# 対象のファイルパスとdatetime型として読み込みたい列のカラム名を指定
file_path = 'data/receive_time.csv'
datetime_column_name = 'receive_time_sec'

# 関数を使用してデータフレームを作成
df_result = read_timeseries_csv(file_path, datetime_column_name)

# データフレームの内容を表示
display(df_result)
```

■図9-7：csvの読み込み②

生成されたコードに手を加えずとも正常にcsvファイルの読み込みが行われました。

プログラミングにChatGPTを活用している読者はご存知かもしれませんが、指定した条件を満たすように出力してほしい場合、私達がコードを書いて実行するのと同様に、細かに指示を書く必要があります。これだけを聞くとプロンプトの作成を煩雑に感じるかもしれません。しかし、ChatGPT3.5は「自分で考えて行動することは苦手だが、しっかりとポイントを押さえた指示に沿った行動は得

意」です。例えるなら、ChatGPTとは経験不足で自発的な行動はできないが、指示を伝えればその通りに業務をこなせるとても優秀な部下であり、プロンプトとは上司が出す指示に近いかもしれません。つまり、私達の作るプロンプトはChatGPTのパフォーマンス力に直結しているということです。

続いて、計算処理を行いましょう。**ノック49**で確認したようにin1、out1はそれぞれ特定の位置（線）に対して、左から入ってきて出ていった人の数、右から入ってきて出ていった人の数のように、方向の違いを表しています。また、注意点としては、in1、out1は累計のカウント数になっています。そのため、秒単位での人数を見たい場合、1秒前、つまり1つ手前のデータとの引き算が必要です。ここでは、1つ手前のデータを結合し、引き算を行っていきます。まずは、コードを実行する際に行って欲しい処理を考えてみましょう。

■処理のステップ

1. 「df_result」の行を1行ずらし、1秒前のデータ「data_before_1sec」を作成する。
2. df_resultとdata_before_1secを、indexをキーとした行方向（axis=1）に結合する。
3. in1とout1それぞれの差分を計算する。
4. 作成した差分を新しい列としてデータフレームに追加する

処理を大きなステップに分解すると上記の4つになるかと思います。それではプロンプトを作成してみましょう。先程実行したプロンプトに続けて書いていきます。

作成したdf_resultのカラム「receive_time_sec」には1秒ごとの時間データ、その他のカラム「in1」、「out1」には数値データが格納されています。

以下で、このデータを用いた処理を説明します。

まずは、df_resultを列方向に1行ずらし、新しいデータフレームdata_before_1secを作成して下さい。その後、カラム名を「receive_time_sec_b1sec」、「in1_b1sec」、「out1_b1sec」にそれぞれ変更して下さい。

次に、df_resultとdata_before_1secをindexとキーとし行方向に結合したデータフレームdata_analyticsを作成して下さい。

そして、in1とin1_b1secの差分を新しいカラム「in1_calc」、out1とout1_b1secの差分を新しいカラム「out1_calc」としてdata_analyticsの列として追加して下さい。

これらの処理をpythonを用いて関数にしてください。具体的なデータの作成は不要です。

最後に、data_analyticsの先頭5行を表示させて下さい。

■図9-8：差分を求めるプロンプト

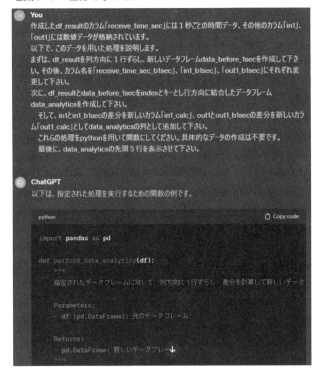

```
"""
# 列方向に1行ずらす
data_before_1sec = df.shift(1)

# カラム名を変更
data_before_1sec.columns = [col + '_1sec' for col in data_before_1

# 元のデータフレームと1行ずらしたデータフレームを結合
data_analytics = pd.concat([df, data_before_1sec], axis=1)

# 差分を計算して新しいカラムを追加
data_analytics['in1_calc'] = data_analytics['in1'] - data_analytics
data_analytics['out1_calc'] = data_analytics['out1'] - data_analyti

return data_analytics

# 例として作成したデータフレームを使用
# df_result = ...

# 関数を使用してデータ解析を実行
data_analytics_result = perform_data_analytics(df_result)

# 先頭5行を表示
display(data_analytics_result.head())
```

この関数では、元のデータフレームを列方向に1行ずらし、新しいデータフレームを作成します。その後、元のデータフレームと1行ずらしたデータフレームを結合し、差分を計算して新しいカラムを追加します。最後に、先頭5行を表示しています。実際のデータに関しては、`df_result`を適切なデータフレームに置き換えてください。

　ChatGPTはその性質上、1文が長くなればなるほど文脈を把握した出力をすることが難しくなっていきます。そのため、このように処理をステップ化したプロンプトは出力精度の向上に大きく寄与すると考えられています。

　実際に生成されたコードを確認していきましょう。特に使用してほしいメソッドや関数を指示しませんでしたが、狙い通りの処理が行われていることがわかると思います。**ノック49**でも同様の処理を行いましたが、カラム名を変更する箇所が異なっていると思います。このデータでは変更したいカラムが3つと少ないため、**ノック49**のようにカラム名を直接変更することが可能ですが、カラム名を大量に変更したい場合や、変更方法に規則性のある場合は生成されたコードのようにfor文を使用した処理の方が適しています。ChatGPTが生成したコードの方がより汎用性が高いと言えるでしょう。それではコードを実行してみましょう。

```
import pandas as pd
```

```
def perform_data_analytics(df):
    """
    指定されたデータフレームに対して、列方向に1行ずらし、差分を計算して新しいデータフレーム
を作成する関数。

    Parameters:
    - df (pd.DataFrame): 元のデータフレーム

    Returns:
    - pd.DataFrame: 新しいデータフレーム
    """
    # 列方向に1行ずらす
    data_before_1sec = df.shift(1)

    # カラム名を変更
    data_before_1sec.columns = [col + '_b1sec' for col in data_before_1se
c.columns]

    # 元のデータフレームと1行ずらしたデータフレームを結合
    data_analytics = pd.concat([df, data_before_1sec], axis=1)

    # 差分を計算して新しいカラムを追加
    data_analytics['in1_calc'] = data_analytics['in1'] - data_analytics['
in1_b1sec']
    data_analytics['out1_calc'] = data_analytics['out1'] - data_analytics
['out1_b1sec']

    return data_analytics

# 例として作成したデータフレームを使用
# df_result = ...

# 関数を使用してデータ解析を実行
data_analytics_result = perform_data_analytics(df_result)

# 先頭5行を表示
display(data_analytics_result.head())
```

■図9-9：1秒毎のデータの作成

　私達が期待していた**ノック49**と同様の出力が得られたと思います。このように実際に行ってほしい処理内容を「**ステップに分けて指示する**」だけでも期待通りの出力を得られる可能性が大きく向上します。処理をステップ化することは私達がコードを書く際もとても重要なものになります。目的に対し具体的な処理方法がわかる場合、このノックのように処理のステップ化を心がけましょう。

放課後ノック103：
統計量を確認してみよう

ノック102で1秒ごとの交通量を作成したことにより、意味のある統計量を確認できる状態になりました。**ノック104、105**の可視化に向けて、まずはデータの全体像を把握しておきましょう。さっそく、ChatGPTに質問していきましょう。今回は具体的な指示をせず、方針の提案をしてもらいます。

pythonでDataFrameの統計量を確認したいです。
どのような方法がありますか？

■図9-10：統計量の確認方法の提案プロンプト

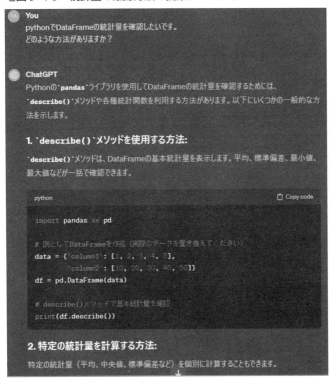

ノック5で使用したdiscribeメソッドや、特定の統計量のみを計算する方法を複数提案してくれました。目的に応じた方法をこの中から選択すればいいですね。ノック101で述べた通り、ChatGPTは入力情報で与えられた条件を満たす提案を複数提示することも得意とします。具体的にどのような処理をすればいいかわからない時はまず、処理コードを生成する前に「**現状と提案して欲しいこと**」を聞いてみると、コード生成時のプロンプト作成がうまくいきやすいでしょう。

今回はデータの全体像を把握したいので、1のdiscribeメソッドを使用しましょう。使い方も出力されているので、コードは生成させず読者自身で記述してみましょう。

```
data_analytics_result.describe()
```

■図9-11：統計量の確認

	in1	out1	in1_b1sec	out1_b1sec	in1_calc	out1_calc
count	259077.00000	259077.000000	259076.000000	259076.00000	259076.000000	259076.000000
mean	16385.13628	14898.109879	16385.117888	14898.09144	0.034897	0.032319
std	2741.16221	2462.009186	2741.151515	2461.99605	0.192471	0.186760
min	12109.00000	11302.000000	12109.000000	11302.00000	0.000000	0.000000
25%	14510.00000	13022.000000	14509.750000	13022.00000	0.000000	0.000000
50%	16266.00000	14339.000000	16266.000000	14339.00000	0.000000	0.000000
75%	18031.00000	16658.000000	18031.000000	16658.00000	0.000000	0.000000
max	21150.00000	19675.000000	21150.000000	19675.00000	3.000000	4.000000

[6] data_analytics_result.describe()

　1秒毎の交通量である「in1_calc」と「out1_calc」に注目しましょう。中央値は1よりも小さく、平均値は小数点第6まで0であることから毎秒人通りがあるわけではなさそうです。また、最大値もそれぞれ3、4であるため毎秒単位で可視化した際はあまりデータの動きが捉えられなさそうです。可視化に向けて、時単位に集計したデータを作成してみましょう。どのようなデータにすれば可視化し易いか私達は知っているので、ChatGPTにコードを生成してもらいましょう。処理のステップが思いつかない読者は**ノック49**を読み返してみましょう。

前の質問で作成したデータフレーム「data_analytics_result」の秒単位時間データ「receive_time_sec」を時単位「date_hour」に集計し、縦持ちのデータフレームに変換したいです。
　以下でこのデータを用いた処理を説明します。
　まず、データフレーム「data_analytics_result」のdatetime型カラム「receive_time_sec」を文字列に変換し、新しいカラム「date_hour」に格納します。変換例を挙げると、「2021-01-20 00:00:40」は「2021012000」、「2021-01-20 01:46:20」は「2021012001」となります。
　次に、データフレーム「data_analytics_result」からカラム「'date_hour'」、「'in1_calc'」、「'out1_calc'」を抽出し、「date_hour」で集計した新しいデータフレーム「viz_data」を作成します。
　最後に、データフレーム「viz_data」を対象に「'in1_calc'」、「'out1_calc'」を縦持ちに変換して下さい。
これらの処理をpythonを用いて関数にしてください。具体的なデータの作成は不要です。
　最後に、viz_dataの先頭5行を表示させて下さい。

■図9-12：可視化の向けた加工コードを生成するプロンプト

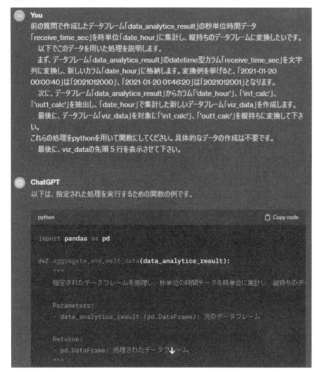

```
# datetime型カラムを文字列に変換して新しいカラムに格納
data_analytics_result['date_hour'] = data_analytics_result['receive

# カラムを抽出して時単位で集計
viz_data = data_analytics_result[['date_hour', 'in1_calc', 'out1_ca

# 'in1_calc'と'out1_calc'を縦持ちに変換
viz_data_melted = pd.melt(viz_data, id_vars=['date_hour'], value_va
                          var_name='variable', value_name='value')


return viz_data_melted

# 例として作成したデータフレームを使用
# data_analytics_result = ...

# 関数を使用してデータ処理を実行
viz_data_result = aggregate_and_melt_data(data_analytics_result)

# 先頭5行を表示
display(viz_data_result.head())
```

この関数では、まず`strftime`を使用して`receive_time_sec`を時単位に変換し、その後に`groupby`を使用して時単位で集計します。最後に`melt`を使用して縦持ちに変換します。最後に、先頭5行を表示しています。実際のデータに関しては、`data_analytics_result`を適切なデータフレームに置き換えてください。

　このプロンプトも**ノック102**と同様に、処理の手順をステップで記述してあります。**ノック102**のプロンプトと異なる点は、秒単位データを時単位データに変換する際の具体例を提示しました。ChatGPTは特定の規則性をもつ変換などの具体例を提示しておくことで、求める出力を得やすくなる傾向があります。この手法は**Few-shot leaning**と呼ばれ、ChatGPTのような大規模言語モデル(LLM)を活用する際にとても役立ちます。実際、変換に必要なフォーマット「%Y%m%d%H」を与えずとも具体例から推測され、生成コードに反映されています。Few-shot leaningはデータ加工において例えば、複雑な正規表現を用いた文字列の変換(抽出)を行いたいが、正確な記述ができない時などに役立つかもしれません。

　また、プロンプトの最後に「最後に、viz_dataの先頭5行を表示させて下さい。」と指示しましたが生成コードを確認すると、縦持ちへ加工の前後でデータフレーム名を「viz_data_melted」に変更し、viz_data_meltedの先頭5行を表示しています。これは処理自体に大きな影響はありませんが、ChatGPTが指示を無視し修正したということです。ChatGPTが指示を無視することはモデルの仕様上起こりうることです。今回の入力に対しChatGPTがどのようにコードを出力し

たか(モデル上で起きた具体的な推論)をこの画面から確認することはできないため推測になりますが、おそらく「学習時のデータにあるプログラミングコードは、加工の前後でデータフレーム名を変更しているものが多い」からだと考えています。プロンプトを修正しても良いですが、この生成コードの加工処理自体は指示通りに生成されているため、私達自身で生成コードの「viz_data_result」を「viz_data」に修正してコードを実行していきましょう。

```python
import pandas as pd

def aggregate_and_melt_data(data_analytics_result):
    """
    指定されたデータフレームを処理し、秒単位の時間データを時単位に集計し、縦持ちのデータフレームに変換する関数。

    Parameters:
    - data_analytics_result (pd.DataFrame): 元のデータフレーム

    Returns:
    - pd.DataFrame: 処理されたデータフレーム
    """
    # datetime型カラムを文字列に変換して新しいカラムに格納
    data_analytics_result['date_hour'] = data_analytics_result['receive_time_sec'].dt.strftime('%Y%m%d%H')

    # カラムを抽出して時単位で集計
    viz_data = data_analytics_result[['date_hour', 'in1_calc', 'out1_calc']].groupby('date_hour').sum().reset_index()

    # 'in1_calc'と'out1_calc'を縦持ちに変換
    viz_data_melted = pd.melt(viz_data, id_vars=['date_hour'], value_vars=['in1_calc', 'out1_calc'],
                              var_name='variable', value_name='value')

    return viz_data_melted

# 例として作成したデータフレームを使用
# data_analytics_result = ...

# 関数を使用してデータ処理を実行
```

```
viz_data = aggregate_and_melt_data(data_analytics_result)
```

```
#  先頭5行を表示
display(viz_data.head())
```

■図9-13：時単位の集計と縦持ちへの変換

時単位で集計され、縦持ちへ変換されていることが確認できます。Few-shot
leaningのような、プロンプトで行う工夫はいくつか存在します。代表的な例は
ノック106で確認しましょう。是非読者自身でいろいろ工夫し、より簡潔なプ
ロンプトを作成してみてください。

放課後ノック104：
時系列の可視化をしてみよう

　ノック103で可視化のためのデータ加工を行い、可視化の準備が整いました。時系列データなので、in1_calc、out1_calcそれぞれを折れ線グラフにしてみましょう。それではChatGPTに可視化コードを生成させましょう。プロンプト作成時に押さえるポイントは覚えていますか？　プロンプトに絶対的な正解は現状ありませんが、押さえるべきポイントは皆共通しています。

　データフレーム「viz_data」を折れ線グラフで可視化したいです。
　　カラム「date_hour」には時単位の時間データ、「value」には数値データ、「valiable」には2種の文字列データが格納されています。
　　pythonで可視化する際の可視化案を挙げて下さい。

■図9-14：時系列可視化を行うプロンプト

> **You**
> データフレーム「viz_data」を折れ線グラフで可視化したいです。
> カラム「date_hour」には時単位の時間データ、「value」には数値データ、「valiable」には2種の文字列データが格納されています。
> pythonで可視化する際の可視化案を挙げて下さい。

> **ChatGPT**
> データフレーム「viz_data」を折れ線グラフで可視化する際に、`matplotlib`や`seaborn`などの可視化ライブラリを使用すると便利です。以下は、`matplotlib`を使用した可視化案の例です。

```python
import matplotlib.pyplot as plt
import seaborn as sns

# グラフのスタイルを設定 (任意)
sns.set(style="whitegrid")

# 折れ線グラフの作成
plt.figure(figsize=(12, 6))  # グラフのサイズを設定

# カラム'variable'の値ごとに折れ線グラフを描画
sns.lineplot(x='date_hour', y='value', hue='variable', data=viz_data)

# グラフにタイトルやラベルを追加 (任意)
plt.title('Hourly Aggregated Data Visualization')
plt.xlabel('Hourly Time')
plt.ylabel('Value')
```

```
# 凡例を表示
plt.legend(title='Variable')

# グラフを表示
plt.show()
```

この例では、`seaborn`を使用してグラフのスタイルを設定し、`lineplot`関数で折れ線グラフを描画しています。`hue`パラメータを使用して`'variable'`カラムの値ごとに線の色を分けています。`title`や`xlabel`、`ylabel`を使用してグラフにタイトルやラベルを追加することができます。

実際のデータによっては、この例をベースに調整が必要かもしれません。`matplotlib`や`seaborn`のドキュメントを参照しながら、データの特性に合った可視化を行ってください。

　今回のデータは構造が単純なため、現状のデータ説明と目的が折れ線グラフの可視化である２点のみの簡潔なプロンプトを作成しました。valiableが２種の文字列データであることを明記したことで、２種類のグラフを作成するコードを生成するよう促しています。

　読者が同様のプロンプトを実行した場合、折れ線グラフが１つのみしか作成されないコード(valiableを使用しないコード)が生成されるかもしれません。その場合は再度プロンプトを実行するか、valiableの使用を指示してみてください。同じプロンプトでも出力が異なるところもプロンプトエンジニアリングの面白いところだと思います。

　最後に実際にコードを実行してみましょう。

```
import matplotlib.pyplot as plt
import seaborn as sns

# グラフのスタイルを設定（任意）
sns.set(style="whitegrid")

# 折れ線グラフの作成
plt.figure(figsize=(12, 6))  # グラフのサイズを設定

# カラム'variable'の値ごとに折れ線グラフを描画
sns.lineplot(x='date_hour', y='value', hue='variable', data=viz_data)

# グラフにタイトルやラベルを追加（任意）
plt.title('Hourly Aggregated Data Visualization')
plt.xlabel('Hourly Time')
```

```
plt.ylabel('Value')

# 凡例を表示
plt.legend(title='Variable')

# グラフを表示
plt.show()
```

■図9-15：時系列の可視化

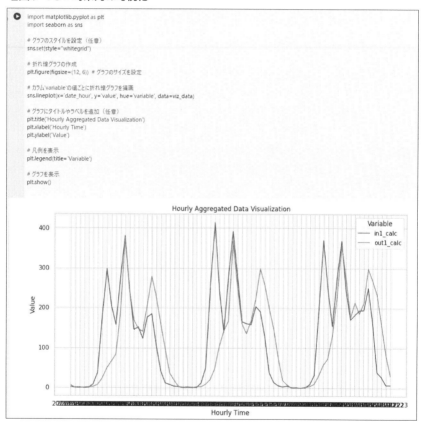

x軸ラベルが重なってしまっていることを除けば、比較的きれいなグラフになっていると思います。ラベルの角度変更は**ノック49**で触れているため、より美しい可視化がしたい場合は参考にしてください。

放課後ノック105：
データの分布をヒストグラムで可視化してみよう

　第9章前半の締め括りとして、人数によるヒストグラムの可視化を行いましょう。ヒストグラムとは何か覚えていますでしょうか？　理解が怪しい場合は**ノック30**を読み返してみましょう。または、ChatGPTに聞いてもいいかもしれません。それではプロンプトを作成していきましょう。

データフレーム「viz_data」をヒストグラムで可視化したいです。
カラム「value」には数値データ、「valiable」には2種の文字列データが格納されています。
　pythonで可視化する際の可視化案を挙げて下さい。

■図9-16：ヒストグラムを作成するプロンプト

```
# グラフを表示
plt.show()
```

この例では、`seaborn` の `histplot` 関数を使用してヒストグラムを描画しています。`hue` パラメータを使用して `'variable'` カラムの値ごとにヒストグラムを分けています。`kde=True` を指定すると、ヒストグラム上にカーネル密度推定（Kernel Density Estimate, KDE）も表示されます。

実際のデータによっては、この例をベースに調整が必要かもしれません。`matplotlib` や `seaborn` のドキュメントを参照しながら、データの特性に合った可視化を行ってください。

　ノック104とほとんど同様のプロンプトを使用しました。出力の末尾の方にも書いてありますが、kde=Trueを指定すると、ヒストグラム上にカーネル密度推定(Kernel Density Estimate)が表示されます。カーネル密度推定とは、統計学においてある母集団の標本のデータが与えられたとき、その母集団のデータを外挿できるノンパラメトリック手法の一つです。詳しい説明は省きますが、データ分析や機械学習を学んでいる、または学ぼうとしている読者にとっては重要な技術ですので専門書で確認してください。
　それでは実際にコードを実行しましょう。

```python
import matplotlib.pyplot as plt
import seaborn as sns

# グラフのスタイルを設定（任意）
sns.set(style="whitegrid")

# ヒストグラムの作成
plt.figure(figsize=(10, 6))  # グラフのサイズを設定

# カラム'value'のヒストグラムを描画
sns.histplot(data=viz_data, x='value', hue='variable', kde=True)

# グラフにタイトルやラベルを追加（任意）
plt.title('Histogram of Value')
plt.xlabel('Value')
plt.ylabel('Frequency')

# 凡例を表示
plt.legend(title='Variable')
```

```
# グラフを表示
plt.show()
```

■図9-17：ヒストグラムの可視化

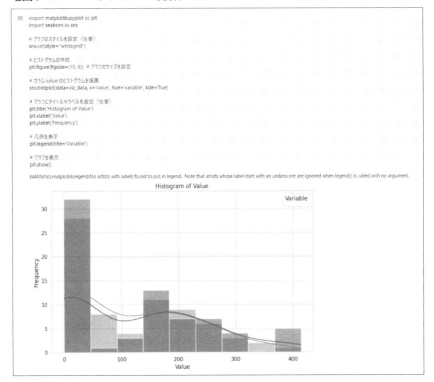

ヒストグラムを見ると人数が0〜50の時間帯が多いことが分かります。また、200付近が山なりになっていることから50人以下のデータを除くと大体200人くらいの人数に落ち着いていることも分かります。

1点だけ可視化がうまくいっていないところがあります。それは、凡例の表示部分です。改善するには、histplotのオプションに「label」を追加すればよいです。読者自身で修正してみましょう。

⚾ 放課後ノック106：
プロンプトを工夫してみよう

　ノック106では出力精度を上げるためのプロンプトエンジニアリングについて学びましょう。プロンプトエンジニアリングとは、AIから、より目的に近い出力をさせるために、プロンプトを設計や最適化する技術を指します。実際、私達はノック102～105を通してプロンプトエンジニアリングの基礎を学んできました。

　プロンプトの構成要素としてよく挙げられるものは以下となります。

・入力データ
・命令
・文脈
・出力形式

　例えば、ノック102、103で使用したプロンプトを確認してみてください。最初に「入力データの説明（入力データ）」、次に「行いたい処理の手順説明（命令、文脈）」、最後に「出力形式（出力形式）」を定めています。データ加工におけるChatGPTの活用ではこのプロセスを**プロンプトの1つの型**として運用していくと、より良い出力が得られる可能性が向上します。読者自身で、1章から3章の内容を上記のプロンプトの型を活用し、プロンプトの作成演習をしてみてください。

　プロンプトエンジニアリングの中には名前がついている代表的な手法がいくつか存在します。

1. Zero-shot leaning
2. Few-shot leaning
3. Zero-shot Chain of Thougth(Zero-shot CoT)

　上記以外にも多数存在しますが、このノックでこの3つを押さえましょう。これらはいずれもLLMをファインチューニングせずに特定のタスクへの精度を向上

させるために用いられることが多いです。今は、ファインチューニングとは苦手なタスクがある程度できるようになったり、得意なタスクに応用力を持たせることができる技術と思っていてください。ファインチューニングの詳細な説明は省略しますので、自然言語処理の専門書を参考にしてください。またこれらのAIモデル部分の説明も省略させて頂きます。AIに興味がある読者は本書の姉妹本「Python実践 AIモデル構築 100本ノック（秀和システム）」、「Python実践 機械学習システム 100本ノック（秀和システム）」を参考にしてみてください。

1. Zero-shot leaning

　Zero-shot leaningとは事前学習時にモデルのパラメーターを更新せず、さらに例示もない状態でタスクを解決する手法を指します。具体例を見ていきましょう。例えば、入力テキストを英語に翻訳する翻訳のプロンプトの例は以下のようになります。

■図9-18：Zero-shot leaning入力

> 以下のテキストを日本語から英語に翻訳して下さい。
>
> テキスト：犬　⇒

　このプロンプトに対し、ChatGPTは次の回答をしました。

■図9-19：Zero-shot leaning回答

> 回答：dog

　ファインチューニングを用いるならば事前に

> 猫 ⇒ cat
> 鳥 ⇒ bird
> 人間 ⇒ human

　のようなデータにより追加学習を行い、翻訳タスクに対応したパラメーター更新を行いますが、zero-shot leaningではパラメーターの更新を行わずともある

程度保証の付いた精度でタスクを実行することができます。

2. Few-shot leaning

　Few-shot leaningとは前提条件はZero-shot leaningと同じですが、プロンプトによる入力時に少数の例を提示することでタスクを解決する手法を指します。具体例を見ていきましょう。例えば、入力テキストを英語に翻訳する翻訳のプロンプトの例は以下のようになります。

■図9-20：Few-shot leaning入力

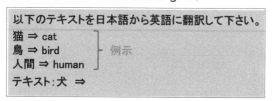

　このプロンプトに対し、ChatGPTは次の回答をしました。

■図9-21：Few-shot leaning回答

　ノック103での秒単位データから時単位データの変換例もFew-shot leaning に当たります。また、例が1つだけの場合はOne-shot leaningと呼ばれる場合があります。

3. Zero-shot Chain of Thought(Zero-shot CoT)

　Zero-shot CoTとは非常に簡単であり、プロンプトの末尾に「ステップバイステップで考えてみましょう。」と付け足すだけです。特に計算処理を行う際に効果的と言われています。

　以上の3つがプロンプトエンジニアリングの代表例です。これら以外のプロンプトの工夫は多種多様にあり、様々な論文が発表されています。自分でより良いプロンプトを考えたり、調べてみると新しい発見があるかもしれません。

　また、本章ではChatGPTのバージョン3.5を使用していますが、4.0や他のバージョンを使用するだけで、うまくいかなかったタスクが実行可能になるケースも多いです。プロンプトエンジニアリングは今までこなしてきた加工・可視化のコーディングと同様に、工夫を凝らすことができるところが多く、自分の思考の整理にもなるため本書以外の場所でもプロンプトエンジニアリングに挑戦してみてください。

　これで9章の前半、基本的な加工・可視化におけるChatGPTの活用方法とプロンプトエンジニアリングの手法を終わります。後半**ノック107**以降は自然言語処理を用いた少し複雑な加工・可視化を行います。これまでのノックを参考にしながら頑張りましょう。

放課後ノック107：
文章を単語分割してみよう

　ノック107では「走れメロス」の本文を形態素解析し、名詞と動詞のみのデータフレームを作成することを目標とします。よって、ここからは使用するデータを「hashire_merosu.csv」に変更します。ChatGPTを使用してcsvファイルを読み込むコード生成は**ノック102**で扱ったため、コードを実行するところから始めましょう。

```
booklist = pd.read_csv('data/hashire_merosu.csv')
booklist
```

■図9-22：hashire_merosu.csvの読み込み

```
[10]  booklist = pd.read_csv('data/hashire_merosu.csv')
      booklist

          title   author   release_date   update_date                                                                     body
      0  走れメロス  太宰治    2000-12-04     2011-01-17    メロスは激怒した。必ず、かの邪智暴虐《じゃちぼうぎゃく》の王を除かなければならぬと決意した。…
```

　csvファイルの読み込みについての説明はもう不要かと思います。

次に、MeCabライブラリのインストールを行います。

```bash
%%bash

apt install -yq \
    mecab \
    mecab-ipadic-utf8 \
    libmecab-dev
pip install -q mecab-python3
ln -s /etc/mecabrc /usr/local/etc/mecabrc
```

■図9-23：MeCabのインストール

```
[11]  %%bash

      apt install -yq ¥
        mecab ¥
        mecab-ipadic-utf8 ¥
        libmecab-dev
      pip install -q mecab-python3
      ln -s /etc/mecabrc /usr/local/etc/mecabrc

      Reading package lists...
      Building dependency tree...
      Reading state information...
      The following additional packages will be installed:
        libmecab2 mecab-ipadic mecab-utils
      The following NEW packages will be installed:
        libmecab-dev libmecab2 mecab mecab-ipadic mecab-ipadic-utf8 mecab-utils
      0 upgraded, 6 newly installed, 0 to remove and 30 not upgraded.
      Need to get 7,367 kB of archives.
      After this operation, 59.3 MB of additional disk space will be used.
      Get:1 http://archive.ubuntu.com/ubuntu jammy/main amd64 libmecab2 amd64 0.996-14build9 [199 kB]
      Get:2 http://archive.ubuntu.com/ubuntu jammy/main amd64 libmecab-dev amd64 0.996-14build9 [306 kB]
      Get:3 http://archive.ubuntu.com/ubuntu jammy/main amd64 mecab-utils amd64 0.996-14build9 [4,850 B]
      Get:4 http://archive.ubuntu.com/ubuntu jammy/main amd64 mecab-ipadic all 2.7.0-20070801+main-3 [6,718 kB]
      Get:5 http://archive.ubuntu.com/ubuntu jammy/universe amd64 mecab amd64 0.996-14build9 [136 kB]
      Get:6 http://archive.ubuntu.com/ubuntu jammy/main amd64 mecab-ipadic-utf8 all 2.7.0-20070801+main-3 [4,384 B]
```

インストールが完了したらバージョンの確認もしましょう。

```
pip list | grep mecab
```

■図9-24：バージョンの確認

```
[12]  pip list | grep mecab

      mecab-python3          1.0.8
```

　問題なくインストールできました。表示されている数字がバージョンです。バージョンを指定した場合は、その数字が表示されていることを確認しましょう。読者の環境のバージョンと異なっていても問題ありません。

　準備が整ったのでChatGPTにMeCabを用いて「走れメロス」の本文を形態素解析し、名詞と動詞のみのデータフレームを作成するコードを生成させましょう。まずは、**ノック106**で説明したプロンプトの構成要素に従い、読者自身でプロンプトの概要を作成しましょう。

📑 プロンプト構成

> ・入力データ
> 　データフレーム「booklist」、本文が格納されているカラム名「body」
>
> ・命令、文脈
> 　まず、この本文をpythonのライブラリMeCabの形態素解析を使用して単語に分割して下さい。次に、分割された単語から名詞と動詞をだけのデータフレームを作成して下さい。続けて、作成したデータフレームのカラム名「word」に抽出した単語を、カラム名「種類」にその品詞を格納して下さい。
>
> ・出力形式
> 　pythonで関数を用いて記述して下さい。具体例は不要です。
> 　最後に、作成したデータフレームの先頭5行を出力して下さい。

　上手くプロンプトの概要をまとめられたでしょうか？　これらを組み合わせて実際にプロンプトを入力していきましょう。まずは、読者が作成したプロンプトを入力し、下記のプロンプト例の出力と比べてみてもいいかもしれません。

データフレーム「booklist」のカラム「body」には走れメロスの本文が1行に格納されています。以下が実行する処理の説明です。
まず、この本文をpythonのライブラリMeCabの形態素解析を使用して単語に分割して下さい。次に、分割された単語から名詞と動詞をだけのデータフレームを作成して下さい。続けて、作成したデータフレームのカラム名「word」に抽出した単語を、カラム名「種類」にその品詞を格納して下さい。
以上の処理をpythonで関数を用いて記述して下さい。具体例は不要です。
　最後に、作成したデータフレームの先頭5行を出力して下さい。

■図9-25：形態素解析をするプロンプト

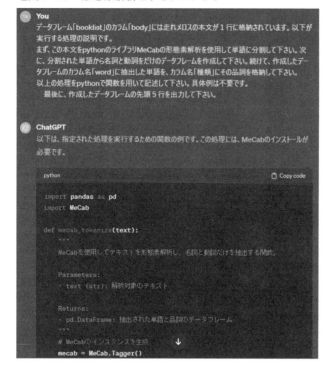

```
    # テキストを形態素解析して単語と品詞を取得
    parsed_text = mecab.parse(text)

    # 解析結果をデータフレームに格納
    words = []
    pos_tags = []
    for line in parsed_text.splitlines():
        if line == "EOS" or line == "":
            continue
        surface, feature = line.split("\t")
        features = feature.split(",")
        if features[0] == "名詞" or features[0] == "動詞":
            words.append(surface)
            pos_tags.append(features[0])

    # データフレームに変換
    df = pd.DataFrame({'word': words, '種類': pos_tags})

    return df

# 例として作成したデータフレームを使用
# booklist = ...

# 関数を使用して形態素解析とデータフレームの作成を実行
result_df = mecab_tokenize(booklist['body'].iloc[0])

# 先頭5行を表示
print(result_df.head())
```

「命令、入力」、「出力形式」に沿った生成コードになっていることが確認できます。皆さんが作成したプロンプトによる出力はいかがだったでしょうか？ 実際にコードを実行して確かめていきましょう。

```
import pandas as pd
import MeCab

def mecab_tokenize(text):
    """
    MeCabを使用してテキストを形態素解析し、名詞と動詞だけを抽出する関数。

    Parameters:
    - text (str): 解析対象のテキスト

    Returns:
    - pd.DataFrame: 抽出された単語と品詞のデータフレーム
    """
    # MeCabのインスタンスを生成
```

```python
    mecab = MeCab.Tagger()

    # テキストを形態素解析して単語と品詞を取得
    parsed_text = mecab.parse(text)

    # 解析結果をデータフレームに格納
    words = []
    pos_tags = []
    for line in parsed_text.splitlines():
        if line == "EOS" or line == "":
            continue
        surface, feature = line.split("\t")
        features = feature.split(",")
        if features[0] == "名詞" or features[0] == "動詞":
            words.append(surface)
            pos_tags.append(features[0])

    # データフレームに変換
    df = pd.DataFrame({'word': words, '種類': pos_tags})

    return df

# 例として作成したデータフレームを使用
# booklist = ...

# 関数を使用して形態素解析とデータフレームの作成を実行
result_df = mecab_tokenize(booklist['body'].iloc[0])

# 先頭5行を表示
print(result_df.head())
```

図9-26：形態素解析による出力

```
[13]  import pandas as pd
      import MeCab

      def mecab_tokenize(text):
          """
          MeCabを使用してテキストを形態素解析し、名詞と動詞だけを抽出する関数。

          Parameters:
          - text (str): 解析対象のテキスト

          Returns:
          - pd.DataFrame: 抽出された単語と品詞のデータフレーム
          """
          # MeCabのインスタンスを生成
          mecab = MeCab.Tagger()

          # テキストを形態素解析して単語と品詞を取得
          parsed_text = mecab.parse(text)

          # 解析結果をデータフレームに格納
          words = []
          pos_tags = []
          for line in parsed_text.splitlines():
              if line == "EOS" or line == "":
                  continue
              surface, feature = line.split("\t")
              features = feature.split(",")
              if features[0] == "名詞" or features[0] == "動詞":
                  words.append(surface)
                  pos_tags.append(features[0])

          # データフレームに変換
          df = pd.DataFrame({'word': words, '種類': pos_tags})

          return df

      # 例として作成したデータフレームを使用
      # booklist = ...

      # 関数を使用して形態素解析とデータフレームの作成を実行
      result_df = mecab_tokenize(booklist['body'].iloc[0])

      # 先頭5行を表示
      print(result_df.head())


        word 種類
      0 メロス 名詞
      1 激怒  名詞
      2 し   動詞
      3 邪智  名詞
      4 暴虐  名詞
```

　上手く名詞と動詞だけを抽出し、データフレームにすることができました。形態素解析やコードそのものの説明は**ノック５４～５６**にかけて説明しているため、そちらを参照してください。ここでは、４章のノックと異なるところだけ説明をします。**ノック５４**では形態素解析の結果を改行コードにより分割していました

が、本ノックのコードではsplitlinesを使用して分割しています。この関数は
split("\n") と同じ意味を持ちます。

　ノック１０７ではノック５４～５６で行った加工とほぼ同様の処理をプロンプ
トエンジニアリングにより実行してみました。適切なプロンプトであれば数行の
記述だけでこれだけの加工処理が行えることを、筆者はとても魅力的だと感じて
います。

放課後ノック108：
単語の使用頻度を可視化してみよう

　ノック１０８では、ノック１０７で作成したデータフレームを活用し、単語の
使用頻度を可視化してみましょう。具体的には名詞・動詞の使用頻度上位２０位
の横向き棒グラフを作成していきます。
　まずは使用回数のデータを作成するところから始めましょう。ノック５８と同
様の処理のため、今回は作成済みのコードを実行してデータを加工します。

```
count = result_df.groupby('word').size().sort_values(ascending=False)
count.name = 'count'
count = count.reset_index().head(20)
count
```

■図9-27：使用回数のデータフレーム

```
[14]  count = result_df.groupby('word').size().sort_values(ascending=False)
      count.name = 'count'
      count = count.reset_index().head(20)
      count
```

	word	count
0	の	78
1	メロス	76
2	私	76
3	し	61
4	いる	35
5	人	30
6	い	25
7	れ	22
8	おまえ	20
9	来	19
10	くれ	19
11	王	19
12	友	18
13	なっ	16
14	事	15
15	セリヌンティウス	15
16	なら	15
17	君	13
18	よう	13
19	いま	12

　作成したデータフレームを可視化していきましょう。コードはChatGPTで生成します。今回も読者自身でプロンプトの構成に沿った概要を作成し、実際に入力しましょう。

　データフレーム「count」のカラム「word」には単語名の文字列、カラム「count」にはその単語の使用回数である数値情報が格納されています。以下が実行する処理の説明です。
　カラム「count」の中で数が大きいものの上位２０個を横向きの棒グラフで可視化したいです。また、グラフの作成はmatplotlibを使用して下さい。
　可視化するためのコードを生成して下さい。具体例は不要です。

■図9-28：使用頻度を可視化するプロンプト

コードを実行する前にjapanese-matplotlibをインストールしておきましょう。

```
!pip install -q japanize-matplotlib
import japanize_matplotlib
```

■図9-29：japanese-matplotlibのインストール

```
[15] !pip install japanize-matplotlib
     import japanize_matplotlib

     Collecting japanize-matplotlib
       Downloading japanize-matplotlib-1.1.3.tar.gz (4.1 MB)
       ------------------------------------------------------------ 4.1/4.1 MB 11.1 MB/s eta 0:00:00
       Preparing metadata (setup.py) ... done
     Requirement already satisfied: matplotlib in /usr/local/lib/python3.10/dist-packages (from japanize-matplotlib) (3.7.1)
     Requirement already satisfied: contourpy>=1.0.1 in /usr/local/lib/python3.10/dist-packages (from matplotlib->japanize-matplotlib) (1.2.0)
     Requirement already satisfied: cycler>=0.10 in /usr/local/lib/python3.10/dist-packages (from matplotlib->japanize-matplotlib) (0.12.1)
     Requirement already satisfied: fonttools>=4.22.0 in /usr/local/lib/python3.10/dist-packages (from matplotlib->japanize-matplotlib) (4.47.2)
     Requirement already satisfied: kiwisolver>=1.0.1 in /usr/local/lib/python3.10/dist-packages (from matplotlib->japanize-matplotlib) (1.4.5)
     Requirement already satisfied: numpy>=1.20 in /usr/local/lib/python3.10/dist-packages (from matplotlib->japanize-matplotlib) (1.23.5)
     Requirement already satisfied: packaging>=20.0 in /usr/local/lib/python3.10/dist-packages (from matplotlib->japanize-matplotlib) (23.2)
     Requirement already satisfied: pillow>=6.2.0 in /usr/local/lib/python3.10/dist-packages (from matplotlib->japanize-matplotlib) (9.4.0)
     Requirement already satisfied: pyparsing>=2.3.1 in /usr/local/lib/python3.10/dist-packages (from matplotlib->japanize-matplotlib) (3.1.1)
     Requirement already satisfied: python-dateutil>=2.7 in /usr/local/lib/python3.10/dist-packages (from matplotlib->japanize-matplotlib) (2.8.2)
     Requirement already satisfied: six>=1.5 in /usr/local/lib/python3.10/dist-packages (from python-dateutil>=2.7->matplotlib->japanize-matplotlib) (1.16.0)
     Building wheels for collected packages: japanize-matplotlib
       Building wheel for japanize-matplotlib (setup.py) ... done
       Created wheel for japanize-matplotlib: filename=japanize_matplotlib-1.1.3-py3-none-any.whl size=4120257 sha256=1d4b9fb143b7d2afcfce203f51f421df10a3908ae25f0cf62d363f4076537a4e
       Stored in directory: /root/.cache/pip/wheels/61/7a/6b/df1f79be9c59862525070e157e62b08eab8ece27c1b68fbb94
     Successfully built japanize-matplotlib
     Installing collected packages: japanize-matplotlib
     Successfully installed japanize-matplotlib-1.1.3
```

これでコードを実行する準備が整いました。実際に実行していきましょう。

```
import matplotlib.pyplot as plt

def plot_top_words(count_df, top_n=20):
    """
    カウントデータフレームから上位N個の単語を横向きの棒グラフで可視化する関数。

    Parameters:
    - count_df (pd.DataFrame): カウントデータフレーム
    - top_n (int): 上位N個の単語を表示する数（デフォルトは20）

    Returns:
    - None
    """
    # カウントが大きい上位N個の単語を取得
    top_words = count_df.nlargest(top_n, 'count')

    # 横向きの棒グラフを描画
    plt.figure(figsize=(10, 8))
    plt.barh(top_words['word'], top_words['count'], color='skyblue')

    # グラフにタイトルやラベルを追加（任意）
    plt.title(f'Top {top_n} Words by Count')
    plt.xlabel('Count')
    plt.ylabel('Word')

    # グラフを表示
```

```
    plt.show()
```

```
# 例として作成したデータフレームを使用
# count = ...
```

```
# 関数を使用して可視化を実行
plot_top_words(count)
```

■図9-30：使用頻度の可視化

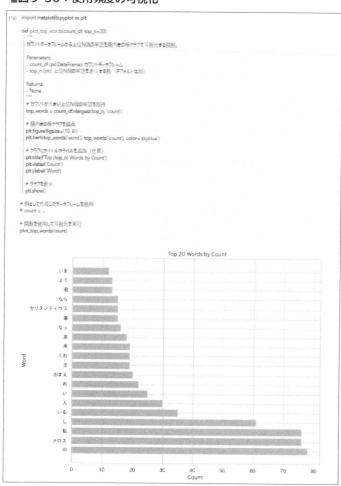

　ノック１０８ではストップワードを使用していないことから、**ノック５８**のグラフとは異なりますが、各単語の数量自体に変化はありません。今回は一部のみ表示していますが、このような結果を見ると、外れ値がないか、上位や下位に邪魔なデータがないか、単語の特徴が表れているのはどのあたりなのか、といったデータの理解へと繋がっていきます。名詞＋動詞も見る場合は、グループ化で対象のデータフレームを変えることで表示できます。

放課後ノック109：
文書からエンティティ抽出をしてみよう

　ノック１０９では発展的な自然言語処理として、文章からエンティティ抽出をしてみましょう。**エンティティ抽出**とは文章中のキーとなるワードを抽出することを指します。キーとなるワードの特徴は英語で言う「５Ｗ１Ｈ」に対応する単語となります。

📑5W1H
- When（いつ）
- Where（どこで）
- Who（誰が）
- What（何を）
- Why（なぜ）
- How（どのように）

　エンティティ抽出をするためには自然言語処理を行えるモデルをダウンロードする必要があります。今回はGinzaの日本語モデルであるja_ginzaを使用します。ja_ginzaは日本語の依存関係ラベリングや単語依存構造解析などのタスクを学習させたモデルになります。それではpipでインストールしましょう。

```
!pip install ja-ginza
```

図9-31：ja-ginzaのインストール

```
[17] !pip install ja-ginza

Collecting ja-ginza
  Downloading ja_ginza-5.1.3-py3-none-any.whl (59.1 MB)
     ---------------------------------------------------------------- 59.1/59.1 MB 7.9 MB/s eta 0:00:00
Requirement already satisfied: spacy<3.7.0,>=3.2.0 in /usr/local/lib/python3.10/dist-packages (from ja-ginza) (3.6.1)
Collecting sudachipy<0.7.0,>=0.6.2 (from ja-ginza)
  Downloading SudachiPy-0.6.8-cp310-cp310-manylinux_2_17_x86_64.manylinux2014_x86_64.whl (2.6 MB)
     ---------------------------------------------------------------- 2.6/2.6 MB 40.2 MB/s eta 0:00:00
Collecting sudachidict-core>=20210802 (from ja-ginza)
  Downloading SudachiDict_core-20240109-py3-none-any.whl (71.8 MB)
     ---------------------------------------------------------------- 71.8/71.8 MB 7.5 MB/s eta 0:00:00
Collecting ginza<5.2.0,>=5.1.0 (from ja-ginza)
  Downloading ginza-5.1.3-py3-none-any.whl (20 kB)
Collecting plac>=1.3.3 (from ginza<5.2.0,>=5.1.0->ja-ginza)
  Downloading plac-1.4.2-py2.py3-none-any.whl (22 kB)
Requirement already satisfied: spacy-legacy<3.1.0,>=3.0.11 in /usr/local/lib/python3.10/dist-packages (from spacy<3.7.0,>=3.2.0->ja-ginza) (3.0.12)
Requirement already satisfied: spacy-loggers<2.0.0,>=1.0.0 in /usr/local/lib/python3.10/dist-packages (from spacy<3.7.0,>=3.2.0->ja-ginza) (1.0.5)
Requirement already satisfied: murmurhash<1.1.0,>=0.28.0 in /usr/local/lib/python3.10/dist-packages (from spacy<3.7.0,>=3.2.0->ja-ginza) (1.0.10)
Requirement already satisfied: cymem<2.1.0,>=2.0.2 in /usr/local/lib/python3.10/dist-packages (from spacy<3.7.0,>=3.2.0->ja-ginza) (2.0.8)
Requirement already satisfied: preshed<3.1.0,>=3.0.2 in /usr/local/lib/python3.10/dist-packages (from spacy<3.7.0,>=3.2.0->ja-ginza) (3.0.9)
Requirement already satisfied: thinc<8.2.0,>=8.1.8 in /usr/local/lib/python3.10/dist-packages (from spacy<3.7.0,>=3.2.0->ja-ginza) (8.1.12)
Requirement already satisfied: wasabi<1.2.0,>=0.9.1 in /usr/local/lib/python3.10/dist-packages (from spacy<3.7.0,>=3.2.0->ja-ginza) (1.1.2)
Requirement already satisfied: srsly<3.0.0,>=2.4.3 in /usr/local/lib/python3.10/dist-packages (from spacy<3.7.0,>=3.2.0->ja-ginza) (2.4.8)
Requirement already satisfied: catalogue<2.1.0,>=2.0.6 in /usr/local/lib/python3.10/dist-packages (from spacy<3.7.0,>=3.2.0->ja-ginza) (2.0.10)
Requirement already satisfied: typer<0.10.0,>=0.3.0 in /usr/local/lib/python3.10/dist-packages (from spacy<3.7.0,>=3.2.0->ja-ginza) (0.9.0)
Requirement already satisfied: pathy>=0.10.0 in /usr/local/lib/python3.10/dist-packages (from spacy<3.7.0,>=3.2.0->ja-ginza) (0.11.0)
Requirement already satisfied: smart-open<7.0.0,>=5.2.1 in /usr/local/lib/python3.10/dist-packages (from spacy<3.7.0,>=3.2.0->ja-ginza) (6.4.0)
Requirement already satisfied: tqdm<5.0.0,>=4.38.0 in /usr/local/lib/python3.10/dist-packages (from spacy<3.7.0,>=3.2.0->ja-ginza) (4.66.1)
Requirement already satisfied: numpy>=1.15.0 in /usr/local/lib/python3.10/dist-packages (from spacy<3.7.0,>=3.2.0->ja-ginza) (1.23.5)
Requirement already satisfied: requests<3.0.0,>=2.13.0 in /usr/local/lib/python3.10/dist-packages (from spacy<3.7.0,>=3.2.0->ja-ginza) (2.31.0)
Requirement already satisfied: pydantic!=1.8,!=1.8.1,<3.0.0,>=1.7.4 in /usr/local/lib/python3.10/dist-packages (from spacy<3.7.0,>=3.2.0->ja-ginza) (1.10.14)
Requirement already satisfied: jinja2 in /usr/local/lib/python3.10/dist-packages (from spacy<3.7.0,>=3.2.0->ja-ginza) (3.1.3)
Requirement already satisfied: setuptools in /usr/local/lib/python3.10/dist-packages (from spacy<3.7.0,>=3.2.0->ja-ginza) (67.7.2)
Requirement already satisfied: packaging>=20.0 in /usr/local/lib/python3.10/dist-packages (from spacy<3.7.0,>=3.2.0->ja-ginza) (23.2)
Requirement already satisfied: langcodes<4.0.0,>=3.2.0 in /usr/local/lib/python3.10/dist-packages (from spacy<3.7.0,>=3.2.0->ja-ginza) (3.3.0)
Requirement already satisfied: pathlib-abc==0.1.1 in /usr/local/lib/python3.10/dist-packages (from pathy>=0.10.0->spacy<3.7.0,>=3.2.0->ja-ginza) (0.1.1)
Requirement already satisfied: typing-extensions>=4.2.0 in /usr/local/lib/python3.10/dist-packages (from pydantic!=1.8,!=1.8.1,<3.0.0,>=1.7.4->spacy<3.7.0,>=3.2.0->ja-ginza) (4.5.0)
Requirement already satisfied: charset-normalizer<4,>=2 in /usr/local/lib/python3.10/dist-packages (from requests<3.0.0,>=2.13.0->spacy<3.7.0,>=3.2.0->ja-ginza) (3.3.2)
Requirement already satisfied: idna<4,>=2.5 in /usr/local/lib/python3.10/dist-packages (from requests<3.0.0,>=2.13.0->spacy<3.7.0,>=3.2.0->ja-ginza) (3.6)
Requirement already satisfied: urllib3<3,>=1.21.1 in /usr/local/lib/python3.10/dist-packages (from requests<3.0.0,>=2.13.0->spacy<3.7.0,>=3.2.0->ja-ginza) (2.0.7)
Requirement already satisfied: certifi>=2017.4.17 in /usr/local/lib/python3.10/dist-packages (from requests<3.0.0,>=2.13.0->spacy<3.7.0,>=3.2.0->ja-ginza) (2023.11.17)
Requirement already satisfied: blis<0.8.0,>=0.7.8 in /usr/local/lib/python3.10/dist-packages (from thinc<8.2.0,>=8.1.8->spacy<3.7.0,>=3.2.0->ja-ginza) (0.7.11)
Requirement already satisfied: confection<1.0.0,>=0.0.1 in /usr/local/lib/python3.10/dist-packages (from thinc<8.2.0,>=8.1.8->spacy<3.7.0,>=3.2.0->ja-ginza) (0.1.4)
Requirement already satisfied: click<9.0.0,>=7.1.1 in /usr/local/lib/python3.10/dist-packages (from typer<0.10.0,>=0.3.0->spacy<3.7.0,>=3.2.0->ja-ginza) (8.1.7)
Requirement already satisfied: MarkupSafe>=2.0 in /usr/local/lib/python3.10/dist-packages (from jinja2->spacy<3.7.0,>=3.2.0->ja-ginza) (2.1.4)
Installing collected packages: sudachipy, plac, sudachidict-core, ginza, ja-ginza
Successfully installed ginza-5.1.3 ja-ginza-5.1.3 plac-1.4.2 sudachidict-core-20240109 sudachipy-0.6.8
```

エンティティ抽出は本書で初めて扱う内容なのでChatGPTの性能を十二分に活用し、コード生成が行えると思います。プロンプトを書く際は、使うライブラリとモデルを指定しておきます。

> データフレーム「booklist」のカラム「body」には走れメロスの本文が1行の中に格納されています。この走れメロスの本文からspacyを利用して、エンティティ抽出を行うコードを作成して下さい。モデルはja-ginzaを使用して下さい。
>
> 最後に、displayを使用し作成したデータフレームを出力して下さい。

■図9-32：エンティティ抽出のプロンプト

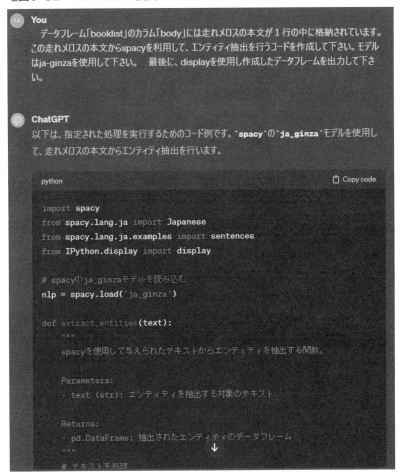

You

　データフレーム「booklist」のカラム「body」には走れメロスの本文が1行の中に格納されています。
この走れメロスの本文からspacyを利用して、エンティティ抽出を行うコードを作成して下さい。モデル
はja-ginzaを使用して下さい。　最後に、displayを使用し作成したデータフレームを出力して下さ
い。

ChatGPT

以下は、指定された処理を実行するためのコード例です。`spacy`の`ja_ginza`モデルを使用し
て、走れメロスの本文からエンティティ抽出を行います。

```python
import spacy
from spacy.lang.ja import Japanese
from spacy.lang.ja.examples import sentences
from IPython.display import display

# spacyのja_ginzaモデルを読み込む
nlp = spacy.load('ja_ginza')

def extract_entities(text):
    """
    spacyを使用して与えられたテキストからエンティティを抽出する関数。

    Parameters:
    - text (str): エンティティを抽出する対象のテキスト

    Returns:
    - pd.DataFrame: 抽出されたエンティティのデータフレーム
    """
    # テキストを処理
```

```
    # テキストを処理
    doc = nlp(text)

    # エンティティの抽出
    entities = []
    for ent in doc.ents:
        entities.append((ent.text, ent.label_))

    # データフレームに変換
    entity_df = pd.DataFrame(entities, columns=['Entity', 'Label'])

    return entity_df

# 例として作成したデータフレームを使用
# booklist = ...

# エンティティ抽出を実行
entity_df = extract_entities(booklist['body'].iloc[0])

# 結果のデータフレームを表示
display(entity_df)
```

このコードでは、`ja_ginza`モデルを使用して走れメロスの本文からエンティティを抽出しています。`display`関数を使用して作成したデータフレームを出力しています。実際のデータに関しては、`booklist`を適切なデータフレームに置き換えてください。

プロンプトで指定したspacyというライブラリは自然言語処理を行うためのライブラリです。生成されたコードを実行してエンティティを確認してみましょう。

```
import spacy
from spacy.lang.ja import Japanese
from spacy.lang.ja.examples import sentences
from IPython.display import display

# spacyのja_ginzaモデルを読み込む
nlp = spacy.load('ja_ginza')

def extract_entities(text):
    """
    spacyを使用して与えられたテキストからエンティティを抽出する関数。
```

```
    Parameters:
    - text (str): エンティティを抽出する対象のテキスト


    Returns:
    - pd.DataFrame: 抽出されたエンティティのデータフレーム
    """
    # テキストを処理
    doc = nlp(text)

    # エンティティの抽出
    entities = []
    for ent in doc.ents:
        entities.append((ent.text, ent.label_))

    # データフレームに変換
    entity_df = pd.DataFrame(entities, columns=['Entity', 'Label'])

    return entity_df

# 例として作成したデータフレームを使用
# booklist = ...

# エンティティ抽出を実行
entity_df = extract_entities(booklist['body'].iloc[0])

# 結果のデータフレームを表示
display(entity_df)
```

■図9-33：エンティティ抽出の実行

```
[18]  import spacy
      from spacy.lang.ja import Japanese
      from spacy.lang.ja.examples import sentences
      from IPython.display import display

      # spacyのja_ginzaモデルを読み込む
      nlp = spacy.load('ja_ginza')

      def extract_entities(text):
          """
          spacyを使用して与えられたテキストからエンティティを抽出する関数。

          Parameters:
          - text (str): エンティティを抽出する対象のテキスト

          Returns:
          - pd.DataFrame: 抽出されたエンティティのデータフレーム
          """
          # テキストを処理
          doc = nlp(text)

          # エンティティの抽出
          entities = []
          for ent in doc.ents:
              entities.append((ent.text, ent.label_))

          # データフレームに変換
          entity_df = pd.DataFrame(entities, columns=['Entity', 'Label'])

          return entity_df

      # 例として作成したデータフレームを使用
      # booklist = ...

      # エンティティ抽出を実行
      entity_df = extract_entities(booklist['body'].iloc[0])

      # 結果のデータフレームを表示
      display(entity_df)
```

	Entity	Label
0	メロス	Person
1	王	Position_Vocation
2	メロス	Person
3	メロス	Person
4	羊	Food_Other
...	...	...
276	メロス	Person
277	マント	Clothing
278	メロス	Person
279	裸体	Animal_Part
280	勇者	Person

281 rows × 2 columns

　単語のエンティティが抽出され、カラム「label」に格納されました。データフレームを確認すると「メロスはPerson（人）」、「王はPosition_Vacation（職業）」などのラベルが貼られています。エンティティの種類は多種多様なので、どのよう

なエンティティが抽出されているかは読者の皆さんで確認してみましょう。

放課後ノック110：エンティティをハイライトで可視化してみよう

　ノック109では走れメロスの本文からエンティティを抽出してデータフレームに格納しました。このノックではエンティティ情報を可視化していきますが、グラフによる可視化の処理コードはここまでノックを進めた読者にとってイメージがつくと思います。

　よって、このノックでは少し変わった可視化をしていきます。それは、文中のエンティティを色分けでハイライトする可視化です。イメージが湧きづらいかもしれないのでさっそくプロンプトを作成してみます。

　データフレーム「booklist」のカラム「body」には走れメロスの本文が1行の中に格納されています。以下が処理の説明です。

まず、走れメロスの本文からspacyを利用して、docクラスを生成して下さい。次に抽出したdocを使用し、文中に含まれるエンティティをハイライトして表示させて下さい。この時、オプションのjupyterをTrueにしてください。

以上の処理をpythonを用いたコードとして作成して下さい。また、モデルはja-ginzaを使用して下さい。

■図9-34：エンティティを可視化するプロンプト

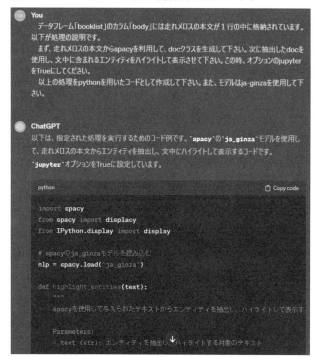

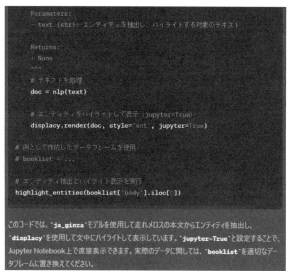

　プロンプト中のdocとはテキストをLanguageクラスによって変換したものとなっています。この用語の詳しい説明はspacyのドキュメントを確認してください。また、オプションのjupyter＝Trueとはnotebook上で可視化を出力するためのおまじないです。実際にコードを実行してみましょう。

```python
import spacy
from spacy import displacy
from IPython.display import display

# spacyのja_ginzaモデルを読み込む
nlp = spacy.load('ja_ginza')

def highlight_entities(text):
    """
    spacyを使用して与えられたテキストからエンティティを抽出し、ハイライトして表示する関数。

    Parameters:
    - text (str): エンティティを抽出し、ハイライトする対象のテキスト

    Returns:
    - None
    """
    # テキストを処理
    doc = nlp(text)

    # エンティティをハイライトして表示（jupyter=True）
    displacy.render(doc, style='ent', jupyter=True)

# 例として作成したデータフレームを使用
# booklist = ...

# エンティティ抽出とハイライト表示を実行
highlight_entities(booklist['body'].iloc[0])
```

■図9-35：ハイライトされたエンティティ

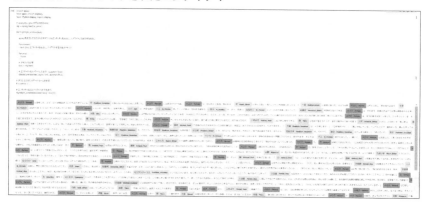

　エンティティにより文章をハイライトすることができました。データフレームで確認するより、こちらの方が直感的で見やすいですね。**ノック108**にて単語の使用頻度で確認した通り、メロスという人名が非常に多く出現しています。私達が業務でデータを見る時は、データフレームそのものや集計表でも理解することができますが、特に技術を人に説明する時はこのように可視化をして見せた方がインパクトもあり、理解も早く効率的ですね。

放課後ノック**111**：ChatGPT4を使用してみよう

　さて、ここからはChatGPT4を使用していきます。ChatGPT4（GPT-4）は、これまでのChatGPT3.5（GPT-3.5）に比べて精度や使い勝手などが格段に向上しています。ただし、ChatGPT4は有償となり、月額20ドルがかかってしまいます。有償にはなりますが、データ分析でできることも広がるため、お金を払うだけの価値は十分にあります。興味のある方は、是非、使用してみましょう。まだ、悩まれている方は、書籍を読んでから判断するのも1つでしょう。

　それでは、Planのアップグレードから行っていきます。ChatGPT4は先ほどまで使用した無料版からPlanをアップグレードすることで使用できます。繰り返しになりますが、ここからは有償になるので注意しましょう。

　アップグレード方法の詳細はAppendixで触れていますが、左下のUpgrade Planから選択してアップグレードが可能です。

▪図9-36：UpgradePlanの選択

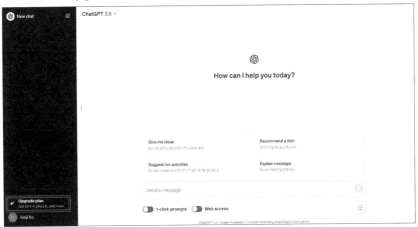

UpgradePlanを選択したら、「Upgrade your plan」が表示されるので、Plusを選択してプランをアップグレードしましょう。支払いに関する情報を入力して「申し込む」を選択すると、プランをアップグレードできます。

▪図9-37：Plusの選択

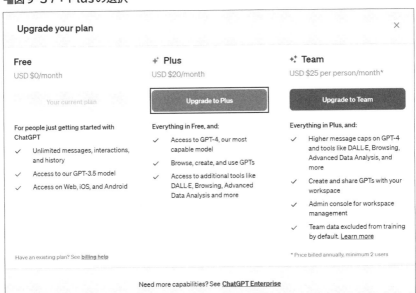

アップグレードができたら、ChatGPT4の選択です。上部のChatGPT3.5の部分をクリックして、「GPT-4」を選択すればOKです。

■図9-38：GPT-4の選択

これで、ChatGPT4を使用する準備が整いました。

それでは、ChatGPT4を使ってみましょう。ChatGPT3.5の時と同じように、テキストに文章を入力すれば答えが返ってきます。

ChatGPT4の特徴はなんですか。

■図9-39：ChatGPT4の特徴

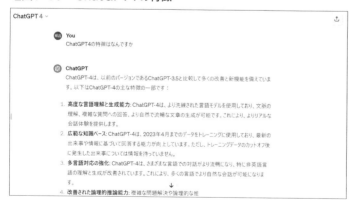

　質問すると、ChatGPT4の特徴を答えてくれます。ここまでは基本的に、ChatGPT3.5の時と同じです。では、これで準備が整いましたので、次ノックからはデータ加工/可視化に挑戦していきましょう。

🏏 放課後ノック112：ChatGPT4でデータを読み込んでみよう

　まずは、データを読み込んでいくところです。これまでは、あくまでもPythonのコードをGPTで生成していましたが、ChatGPT4ではデータを直接読み込むことが可能なため、Pythonを書かなくてもデータ加工などが可能です。まずは、データを読み込んでみましょう。チャットの左側にファイル添付のボタンがあるので、クリックしてファイルを選択します。ここでは、「receive_time.csv」を選択します。

■図9-40：データの読み込み①

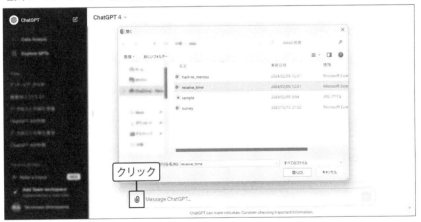

　選択するとアップロードされてチャットにファイルが添付されます。このままチャットを送信することもできますが、せっかくなので下記を打ち込んで、何をやろうとしているかを伝えておきましょう。誰かにお願いする時も、ファイルだけを渡すのではなく何をやるのかを伝えるのは重要ですね。

このファイルを使用してデータの加工や可視化を行っていきます。

■図9-41：データの読み込み②

　プロンプトを書き込めたら、「Send message」をクリックして、メッセージを送ってみましょう。

■図9-42：データの読み込み結果

　今回の結果、自動的にデータの中身を確認して、どのようなデータなのかを把握してくれています。また、「このデータを使用してどのような加工や可視化を行いたいですか？」のように質問までしてくれていますね。実際の出力結果は、みなさんの手元とは若干異なる可能性があるので注意しましょう。

　また、「View analysis」というボタンを押すと、Pythonのコードが表示されます。ChatGPT4の裏側ではPythonが動いて、データの読み込みを行っており、そのコードを確認することができます。

■図9-43：View analysisの確認

では、データの読み込みが終わったので、データの加工に移っていきましょう。

放課後ノック113： ChatGPT4を使ってデータを加工しよう

　ノック49、放課後ノック102でも触れたように、このデータは、in1、out1は累計のカウント数になっています。そのため、秒単位での人数を見たい場合、1秒前、つまり1つ手前のデータとの引き算が必要です。そこで、ChatGPT4に加工をやってもらいましょう。ChatGPT3.5ではあくまでも

Pythonのコードを生成し、Google Colaboratory上で実行していました。しかし、ChatGPT4では、ツール自体がデータを読み込んでいるので、指示するだけでデータの加工が可能です。

in1、out1は、累計の数字になってしまっています。それぞれ1つ前のデータとの差分を取って、新たにin1_calc、out1_calcという列を作成してもらえますか。

■図9-44：データ加工

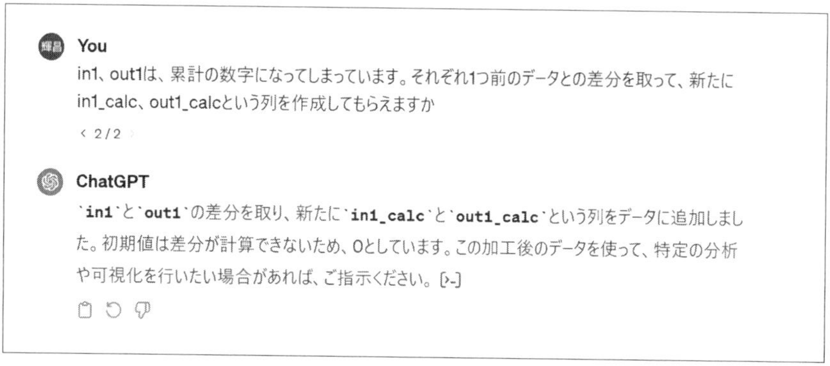

in1_calcとout1_calc列が作成されました。また、初期値は差分が計算できないため、0を埋めてくれています。このように、注意するべき点もある程度は伝えてくれます。

なお、繰り返しになりますが、ChatGPTは完全に同じ結果が返ってくるわけではありません。そのため、今回は、初期値に0を埋めた状態でしたが、欠損値のままで返ってくる場合もあります。実際に、何度か試したところ、欠損値のまま返ってくる場合もあったので注意しましょう。

では、「Veiw anlysis」を押してコードも確認してみましょう。

■図9-45：データ加工のコード

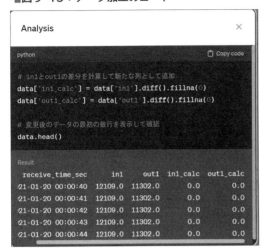

　先ほどまではin1、out1しかありませんでしたが、in1_calc、out1_calcが追加されているのが分かります。さて、データ加工の結果「やはり初期値は欠損値として置いておきたい」のように、想定した加工と異なった場合はどのようにすれば良いかというと、追加で指示をすれば問題ありません。前記した通り、ChatGPTは毎回同じ答えが返ってくるわけではないので、欠損値のままデータが出てきている場合もあります。その場合、この後の処理は必要ありません。もし、興味のある方は、逆に0に埋め直したりしてみても良いでしょう。
　では、初期値を欠損値として処理するように指示してみましょう。

初期値は欠損値にしておいてもらえますか

■図9-46：初期値変更

　このように、前回のチャットの結果を理解しているので、「初期値は欠損値にしておいてもらえますか」のように簡単な指示で、修正をしてくれます。非常に便利ですね。実際に、コードも確認しておきましょう。

■図9-47：初期値変更のコード

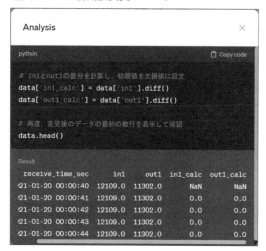

　結果を確認すると、1行目のデータがNaN(欠損値)になっていることが確認できました。

　これで、データ加工は終了です。続いて、統計量の確認に移っていきましょう。

放課後ノック114： ChatGPT4で統計量を確認してみよう

　では、続いて統計量の確認をしていきます。統計量の確認も指示を出すだけで終わりです。さっそく、やってみましょう。

まずは、代表的な統計量を出力してくれますか

■図9-48：統計量の確認

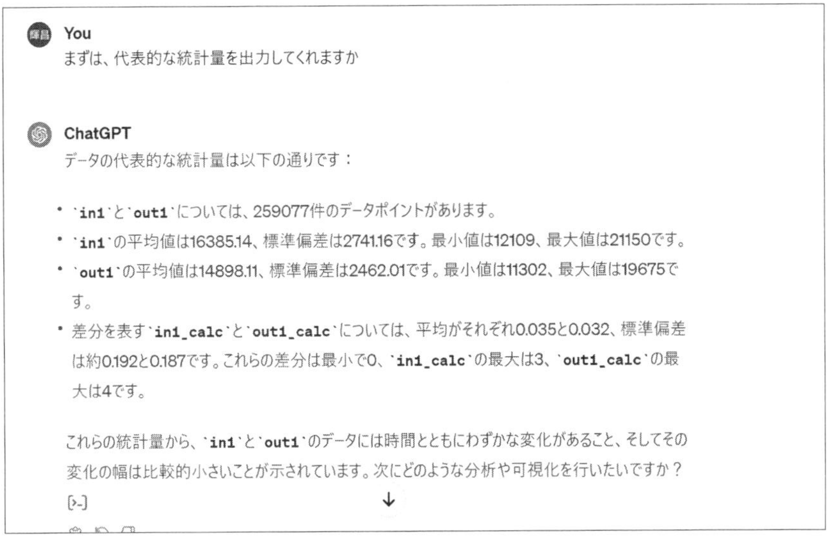

> **You**
> まずは、代表的な統計量を出力してくれますか
>
> **ChatGPT**
> データの代表的な統計量は以下の通りです：
>
> * `in1`と`out1`については、259077件のデータポイントがあります。
> * `in1`の平均値は16385.14、標準偏差は2741.16です。最小値は12109、最大値は21150です。
> * `out1`の平均値は14898.11、標準偏差は2462.01です。最小値は11302、最大値は19675です。
> * 差分を表す`in1_calc`と`out1_calc`については、平均がそれぞれ0.035と0.032、標準偏差は約0.192と0.187です。これらの差分は最小で0、`in1_calc`の最大は3、`out1_calc`の最大は4です。
>
> これらの統計量から、`in1`と`out1`のデータには時間とともにわずかな変化があること、そしてその変化の幅は比較的小さいことが示されています。次にどのような分析や可視化を行いたいですか？
>
> [>-]   ↓

　いかがでしょうか。統計量を一覧化してくれていますね。プログラムコードを書かなくても、データ分析ができる時代が到来していることを実感できるのではないでしょうか。実際に、出力された統計量は放課後**ノック103**でプログラムで出力させたものと同じであることが分かります。「View analysis」をクリックして確認すると、裏側ではdescribe()が動いているのが確認できます。

■図9-49：統計量確認のコード

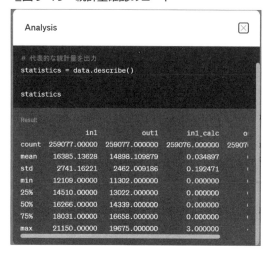

では、統計量の確認ができたので、次に気になるのはデータの分布です。次ノックではデータ分布の確認をしてみましょう。

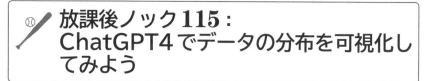

放課後ノック115：
ChatGPT4でデータの分布を可視化してみよう

では、データの分布を確認していきます。ここでもプログラムコードは全く必要ありません。プロンプトを書くだけでデータ分布が確認できます。では、やってみましょう。

in1_calcのデータ分布を出力してもらえますか

■図9-50：in1_calcデータ分布の出力

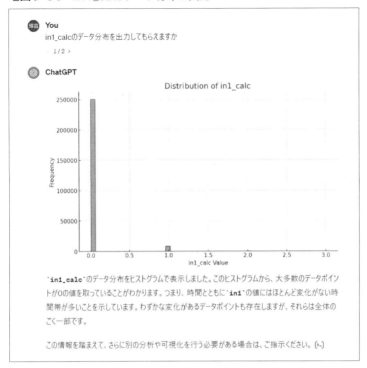

グラフが可視化されれば成功です。また、「大多数のデータポイントが0の値を取っていることがわかります」のようにデータへの解釈も少し追記してくれていますね。こちらも念のためコードを確認してみましょう。「View analysis」をクリックしてください。

■図9-51：in1_calcデータ分布出力のコード

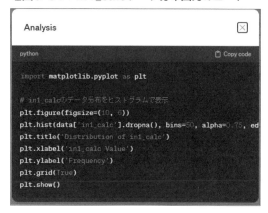

実際の中身は、matplotlibで可視化をしているのが分かります。ここまでノックをやられてきた皆さんは、このコードの中身を理解できますね。plt.histでヒストグラムを作成してくれています。ここでは扱いませんが、気になる方は、in1やout1、out1_calcの出力もしてみると良いでしょう。

放課後ノック116： ChatGPT4で集計してみよう

では、続いて本格的な集計/可視化に移っていきましょう。まずは集計を扱っていきます。

ここでは、時間単位で集計した結果を出力してもらいます。それでは、下記のプロンプトを打ち込んでみましょう。

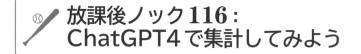

in1_calcとout1_calcを時間単位で集計した結果を出力してもらえますか

■図9-52　時間単位の集計

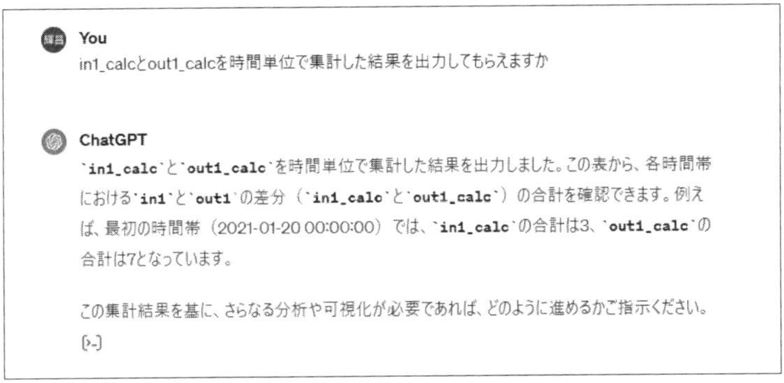

> **You**
> in1_calcとout1_calcを時間単位で集計した結果を出力してもらえますか
>
> **ChatGPT**
> `in1_calc`と`out1_calc`を時間単位で集計した結果を出力しました。この表から、各時間帯における`in1`と`out1`の差分（`in1_calc`と`out1_calc`）の合計を確認できます。例えば、最初の時間帯（2021-01-20 00:00:00）では、`in1_calc`の合計は3、`out1_calc`の合計は7となっています。
>
> この集計結果を基に、さらなる分析や可視化が必要であれば、どのように進めるかご指示ください。
> [>-]

　全てではないですが、抜粋して集計結果を示してくれています。ここでは扱いませんが、さらに細かい数字を知りたい場合は、「View analysis」をクリックすればデータを確認できます。ここでは、合計値として集計した結果を出力していることが分かります。平均で計算したい場合は、下記のプロンプトを送れば集計可能です。

平均で集計してもらえますか

■図9-53 時間単位の集計（平均）

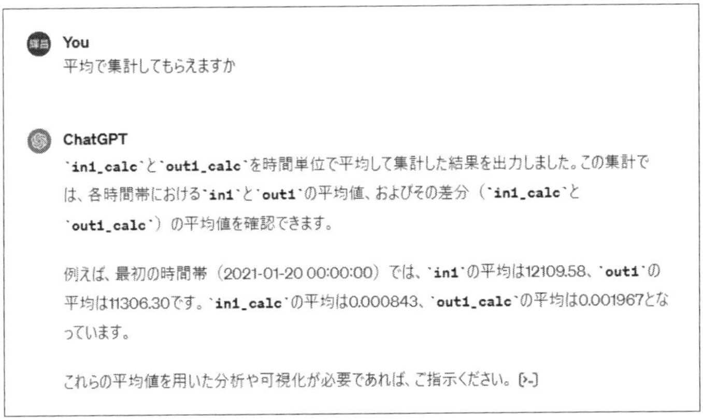

> **You**
> 平均で集計してもらえますか
>
> **ChatGPT**
> `in1_calc`と`out1_calc`を時間単位で平均して集計した結果を出力しました。この集計では、各時間帯における`in1`と`out1`の平均値、およびその差分（`in1_calc`と`out1_calc`）の平均値を確認できます。
>
> 例えば、最初の時間帯（2021-01-20 00:00:00）では、`in1`の平均は12109.58、`out1`の平均は11306.30です。`in1_calc`の平均は0.000843、`out1_calc`の平均は0.001967となっています。
>
> これらの平均値を用いた分析や可視化が必要であれば、ご指示ください。[>-]

　これで、平均での集計結果が出力されました。このように、前回のチャット「in1とout1を時間単位で集計した結果を出力してもらえますか」の情報を維持してい

るので、「平均で集計してもらえますか」のように簡単な指示で、修正をしてくれます。

最初から指定する場合は下記のようにすれば大丈夫です。ここでは、日ごとの合計を集計してもらいましょう。

```
in1_calcとout1_calcを日単位で集計した結果を出力してもらえますか。集計方法は合計でお願いします。
```

図9-54 日単位の集計(合計)

You
in1_calcとout1_calcを日単位で集計した結果を出力してもらえますか。集計方法は合計でお願いします。

ChatGPT
`in1_calc`と`out1_calc`を日単位で集計した結果（合計）を出力しました。この表では、各日付ごとに`in1`と`out1`の差分（`in1_calc`と`out1_calc`）の合計値を確認できます。

例えば、2021年1月20日には、`in1_calc`の合計が2757、`out1_calc`の合計が2535となっています。続く日にも、それぞれの差分の合計値が記録されています。

この日単位の集計結果を基に、さらなる分析や可視化を行う場合は、どのような内容を希望されますか？ [>_]

あらかじめ集計方法に合計を指定することで、日単位かつ合計での集計結果を出力してくれます。

放課後ノック117：ChatGPT4でグラフを作成してみよう

さて、ここまでで集計方法が分かりました。ただし、集計結果は数字の羅列となっているので、人間にとっては分かりやすい形ではありません。そこでグラフで可視化をしていきます。グラフでの可視化もChatGPT4を用いれば簡単にできます。ここでは、in1_calcとout1_calcのグラフ作成をChatGPT4にお願いしてみましょう。

in1_calcとout1_calcを時間単位で集計した結果をグラフで出力してくれますか。集計方法は合計でお願いします。

■図9-55 時間単位のグラフ

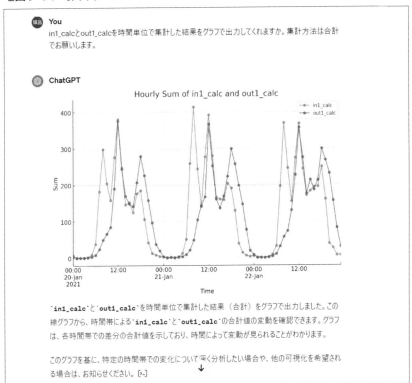

いかがでしょうか。簡単にグラフが作成できましたね。私の手元では、グラフがどちらも緑になってしまったので、out1_calcのグラフを赤色に変更してもらいます。皆さんの手元では全く同じとは限らないので、適宜色を指定してもらえれば大丈夫です。

色が見にくいので、out1_calcのグラフを赤色に変更してもらえますか

■図9-56　時間単位のグラフの色変更

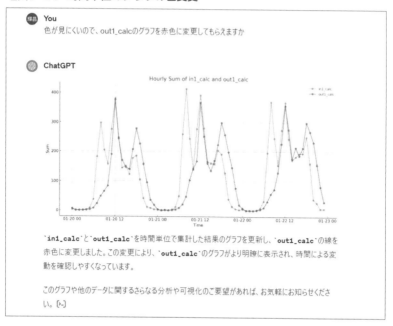

これで、見やすくなりましたね。このように、追加で指示をしていけばグラフをさらにカスタマイズ可能です。是非、いろいろ試してみてください。

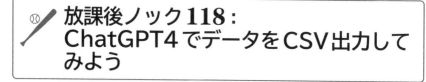

放課後ノック118：
ChatGPT4でデータをCSV出力してみよう

さて、ここまでで、データ読み込み、加工、統計量の確認や集計、さらにはグラフ作成まで簡単に行えることを確認してきました。最後にCSVファイルへの出力を行います。データ分析の作業の中では、in1_calc、out1_calcを追加したデータなどのように他でも使用できるデータを、CSVなどで出力しておきたいケースは多々出てくるので押さえておきましょう。せっかくChatGPT4で加工できても出力できないと意味がありません。

では、やってみましょう。

in1_calc、out1_calcが入っているデータをCSVファイルとして出力してもらえますか。

■図9-57 CSV出力

> **You**
> in1_calc、out1_calcが入っているデータをCSVファイルとして出力してもらえますか。
>
> ‹ 1/2 ›
>
> **ChatGPT**
> `in1_calc`と`out1_calc`が含まれるデータをCSVファイルとして出力しました。以下のリンクから
> ダウンロードできます：
>
> calc_data.csvをダウンロード
>
> 他に必要な操作があれば、お気軽にお知らせください。[>_-]

ダウンロードリンクが生成されるので、クリックするとダウンロードできます。ダウンロードできたら、ファイルをクリックしてデータを見てみましょう。

■図9-58 CSV出力結果

	A	B	C	D	E
1	receive_time_sec	in1	out1	in1_calc	out1_calc
2	2021/1/20 0:00	12109	11302		
3	2021/1/20 0:00	12109	11302	0	0
4	2021/1/20 0:00	12109	11302	0	0
5	2021/1/20 0:00	12109	11302	0	0
6	2021/1/20 0:00	12109	11302	0	0
7	2021/1/20 0:00	12109	11302	0	0
8	2021/1/20 0:00	12109	11302	0	0
9	2021/1/20 0:00	12109	11302	0	0
10	2021/1/20 0:00	12109	11302	0	0
11	2021/1/20 0:00	12109	11302	0	0
12	2021/1/20 0:00	12109	11302	0	0
13	2021/1/20 0:00	12109	11302	0	0
14	2021/1/20 0:00	12109	11302	0	0

in1_calc、out1_calcが追加されたデータが生成できていることが分かります。「日単位で集計した結果をCSV出力してください」のように指定すれば集計済みデータを出力することも可能なので覚えておきましょう。

ここまでで、データ分析に必要な基本的なプロセスは終了です。ChatGPT4を使えば、ノーコードでデータ分析ができるということが理解できたのではない

でしょうか。ただし、繰り返しになりますが、ChatGPTは学習に使われるというリスクがあります。そのため、基本的に業務でのデータをアップロードするのは控えるのが良いでしょう。ただし、最近では学習に使われないようなクローズドなGPTサービスも出てきているので、ぜひ活用してみてください。では、残り2本で画像やテキストデータの処理を簡単にやってみましょう。

> ## 放課後ノック119：
> ## ChatGPT4を使ってテキストデータの
> ## 分析をやってみよう

　では、ここではテキストデータの分析をしてみます。今回は、「survey.csv」というアンケートデータを用いて少しだけやってみます。まずはデータの読み込みからです。添付ボタンを押して、「survey.csv」データを選択した上で、プロンプトに下記を打ち込んでください。

このデータを用いてアンケートデータの分析を行いたいと思います

■図9-59：surveyデータの読み込み

You

survey.csv
Spreadsheet

このデータを用いてアンケートデータの分析を行いたいと思います

ChatGPT

アンケートデータの分析を行いたいということですね。まずは、アップロードされたデータファイル（`survey.csv`）の内容を確認しましょう。データの概要を把握した後、どのような分析を行いたいか、具体的な質問や目的を教えていただければ、より適切なアドバイスができると思います。

ファイルの内容を確認し、データの概要を見てみましょう。

アンケートデータには、以下の3つの列が含まれています。

* `datetime`：アンケートの回答日時
* `comment`：アンケートの自由記述コメント
* `satisfaction`：満足度（1が最低で、5が最高）

このデータを用いて、どのような分析を行いたいか具体的な質問や目的を教えてください。例えば、満足度の平均値の計算、満足度に関する分布の確認、特定のキーワードが含まれるコメントの分析など、具体的な分析目的があればお知らせください。[>_]

　これで読み込みが完了です。列の説明も親切に回答してくれています。では、「公園」という文字が含まれている文章が何件あるか確認してみましょう。

公園に関する文章は何件ありますか

■図9-60　公園に関する文章の件数確認

> **You**
> 公園に関する文章は何件ありますか
>
> **ChatGPT**
> ⚠ Error analyzing ⌄
> データ内にNA（欠損値）が存在するため、`contains`メソッドを使用する際にエラーが発生しました。この問題を解決するために、欠損値を考慮して再度公園に関するコメントの件数をカウントします。[>-]
>
> 公園に関するコメントは、アンケートデータ内に5件あります。他にも分析したい内容があれば、お知らせください。[>-]

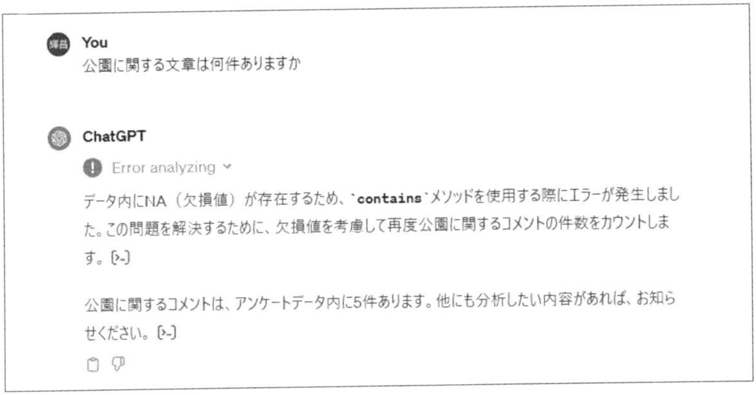

　結果としては、5件あることが分かります。ただ、ここで特筆すべきは、データ内に欠損値があるのをエラーとして認識した後に、自動的に欠損値を処理した上で、コメントの件数を確認してくれている点です。エラー自体の中身も解析して自動的に改善してくれたわけですから、技術の進化には驚くばかりです。では、続いて、「駅」という単語を含んでいる文章を数えてみましょう。

では、駅の情報が含まれている文章は何件ありますか

■図9-61　駅に関する文章の件数確認

> **You**
> では、駅の情報が含まれている文章は何件ありますか
>
> **ChatGPT**
> 駅に関するコメントは、アンケートデータ内に7件あります。このデータに基づいてさらに分析を行う場合や、他の質問があればご連絡ください。[>-]

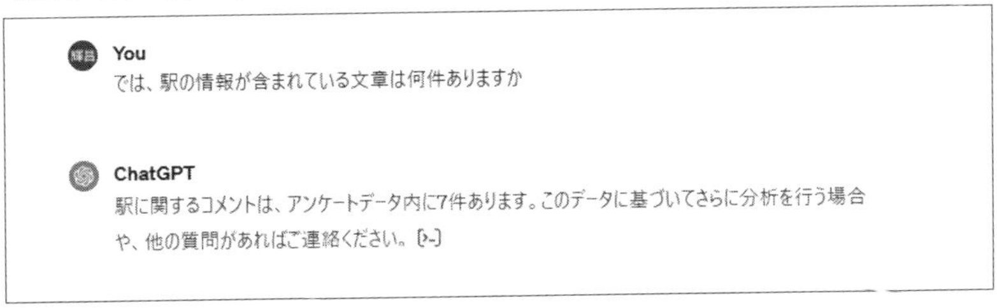

　今回は、既に欠損値の処理は終わっているので、件数がすぐに出てきており、7件が含まれていることが分かります。では、最後に、「公園」と「駅」のどちらに問題があるかを押さえるために比較を行ってみましょう。

駅と公園が含まれている文章の満足度を比較してもらえますか

■図9-62　駅と公園の文章の満足度比較

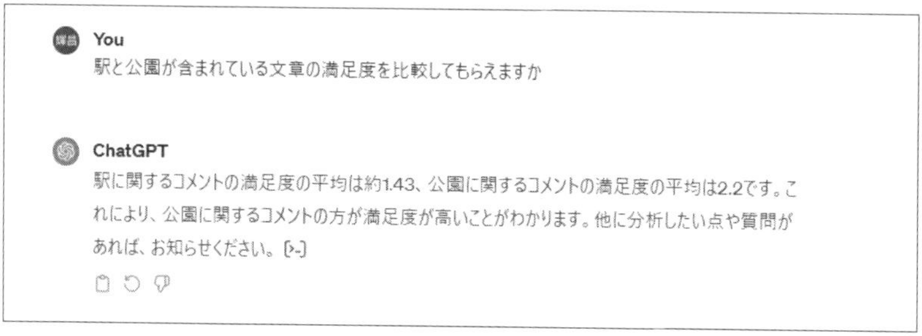

> **You**
> 駅と公園が含まれている文章の満足度を比較してもらえますか
>
> **ChatGPT**
> 駅に関するコメントの満足度の平均は約1.43、公園に関するコメントの満足度の平均は2.2です。これにより、公園に関するコメントの方が満足度が高いことがわかります。他に分析したい点や質問があれば、お知らせください。[>_]

　結果を見ると、駅が含まれている文章の平均満足度が低いため、公園よりも駅の方に問題があることが想像できます。実際には、中身をしっかり確認する必要はありますが、指示だけで、簡単にアンケートデータの解析が可能になります。

　ノーコードでここまでできるのは感動しますね。ただし、形態素解析などはまだ未対応で、高度な自然言語処理は日本語ではなかなか難しいです。そのため、高度な自然言語処理を行いたい場合は、前半で扱ったようにプログラムコードを書いてもらって、自分のPython環境で実行するようにしましょう。

放課後ノック120：ChatGPT4を使って画像データの加工をやってみよう

　では、最後に画像データもやってみましょう。今回は「sample.jpg」があるので、読み込んでみましょう。添付ボタンをクリックして、下記プロンプトを打ち込みましょう。

この画像データを少し加工してみましょう

■図9-63 sampleデータの読み込み

You

この画像データを少し加工してみましょう

ChatGPT

この画像にどのような加工を行いたいですか？例えば、色調を変更する、特定の物体を追加または削除する、画像のスタイルを変更するなど、具体的な要望を教えてください。

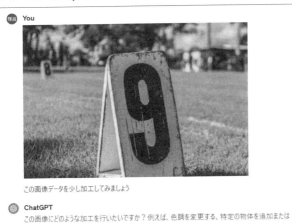

読み込み結果が表示されます。ここでも、どのような加工を行いたいかを質問してくれています。では、まずはRGBのGとRを入れ替えてみましょう。

RGBのGとRを入れ替えて表示してくれますか

■図9-64 GとRの入れ替え

You

RGBのGとRを入れ替えて表示してくれますか

ChatGPT

RGBのG(緑)とR(赤)のチャンネルを入れ替えた画像を加工しました。以下のリンクから加工後の画像をダウンロードできます。

加工後の画像をダウンロード

結果は、CSVの時と同じようにダウンロードリンクとして出力されます。クリックするとjpgファイルがダウンロードできるのでダブルクリックして表示してみましょう。

■図9-65

　RとGが入れ替わり、緑色の芝生が赤色に変化しています。では続いて、エッジ抽出してみましょう。

エッジ抽出をした画像に変換することは可能ですか

■図9-66　エッジ抽出

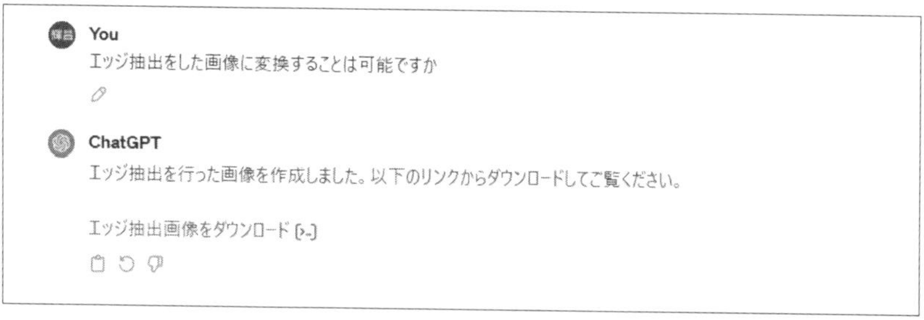

> **You**
> エッジ抽出をした画像に変換することは可能ですか
> 🖉
>
> **ChatGPT**
> エッジ抽出を行った画像を作成しました。以下のリンクからダウンロードしてご覧ください。
>
> エッジ抽出画像をダウンロード [↓]
> 🗋 ↻ 🖓

先ほどと同じように、ダウンロードリンクが生成されたので、ダブルクリックして表示すると、エッジ抽出した結果が確認できます。このように、画像データの処理もノーコードである程度は可能です。ただし、高度な画像認識技術には対応していないので、注意しましょう。

以上が第9章の全てになります。プロンプトエンジニアリングの便利さと面白さは伝わったでしょうか？　本章で紹介したプロンプトエンジニアリングの型を使えるようになれば、コード生成だけでなく、普段の業務のアイデア出しや、プライベートでもChatGPTを活用できることと思います。

また、後半で扱ったようにChatGPT4を使えばデータ分析をノーコードで対応することが可能です。未来がもうすぐそこまで来ていると感じるには十分過ぎるほどの体験ができたのではないでしょうか。一方で、学習に使用されてしまったりするリスクなども存在し使い方を間違えると多くの問題が生じてしまいます。しっかりと注意点を押さえつつ「ツールに使われず」に「ツールをしっかり使いこなす」ように意識しましょう。データが間違っているかどうかの確認など、本書を通じて学んだ基本的なことは、ツールを使用しても同じです。

また、ここでのプロンプトはあくまでも一例であり、同じプロンプトでも出力

が異なることは多々あります。さらにプロンプトの型はAPIを使用し、ChatGPTのアプリケーションを作りたいとなった時も活躍します。ぜひChatGPTだけではなく、様々なLLMを活用してみてください！

補足資料

Appendix① ChatGPTの基本知識

大規模言語モデル

　大規模言語モデルとは、非常に大きなデータセットにより訓練された大規模パラメーターで構成されるニューラルネットワークの１つです。近年の大規模言語モデルは非常に高性能であり、人間のような流暢な会話をしたり、自然言語処理を用いた様々なタスクをこなすことができます。

GPT

　GPTとはGenerative Pre-trained Transformerの略称であり、2018年OpenAIにより発表され、Transformerを採用した最初の大規模言語モデルと言われています。初期のGPTは7000冊の書籍から作成した訓練コーパスによる事前学習を行い、高い性能を発揮していました。現在、このGPTは定期的にバージョンアップされており、GPT-3のコーパスは3,000億語となっています。

ChatGPT

　ChatGPTとはOpenAIにより2022年11月に公開された、対話形式の大規模言語モデルを使用できるWebサービスの１つです。ChatGPTは様々な自然言語処理タスクをファインチューニングなしで解くことができ、入力として与えられたテキストに後続するテキストを生成することができます。

Appendix② ChatGPTの利用方法

始めてのChatGPT

　ChatGPTを利用するにはOpenAIのアカウント作成が必要になります。まずは、OpenAI のChatGPT のURL(https://chat.openai.com/)にアクセスしましょう。始めて利用する方は「Sign up」を選択しましょう。

■図A-1:sign up

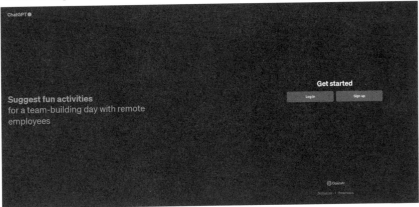

　Sign upを選択すると、ログインするためのアカウントの選択となります。「Google」、「Microsoft Account」、「Apple」いずれかのアカウントをお持ちの方は、それらを利用しアカウントの作成を行えます。上記以外の方法でアカウントを作成したい場合はメールアドレスを入力し「続ける」を選択します。

■図A-2：メールアドレスの入力

Create your account

OpenAI ChatGPT Web を使用するには OpenAI にサインアップしてください。

> メールアドレス

> 続ける

アカウントをお持ちですか？ ログイン

── または ──

G　Google で続ける

　　Microsoft Account で続ける

🍎　Apple で続ける

　メールアドレスの入力をするとパスワードの作成を求められます。入力後、「続ける」を選択することで記入したメールアドレスにメールが届きます。メール内のURLをクリックすることで登録が完了となります。（これは2024年1月時点の仕様であり、今後変更される可能性があります。）

■図A-3：パスワードの作成

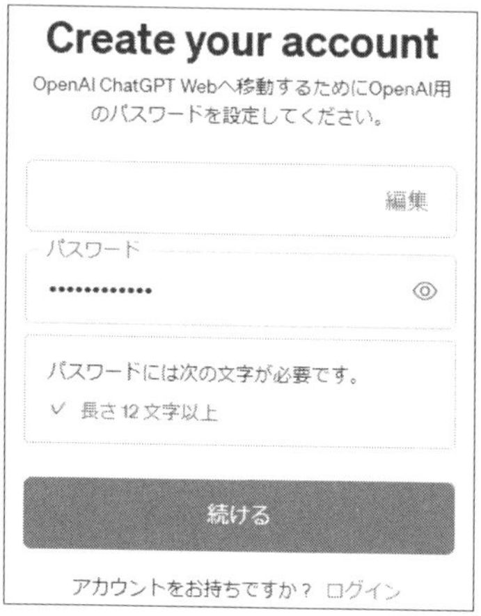

GPT-3.5とGPT-4の比較

　無料で扱えるChatGPTはGPT-3.5のモデルとなりますが、月額$20を支払うことでGPT-4のモデルを使用することができます。両者のモデル比較は下記となります。

■表：GPTの比較

項目	GPT-3.5	GPT-4
最大入力トークン数	約2,000トークン	約32,000トークン
パラメーター数	1,750億個	1兆個（推定）
テキスト生成速度	400words/s	1000words/s
対応言語数	35言語	100言語

　GPT-4は3.5と比べ学習時のデータ量、モデルのパラメーター数を圧倒的に増

やしたことにより性能が大きく向上しています。また、GPT-4の特徴としてマルチモーダルであることや、長文のプロンプトに対応できることが挙げられます。

GPT-4の利用方法

　ChatGPTでGPT-4を利用するためには有料のChatGPT Plusにアップグレードする必要があります。まずは、ログイン後画面左下の「Upgrade plan」を選択します。

■図A-4：Upgrade planの選択

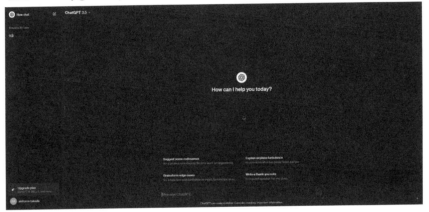

　次に、画面中央「Plus」の「Upgrade to Plan」を選択しましょう。

▙図A-5：Plusプランの選択

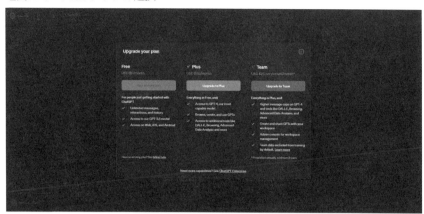

　有料プランを使用するためにはクレジットカード情報の入力が必要となります。請求書の住所は日本住所の場合ハイフンの記入を忘れないようにしましょう。（これは2024年1月時点の仕様であり、今後変更される可能性があります。）

　ここまでの入力が完了したら「申し込む」を選択することでアップグレードが完了します。

▐▙図A-6：クレジットカード情報の入力

　アップグレード後にGPT-4を利用するためには、画面上部からモデルの選択をする必要があります。ここでGPT-4を選択することではじめてGPT-4を利用できる状態となります。注意しましょう。

■図A-7：モデルの選択

おわりに

データ加工/可視化100本ノック、如何でしたか？

　第1部では構造化データを扱い、システム上で管理されるデータの形を意識してもらいながら、加工と可視化の基本を学びました。その中でExcelファイルなど、特徴的で扱いづらいデータも経験し、様々な状況への対応力を身に付けてきました。第2部では非構造化データを扱い、普段見聞きしているデータの内側の仕組みも理解してもらいながら、専門性の高い分野に取り組んできました。第3部では、特殊なパターンに対応するとともに地理空間データを取り扱うことで、技術の幅をさらに広げることができました。様々な形式への対応力が身に付いてきたことから、ビジュアライズやデータ分析といった分野への興味がより一層湧いてきているのではないでしょうか。

　そして放課後ノックでは、昨今の成長著しいChatGPTをデータ加工と可視化に活用する方法を体験しました。プロンプトを工夫することで、ChatGPTがデータ加工と可視化にも十分活用できることがおわかりいただけたと思います。これもまた技術の幅の一つです。

　本書でお伝えしたかったことは、基本をしっかり身に付けて、技術の引き出しとして持つこと。引き出しを多く持っていれば、現場に出ても恐れることはないということです。本書のノックを乗り越えた自分に、自信を持ってください。とはいえ、新しい技術は次々と開発されています。今この瞬間も生まれているかもしれません。自分の技術が陳腐化しないよう、常に新しい知識をインプットしていってください。放課後ノックで扱ったChatGPTも、実際に体験したことで技術の選択肢になり得るものだと感じてもらえたのではないでしょうか。

　皆さんを取り巻く環境や置かれた状況は、それぞれ異なるかもしれません。しかし、新しい技術を学び、それを活かせる自分になろうというその姿は、皆さんに共通する、とても誇らしく素晴らしいものだと思います。業務に取り組む中での学びは、体力も神経もすり減らし、負担になるでしょう。それでも、学びの意欲を無くすことなく、続けていただけることを願っています。

　本書の執筆にあたり、多くの方々のご支援をいただきました。1作目、2作目の著者である三木孝行さんには、幅広く相談するとともに、たまに弱音を吐いた

 こともありました。同じく1作目の著者である松田雄馬さんには、その深い知識から専門的なアドバイスを多数いただきました。パートナーの鈴木浩さん、高木洋介さんにはエキスパートならではの深いアドバイスをいただき、本書の査閲に関しては、中村智さん、佐藤百子さん、森將さん、赤尾広明さんにご協力いただきました。そしてプロジェクトをご一緒してくださっている皆さまには、現場の声を聞かせていただくとともに、普段から一緒に考え、作り上げていくことがどれほど有効かということを教わりました。そして最後に、本書出版にあたって、株式会社Iroribiのスタッフの皆さんのご尽力とご家族の皆様のご理解、ご協力により完成することができました。心より感謝申し上げます。

索引

下山　輝昌 (しもやま　てるまさ)

　日本電気株式会社（NEC）の中央研究所にてデバイスの研究開発に従事した後、独立。機械学習を活用したデータ分析やダッシュボードデザイン等に裾野を広げ、データ分析コンサルタント/AIエンジニアとして幅広く案件に携わる。2021年にはテクノロジーとビジネスの橋渡しを行い、クライアントと一体となってビジネスを創出する株式会社Iroribiを創業。技術の幅の広さからくる効果的なデジタル技術の導入/活用に強みを持ちつつ、クライアントの新規事業やDX/AIプロジェクトを推進している。共著「Tableau データ分析～実践から活用まで～」

伊藤　淳二 (いとう　じゅんじ)

　携帯電話会社のバックオフィスに従事し、課題であった業務効率化/情報連携ツールの独自開発をきっかけにシステム開発に目覚める。SE転身後は鉄道系や電力系の基幹システム開発等に従事。要件定義から設計、開発、運用までの各工程で力を発揮し、数々の案件を成功に導く。合同会社アイキュベータに合流後は現場目線を重視したAI導入を推進し、AIシステム開発、データ分析に関する数多くの案件を牽引。2021年には株式会社Iroribiに初期メンバーとして参画し、コンサルタント兼エンジニアとして現在も多くのクライアントとプロジェクトを推進している。共著「Python実践 機械学習システム 100本ノック」、「Tableau Public実践 BIツールデータ活用 100本ノック」（秀和システム）

武田　晋和 (たけだ　あきとも)

　東京理科大学理学部数学科出身。大学卒業後、これまで培ってきた数学の基礎知識をベースに、数学の応用分野としての機械学習に興味を持ち、独学でプログラミングを習得。技術の習得を通じて、実社会での技術活用を中心に興味と見識の幅を広げるとともに株式会社Iroribiに参画。確かな数学的な知識を土台にして数理モデル構築や最適化技術などの高度なAI技術を適切に理解し、課題や業務活用へと繋げる部分に強みを持つ。共著「Tableau Public実践 BIツールデータ活用 100本ノック」（秀和システム）

●本書サポートページ

秀和システムのウェブサイト
 https://www.shuwasystem.co.jp/

本書ウェブページ
 本書のサンプルは、以下からダウンロード可能です。
 Jupyter ノートブック形式（.ipynb）のソースコード、使用するデータファ
 イルが格納されています。
 https://www.shuwasystem.co.jp/support/7980html/7199.html

動作環境
※執筆時の動作環境です。
 Python：Python 3.10 (Google Colaboratory)
 Web ブラウザ：Google Chrome

Python 実践データ加工/可視化 100本ノック 第2版

発行日	2024年　3月 29日		第1版第1刷

著　者　下山 輝昌／伊藤 淳二／武田 晋和

発行者　斉藤　和邦
発行所　株式会社　秀和システム
　　　　〒135-0016
　　　　東京都江東区東陽2-4-2　新宮ビル2F
　　　　Tel 03-6264-3105（販売）　Fax 03-6264-3094
印刷所　三松堂印刷株式会社　　　　　Printed in Japan

ISBN978-4-7980-7199-2 C3055

定価はカバーに表示してあります。
乱丁本・落丁本はお取りかえいたします。
本書に関するご質問については、ご質問の内容と住所、氏名、
電話番号を明記のうえ、当社編集部宛FAXまたは書面にてお
送りください。お電話によるご質問は受け付けておりませんの
であらかじめご了承ください。